Uwe Beyer | Ralf Brandau (BG Verkehr) | Norbert Eskofier
Michael Jung | Reiner Rosenfeld

Beschleunigte Grundqualifikation

EU-Berufskraftfahrer

Uwe Beyer | Ralf Brandau (BG Verkehr) | Norbert Eskofier
Michael Jung | Reiner Rosenfeld

Beschleunigte Grundqualifikation
Spezialwissen Lkw

TRAINER-HANDBUCH

VOGEL ♥
VERLAG HEINRICH VOGEL

© 2009 Verlag Heinrich Vogel, in der
Springer Fachmedien München GmbH,
Aschauer Straße 30,
81549 München

Springer Fachmedien München GmbH
ist Teil der Fachverlagsgruppe Springer
Science+Business Media

2. Auflage 2011
Stand 03/2011

Autoren Uwe Beyer, Ralf Brandau (BG Verkehr), Norbert Eskofier, Michael Jung, Reiner Rosenfeld
Beratung Reinhold Abel, Ulrich Birkenstock (BG Verkehr), Petra Drünkler (BG Verkehr), Michael Fülleborn (BG Verkehr), Michael Garz (BG Verkehr), Rüdiger Mating (BG Verkehr), Herbert Saxowsky (BG Verkehr), Peter Setzensack, Dagobert Steinbüchel
Bildnachweis aboutpixel.de, DAF Trucks, Daimler AG, DDP, Deutsche Post AG, DGUV, Dolezych Dortmund, GRIESHABER Logistik AG, GSV, GWM, Günter Heider (BG Verkehr), Hupac, Kombiverkehr, Linde Material Handling, MBB PALFINGER, PALFINGER, pixelio.de, Reiner Rosenfeld, R+V Rechtsschutzversicherung AG, Rudolf Sander, SBB-Cargo, SpanSet, TT-Line, UPS, Volvo, Volvo Truck Center Alphen ad Rijn, Archiv Verlag Heinrich Vogel
Illustrationen Jörg Thamer
Umschlaggestaltung Bloom Project
Layout und Satz Uhl+Massopust, Aalen
Lektorat Ruth Merkle
Herstellung Markus Tröger
Druck Media-Print Informationstechnologie GmbH, Paderborn

Das Werk einschließlich aller seiner Teile ist urheberrechtlich geschützt. Jede Verwertung außerhalb der engen Grenzen des Urheberrechtsgesetzes ist ohne Zustimmung des Verlages unzulässig und strafbar. Das gilt insbesondere für Vervielfältigungen, Übersetzungen, Mikroverfilmungen und die Einspeicherung und Verarbeitung in elektronischen Systemen.
Das Werk ist mit größter Sorgfalt erarbeitet worden. Eine rechtliche Gewähr für die Richtigkeit der einzelnen Angaben kann jedoch nicht übernommen werden.

Aus Gründen der Lesbarkeit wurde im Folgenden die männliche Form (z. B. Fahrer) verwendet. Alle personenbezogenen Aussagen gelten jedoch stets für Männer und Frauen gleichermaßen.

Die Berufsgenossenschaft für Transport und Verkehrswirtschaft (BG Verkehr) ist Rechtsnachfolger der Berufsgenossenschaft für Fahrzeughaltungen (BGF).

ISBN 978-3-574-24762-0

Inhalt

Vorwort		7
Medienverweis		9
Einführung		12
1	**Ladungssicherung**	**13**
	1.1 Einführung	13
	1.2 Verantwortlichkeiten	16
	1.3 Physik	27
	1.4 Lastverteilung und Nutzvolumen	42
	1.5 Arten von Ladegütern	52
	1.6 Sicherungsarten	64
	1.7 Verwendung von Haltevorrichtungen	84
	1.8 Überprüfung der Haltevorrichtungen	94
	1.9 Be- und Entladen sowie Einsatz von Umschlaggeräten	100
	1.10 Weitere Einrichtungen und Hilfsmittel zur Ladungssicherung	122
	1.11 Fazit	127
	1.12 Basis-Checkliste Ladung	129
	1.13 Praktische Übungen	133
2	**Kenntnis der Vorschriften für den Güterverkehr**	**137**
	2.1 Kenntnisse der allgemeinen Vorschriften im Güterkraftverkehrsrecht	137
	2.2 Beteiligte im Güterkraftverkehr	143
	2.3 Grundlagen der Güterbeförderung	154
	2.4 Vorschriften über das Mitführen und Erstellen von Beförderungsdokumenten	177
	2.5 Besonderheiten im grenzüberschreitenden Verkehr	191
	2.6 Maut	200
	2.7 Fahrverbote	208
	2.8 Folgen bei Zuwiderhandlungen und Nichtbeachtung	213

Beschleunigte Grundqualifikation
Spezialwissen Lkw

3 Verhalten, das zu einem positiven Bild des Unternehmens in der Öffentlichkeit beiträgt — **217**
- 3.1 Das Bild eines Unternehmens in der Öffentlichkeit — 217
- 3.2 Der Lkw-Fahrer als Repräsentant — 232
- 3.3 Die Qualität der Leistung des Fahrers — 244
- 3.4 Grundregeln und Mechanismen der Kommunikation — 267
- 3.5 Ich-Botschaften — 280
- 3.6 Positive Formulierungen — 284
- 3.7 Ursachen, Arten und Auswirkungen von Konflikten — 287
- 3.8 Umgang mit Konflikten — 295
- 3.9 Kommerzielle und finanzielle Folgen eines Rechtsstreites — 306

4 Wirtschaftliches Umfeld des Güterverkehrs und Marktordnung — **313**
- 4.1 Einführung: „Netzwerk Warenfluss" — 313
- 4.2 Grundlagen des Verkehrs — 316
- 4.3 Logistik — 327
- 4.4 Unterschiedliche Tätigkeiten im Kraftverkehr — 336
- 4.5 Organisation der wichtigsten Arten von Verkehrsunternehmen oder Transporthilfstätigkeiten — 351
- 4.6 Unterschiedliche Spezialisierungen — 365
- 4.7 Weiterentwicklung der Branche — 370

5 Fahrpraktische Stunden — **377**

6 Lösungen zum Wissens-Check — **395**

7 Checklisten — **406**

8 Übersicht zur Zeiteinteilung — **416**

Vorwort

Am 01. Oktober 2006 ist das Berufskraftfahrer-Qualifikationsgesetz (BKrFQG) in Kraft getreten. Es basiert auf der EG-Richtlinie 2003/59 und regelt die Aus- und Weiterbildung von Berufskraftfahrern.

Das BKrFQG bedeutet für alle gewerblich tätigen Berufskraftfahrer grundlegende Veränderungen in der Ausbildung. Jeder, der seine Führerscheinprüfung der Klassen C1, C1E, C und CE am 10. September 2009 oder später ablegt, benötigt zur gewerblichen Nutzung seines Führerscheins eine Grundqualifikation. Diese kann durch die Teilnahme an einem 140-stündigen Unterricht (inklusive 10 praktischen Stunden) mit anschließender 90-minütiger theoretischer Prüfung erworben werden (beschleunigte Grundqualifikation), durch 7,5-stündige praktische und theoretische Prüfung ohne vorherige Teilnahme an einem Unterricht oder durch die Berufsausbildung zum/zur Berufskraftfahrer/in.

Der vorliegende Band soll zusammen mit dem Band „Basiswissen Lkw/Bus" den Unterricht für die beschleunigte Grundqualifikation begleiten. Er eignet sich jedoch ebenfalls für die Vorbereitung auf die 7,5-stündige Prüfung zur Grundqualifikation im Selbststudium.

Die Ziele für die Grundqualifikation werden in der Anlage 1 der Berufskraftfahrer-Qualifikationsverordnung (BkrFQV) definiert und bilden die Rahmenvorgaben für die Ausbildungsstätten und Fahrschulen, die die beschleunigte Grundqualifikation anbieten wollen.

Der Verlag Heinrich Vogel setzt die Inhalte der Anlage 1 in diesem Trainer-Handbuch um. Dabei wurden die Inhalte, in denen die Verordnung nicht zwischen Personen- und Güterverkehr differenziert, in einem Band zusammengefasst, mit Ausnahme des Punktes 3.6 (Verhalten, das zu einem positiven Image des Unternehmens beiträgt), der aufgrund der unterschiedlichen Bedeutung des Themas für die beiden Gruppen separat behandelt wird. Das Spezialwissen für die Lkw-Fahrer wird in dem vorliegenden Band behandelt, analog zum Band Spezialwissen Bus.

Zu jedem der drei Bände erscheinen nach dem in der Weiterbildung bewährten Konzept ein Trainer-Handbuch, ein Arbeits- und Lehrbuch, eine PowerPoint-Präsentation und ein PC-Professional-Multiscreen.

**Beschleunigte Grundqualifikation
Spezialwissen Lkw**

Das vorliegende Trainer-Handbuch soll Sie unterstützen, die geforderten Inhalte unter Berücksichtigung pädagogisch/didaktischer Grundsätze in einen zielgerichteten Unterricht umzusetzen. Dazu finden Sie in jedem Kapitel didaktische Hinweise mit Vorschlägen zum möglichen Aufbau des Unterrichts, Zeitansätze und Verweise auf die Stellen, an denen die entsprechenden Themen in den Führerschein- und Weiterbildungsmedien behandelt werden. Diese Informationen sowie die Kästen mit Hintergrundwissen befinden sich nicht im Arbeits- und Lehrbuch und sind deutlich als Zusatzangaben für den Trainer gekennzeichnet. Die übrigen Textpassagen, Schaubilder und Abbildungen sind mit dem Arbeits- und Lehrbuch identisch, so dass Sie stets genau wissen, was die Teilnehmer vorliegen haben. Alle aufgeführten Zeitansätze sind lediglich Vorschläge für die Gewichtung der Inhalte, andere Schwerpunktsetzungen sind selbstverständlich möglich.

Auf Anregungen und Kritik freuen wir uns. Wir wünschen allen, die mit diesem Buch arbeiten, eine spannende und erfolgreiche Grundqualifikation!

Ihr Verlag Heinrich Vogel

Symbolerläuterung

▶ Ziel

↻ Didaktischer Hinweis/Hinweis zum Ablauf

🕘 Lehrzeit

➕ Hintergrundwissen

🖥 Medienverweis

🔧 Material

👥 Teilnehmerzahl

Medienverweis

Medienverweis →

Arbeits- und Lehrbuch
**Beschleunigte Grundqualifikation
Spezialwissen Lkw**
Artikelnummer: 24767

PC-Professional Multiscreen
**Beschleunigte Grundqualifikation
Spezialwissen Lkw**
Artikelnummer: 24777

PowerPoint-Präsentation
**Beschleunigte Grundqualifikation
Spezialwissen Lkw**
Artikelnummer: 24772

Trainer-Handbuch
**Beschleunigte Grundqualifikation
Basiswissen Lkw/Bus**
Artikelnummer: 24760

Prüfungstest
**Beschleunigte Grundqualifikation
Lkw/Bus**
Artikelnummer: 24763

FAHREN LERNEN
Lehrbuch Klasse C
Artikelnummer: 27270

Trainer-Handbuch
**Weiterbildung Lkw Modul 1:
„Eco-Training"**
Artikelnummer: 24725

Trainer-Handbuch
**Weiterbildung Lkw Modul 2:
„(Sozial)Vorschriften für den Güterverkehr"**
Artikelnummer: 24730

Beschleunigte Grundqualifikation
Spezialwissen Lkw

Trainer-Handbuch
**Weiterbildung Lkw Modul 3
„Sicherheitstechnik und Fahrsicherheit"**
Artikelnummer: 24735

Trainer-Handbuch
**Weiterbildung Lkw Modul 4 „Schaltstelle Fahrer:
Dienstleister, Imageträger, Profi"**
Artikelnummer: 24740

Trainer-Handbuch
Weiterbildung Bus Modul 5: „Ladungssicherung"
Artikelnummer: 24745

Strehl/Lenz/Hildach/Schlobohm/Burgmann
Lehrbuch „Berufskraftfahrer Lkw/Omnibus"
Artikelnummer: 23201

Cornelius Jansen/Christian Durmann
Der Güterkraftverkehrsunternehmer
Artikelnummer: 26001

Dipl.-Ing. Rudolf Sander
**Ladungssicherung leicht gemacht
Lehrbuch für Schulung und Selbststudium**
Artikelnummer: 23028

Folienprogramm
Ladungssicherung leicht gemacht
Artikelnummer: 33028

Laden und Sichern (BGL und BG Verkehr)
Band 1: Grundlagen der Ladungssicherung;
Best.-Nr.: 26039; Weitere Bände sind erhältlich unter
www.heinrich-vogel-shop.de

Reiner Rosenfeld
**Leben zwischen Lenkrad und Ladefläche
307 Tipps für den Trucker Alltag**
Artikelnummer: 26060

Medienverweis

Reiner Rosenfeld
Leben zwischen Lenkrad und Ladefläche 2
416 weitere Tipps
Artikelnummer: 26062

Reiner Rosenfeld
Leben zwischen Lenkrad und Ladefläche 3
379 brandneue Tipps für den Trucker
Artikelnummer. 26363

Berufskraftfahrer unterwegs 2011 (BKU)
Artikelnummer: 26032

Frank Lenz
Fahreranweisung Abfahrtkontrolle Lkw
Artikelnummer. 13988

Ratgeber Bußgeld
Artikelnummer: 23009

erhältlich unter:
Tel. 0 89 / 20 30 43 – 16 00
Fax 0 89 / 20 30 43 – 21 00

oder bei Ihrem Verlag Heinrich Vogel **Fachberater** vor Ort
www.heinrich-vogel-shop.de und www.eu-bkf.de

Ladungssicherung auf Fahrzeugen (BGI 649)

CD-ROM „Ladung sichern" (BG Verkehr und DVR)

CD-ROM Lastverteilungsplan nach VDI-Richtlinie 2700 Blatt 4 (BG Verkehr)

Moderationsprogramm „Gesund und Sicher – Arbeitsplatz Lkw" (BG Verkehr)

Erhältlich unter: www.bg-verkehr.de;
praevention@bg-verkehr.de;
Fax: 0 40-39 80 – 19 99

**Beschleunigte Grundqualifikation
Spezialwissen Lkw**

Einführung

▶ Die Teilnehmer sollen einen Überblick über den Ablauf der Grundqualifikation bekommen.

↻ Stellen Sie den Tagesablauf vor und erläutern Sie kurz, was die Teilnehmer bei den einzelnen Kapiteln inhaltlich und methodisch erwartet.

🕐 Ca. 10 Minuten

Ziele des Bandes Beschleunigte Grundqualifikation Spezialwissen Lkw

Die Ziele dieses Bandes basieren auf der Anlage 1 der BKrFQV und beinhalten folgende Schwerpunkte:

- Kapitel 1 – Ladungssicherung
  - Dieses Kapitel behandelt Nr. 1.4 der Anlage 1 der BKrFQV (Fähigkeit zur Gewährleistung der Sicherheit der Ladung unter Anwendung der Sicherheitsvorschriften und durch richtige Benutzung des Kraftfahrzeugs)
- Kapitel 2 – Vorschriften für den Güterverkehr
  - Dieses Kapitel behandelt Nr. 2.2 der Anlage 1 der BKrFQV (Kenntnis Vorschriften für den Güterkraftverkehr).
- Kapitel 3 – Verhalten, das zu einem positiven Bild des Unternehmens in der Öffentlichkeit beiträgt
  - Dieses Kapitel behandelt Nr. 3.6 der Anlage 1 der BKrFQV (Fähigkeit zu einem Verhalten, das zu einem positiven Bild des Unternehmens in der Öffentlichkeit beiträgt).
- Kapitel 4 – Wirtschaftliches Umfeld des Güterverkehrs und Marktordnung
  - Dieses Kapitel behandelt Nr. 3.7 der Anlage 1 der BKrFQV (Kenntnis des wirtschaftlichen Umfelds des Güterkraftverkehrs und der Marktordnung).
- Kapitel 5 – Anleitung zu den fahrpraktischen Stunden

1 Ladungssicherung

1.1 Einführung – Mangelnde Sicherung der Ladung und ihre Folgen

> Dieses Kapitel behandelt Nr. 1.4 der Anlage 1 der BKrFQV

▶ Dem Teilnehmer soll bewusst werden, dass mangelhafte Ladungssicherung zu schwerwiegenden Unfällen führen kann.

↻ **Lehrgespräch**
Fragen Sie die Teilnehmer,
- *welche Erfahrungen sie mit Unfällen im Zusammenhang mit nicht ausreichend oder gar nicht gesicherter Ladung gemacht haben oder,*
- *ob sie Fälle von anderen Fahrern kennen.*

🕐 Ca. 60 Minuten

💻 Dieses Thema wird in der Führerschein-Ausbildung nicht oder nur ansatzweise behandelt.
Weiterbildung: Modul 5, Ladungssicherung

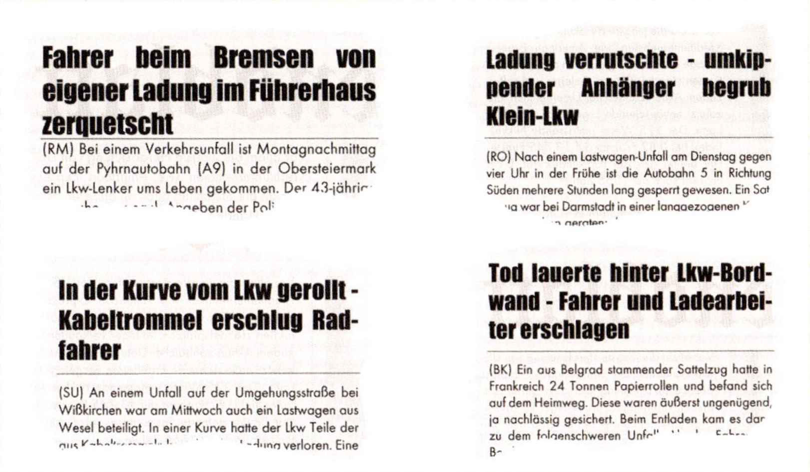

Fahrer beim Bremsen von eigener Ladung im Führerhaus zerquetscht
(RM) Bei einem Verkehrsunfall ist Montagnachmittag auf der Pyhrnautobahn (A9) in der Obersteiermark ein Lkw-Lenker ums Leben gekommen. Der 43-jährige...

Ladung verrutschte – umkippender Anhänger begrub Klein-Lkw
(RO) Nach einem Lastwagen-Unfall am Dienstag gegen vier Uhr in der Frühe ist die Autobahn 5 in Richtung Süden mehrere Stunden lang gesperrt gewesen. Ein Sat... war bei Darmstadt in einer langgezogenen...

In der Kurve vom Lkw gerollt – Kabeltrommel erschlug Radfahrer
(SU) An einem Unfall auf der Umgehungsstraße bei Wißkirchen war am Mittwoch auch ein Lastwagen aus Wesel beteiligt. In einer Kurve hatte der Lkw Teile der aus Kabel... ...dung verloren. Eine...

Tod lauerte hinter Lkw-Bordwand – Fahrer und Ladearbeiter erschlagen
(BK) Ein aus Belgrad stammender Sattelzug hatte in Frankreich 24 Tonnen Papierrollen und befand sich auf dem Heimweg. Diese waren äußerst ungenügend, ja nachlässig gesichert. Beim Entladen kam es da... zu dem folgenschweren Unf...

Abbildung 1: Mangelnde Ladungssicherung und die möglichen Folgen

Diese oder ähnliche Schlagzeilen findet man immer wieder in den Medien. Bei Kontrollen wird festgestellt, dass bei den Fahrern und bei den Verladern ein gewisses Maß an Unwissen vorhanden ist. Oft wird Ladungssicherung ungenügend oder gar nicht durchgeführt.

Beschleunigte Grundqualifikation
Spezialwissen Lkw

Häufige Rechtfertigungen

- „Das wäre nicht passiert, wenn der Andere mich nicht zu einer Notbremsung gezwungen hätte."
- „Die Ladung ist so schwer, die kann gar nicht verrutschen."
- „Um dieses Teil zu verladen, mussten wir den stärksten Gabelstapler einsetzen. Nur mit so einem Gerät kommt das wieder herunter – und von selbst schon gar nicht."
- „Lächerlich! Versuchen Sie doch einmal, die Kiste auch nur einen Millimeter zu verschieben!"

Die Zahlen jedoch sprechen eine andere Sprache!

Die Autobahnpolizei Köln fährt beispielsweise jährlich über 5.500 Einsätze wegen verlorengegangener Gegenstände auf dem von ihr zu betreuenden Streckennetz von ca. 590 km.

Abbildung 2: Gefahrenausmaß im Bereich der Autobahnpolizei Köln

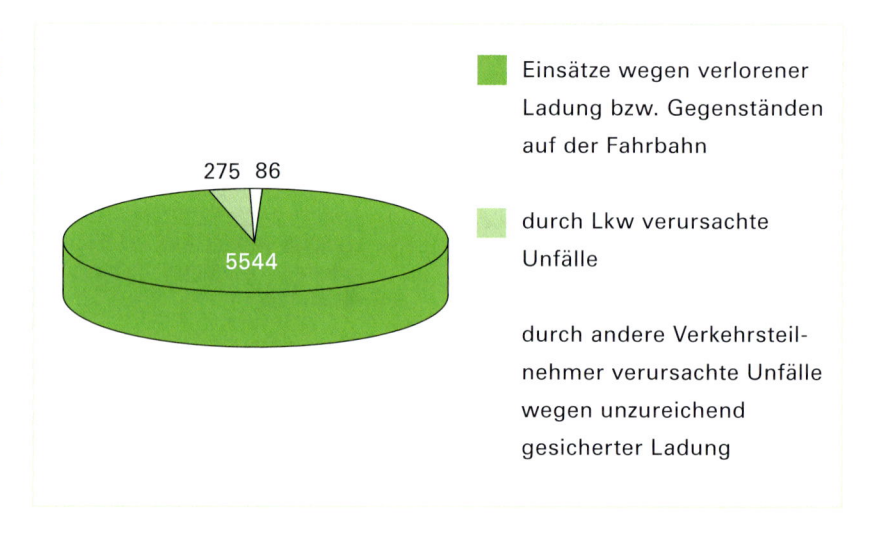

- Einsätze wegen verlorener Ladung bzw. Gegenständen auf der Fahrbahn: 5544
- durch Lkw verursachte Unfälle: 275
- durch andere Verkehrsteilnehmer verursachte Unfälle wegen unzureichend gesicherter Ladung: 86

Ladungssicherung 1.1

Der Berufsgenossenschaft für Transport und Verkehrswirtschaft (BG Verkehr) als Träger der gesetzlichen Unfallversicherung für das Verkehrsgewerbe werden jährlich zwischen 2.500 und 3.000 meldepflichtige Arbeitsunfälle[1] beim Be- und Entladen gemeldet. Diese Unfälle sind zu einem maßgeblichen Teil auf umstürzende, wegrollende oder herabfallende Ladung zurückzuführen.

Abbildung 3:
Unfälle bei Tätigkeiten rund um den Lkw, zu denen auch Ladungssicherung gehört

Arbeitsunfälle im Straßenverkehr 8%
Wegeunfälle 4%
Unfälle bei Tätigkeiten rund um Lkw 88%

Fazit

Ein maßgeblicher Teil der meldepflichtigen Unfälle ist auf eine mangelhafte Ladungssicherung zurückzuführen.

---

[1] Meldepflichtige Arbeitsunfälle sind Unfälle, bei denen der Verunfallte mehr als drei Tage arbeitsunfähig ist.

1.2 Verantwortlichkeiten

▶ Die Teilnehmer sollen einen Überblick über die gesetzlichen Grundlagen bekommen und sich der möglichen Sanktionen bei Verstößen bewusst sein.

Lehrgespräch
Lassen Sie die Teilnehmer anfangs über das Thema diskutieren und informieren Sie sie dann gegebenenfalls über die tatsächlichen Zusammenhänge.
Mögliche einführende Fragestellungen:
- Wer ist eigentlich verantwortlich für die Sicherung der Ladung?
- Warum gibt es neben der StVO auch noch die UVV?
- Gibt es eigene Erfahrungen im Zusammenhang mit mangelhafter Ladungssicherung?

Ca. 60 Minuten

Führerschein: Fahren lernen Klasse C, Lektion 9
Weiterbildung: Modul 5, Ladungssicherung

Rechtliche Grundlagen

Die rechtliche Grundlage für die Ladungssicherung in Deutschland bilden eine Reihe von Gesetzen und Rechtsverordnungen, welche die Verantwortungsbereiche für die Sicherung der beförderten Güter festlegen. Zudem regeln sie bei Verstößen gegen die Ladungssicherungsvorschriften im Schadensfall die Haftungsfrage und mögliche Sanktionen.
Eine der wichtigsten Verordnungen für den Fahrzeugführer ist die **Straßenverkehrsordnung (StVO)**.

§ 22 StVO „Ladung"
(1) Die Ladung einschließlich Geräte zur Ladungssicherung sowie Ladeeinrichtungen sind so zu verstauen und zu sichern, dass sie selbst bei einer Vollbremsung oder einem plötzlichen Ausweichmanöver nicht verrutschen, umfallen, hin- und herrollen, herabfallen oder vermeidbaren Lärm erzeugen können. Dabei sind die anerkannten Regeln der Technik zu beachten.

Ladungssicherung 1.2

Erläuterung zu § 22 StVO
Der § 22 legt eindeutig fest, dass die Ladung gesichert werden muss. Diese Sicherung kann auf verschiedene Arten erfolgen. Es muss garantiert sein, dass die Ladung den Einwirkungen des Straßenverkehrs standhält.
Dazu gehören folgende Fahrsituationen:
- Vollbremsung
- Ausweichmanöver
- Durchfahren einer schlechten Wegstrecke oder
- die Kombination aus diesen genannten Fahrsituationen

> **Hintergrundwissen** → Der § 22 StVO betrifft nicht nur den Fahrer, sondern alle Beteiligten am Ladegeschäft, da § 22 keinen Normadressaten hat. Stellen Polizei und/oder BAG z.B. bei einer Kontrolle Mängel bei der Ladungssicherung fest, so wird immer die Mitverantwortung des Absenders bzw. Verladers geprüft.
>
> Unzureichend gesicherte Ladegüter stellen nicht nur für den Fahrer eine Gefahr dar, sondern sie gefährden auch andere Verkehrsteilnehmer. Hier besteht also eindeutiger Handlungsbedarf. Der Lkw-Fahrer ist mitverantwortlich für eine korrekte, den Erfordernissen der Verkehrssicherheit entsprechende Verstauung bzw. Sicherung der Güter, wobei er die verkehrssichere Verladung der Ladegüter besonders im Blick haben muss. Dies macht der § 23 der StVO deutlich:

§ 23 StVO „Sonstige Pflichten des Fahrzeugführers"
(1) Der Fahrzeugführer ist dafür verantwortlich, dass seine Sicht und das Gehör nicht durch die Besetzung, Tiere, die Ladung, Geräte oder den Zustand des Fahrzeugs beeinträchtigt werden. Er muss dafür sorgen, dass das Fahrzeug, der Zug, das Gespann sowie die Ladung und Besetzung vorschriftsmäßig sind und dass die Verkehrssicherheit des Fahrzeugs durch die Ladung oder die Besetzung nicht leidet [...].

Erläuterung zu § 23 StVO (1)
Der § 23 verpflichtet den Fahrzeugführer den verkehrssicheren Zustand seines Fahrzeugs zu kontrollieren, auch in Verbindung mit der sicheren Verstauung der Ladung. Stellt der Fahrzeugführer einen Mangel fest,

Beschleunigte Grundqualifikation
Spezialwissen Lkw

darf er die Fahrt nicht antreten, wenn dieser die Verkehrssicherheit seines Fahrzeugs beeinträchtigt. Wird der Mangel allerdings erst unterwegs festgestellt, so sagt der Absatz 2 des § 23:

(2) Der Fahrzeugführer muss das Fahrzeug, den Zug oder das Gespann auf dem kürzesten Weg aus dem Verkehr ziehen, falls unterwegs auftretende Mängel, welche die Verkehrssicherheit wesentlich beeinträchtigen, nicht alsbald beseitigt werden.

Erläuterung zu § 23 StVO (2)
Als kürzester Weg, auf dem ein Fahrzeug aus dem Verkehr zu ziehen ist, gilt die nächste Möglichkeit, an dem das Fahrzeug ohne Behinderung oder Gefährdung des Verkehrs abgestellt und gegebenenfalls instandgesetzt werden kann. Die Entscheidung, ob und in welchem Umfang ein Mangel die Verkehrssicherheit beeinträchtigt, liegt jedoch beim Fahrzeugführer. Ergibt sich durch verrutschte Ladung eine unzulässige Lastverteilung, die das Fahrverhalten des Lkw negativ beeinflusst, ist der verkehrssichere Zustand des Fahrzeugs nicht mehr gewährleistet.
Eine weitere Vorschrift im Rahmen der straßenverkehrsrechtlichen Bestimmungen richtet sich an den Fahrzeughalter:
Im § 31 der Straßenverkehrszulassungsordnung (StVZO) wird die Verantwortung für den Betrieb der Fahrzeuge geregelt.

Daraus ergibt sich **für den Fahrer** die Pflicht,
- Ladung und Lastverteilung vor Fahrtantritt zu kontrollieren,
- mögliche Einflüsse der Ladung auf das Fahrverhalten des Fahrzeugs zu berücksichtigen,
- die Ladungssicherung während des Transports zu kontrollieren und gegebenenfalls nachzusichern.

§ 31 StVZO „Verantwortung für den Betrieb der Fahrzeuge"
(2) Der Halter darf die Inbetriebnahme nicht anordnen oder zulassen, wenn ihm bekannt ist oder bekannt sein muss, dass der Fahrzeugführer nicht zur selbstständigen Leitung geeignet ist oder das Fahrzeug, der Zug, das Gespann, die Ladung oder die Besetzung nicht vorschriftsmäßig ist oder dass die Verkehrssicherheit des Fahrzeugs durch die Ladung oder die Besetzung leidet.

Ladungssicherung 1.2

Erläuterung zu § 31 StVZO (2)
Der Fahrzeughalter hat dafür zu sorgen, dass für den jeweiligen Transport ein geeignetes Fahrzeug zur Verfügung gestellt wird und der Fahrer in der Lage ist, diesen Transport ordnungsgemäß durchzuführen. Hierbei spielt es keine Rolle, ob der Fahrzeughalter die Aufsichtspflicht über die ihm unterstellten Fahrer hat, oder als selbstfahrender Unternehmer auch Fahrzeugführer ist.

Dem Fahrzeughalter wird die Verantwortung für den vorschriftsmäßigen Zustand auch durch eine amtliche Überprüfung nicht abgenommen. Der Halter ist verpflichtet, selbst oder durch geeignetes Überwachungspersonal Kontrollen durchzuführen.

Des Weiteren heißt es in der Dienstanweisung zum § 31 StVZO (2):
Bei unvorschriftsmäßigem Zustand eines Fahrzeugs oder einer Ladung sind stets Ermittlungen anzustellen, ob neben dem Fahrer auch den Halter ein Verschulden trifft. Ist ein solches nicht nachzuweisen, so ist bei mehrfach festgestellten Mängeln dem Halter aufzugeben, in Zukunft für Abhilfe zu sorgen (durch Einrichtung einer geeigneten Aufsicht, durch Fahrerwechsel oder dergleichen).

Daraus ergeben sich **für den Fahrzeughalter** folgende Pflichten:
- Bereitstellen eines geeigneten Fahrzeugs
- Den Fahrer materiell in die Lage versetzen (Zurrmittel, sonstige Hilfsmittel), die Ladung ordnungsgemäß zu sichern
- Dem Fahrer die Fähigkeiten vermitteln, Ladungssicherung nach den Regeln der Technik durchführen zu können (Schulung und Unterweisung)

§ 412 Handelsgesetzbuch (HGB):
Soweit sich aus den Umständen oder der Verkehrssitte nicht etwas anderes ergibt, hat der Absender das Gut beförderungssicher zu laden, zu stauen und zu befestigen (verladen) sowie zu entladen.

Der Frachtführer hat für die betriebssichere Verladung zu sorgen.

> **Hintergrundwissen** →
> - „Umstände" sind die zum betreffenden Zeitpunkt tatsächlichen Gegebenheiten vor Ort
> - „Verkehrssitte" ist das übliche Verhalten zwischen den beteiligten Personengruppen
> - Als „Frachtführer" wird derjenige bezeichnet, der auf Grund des Frachtvertrages Güter zum Bestimmungsort befördert und dort an den Empfänger abliefert
> - „Absender" ist der Auftraggeber des Frachtführers
> - „Beförderungssicher" bedeutet, dass das Ladegut sicherungsfähig sein muss und so zu stauen oder zu befestigen ist, dass es einen Transport unter üblichen Verkehrsbedingungen unbeschadet überstehen kann
> - Unter „betriebssicher" versteht man zum einen den ausreichenden Schutz für das Gut selbst, zum anderen eine Sicherung des Gutes in der Art, dass Personen nicht gefährdet oder geschädigt werden.

Fazit

Der Fahrzeugführer ist immer für die Sicherung der Ladung verantwortlich! Dies gilt auch, wenn er nicht selbst beladen hat. Er muss sich bei vorgeladenem Fahrzeug davon überzeugen, dass der Absender seiner Sicherungspflicht nachgekommen ist.

Unfallverhütungsvorschriften (UVV)

Neben den Regelungen des Straßenverkehrsrechts gibt es noch weitere Bestimmungen in den Unfallverhütungsvorschriften (UVV) der gesetzlichen Unfallversicherungsträger, die bei der Ausübung gewerblicher Tätigkeiten zu berücksichtigen sind. Diese werden ebenso wie die Regelungen der StVO bei Nichteinhaltung mit Bußgeldern geahndet.

UVV „Fahrzeuge"

Insbesondere sind hier § 37 „Be- und Entladen" sowie § 44 „Fahr- und Arbeitsweise" der UVV „Fahrzeuge" (BGV D29, bisherige VBG 12) zu nennen. Ein Verstoß gegen diese Paragrafen kann mit einer Geldbuße bis zu 10.000 € geahndet werden.

Ladungssicherung

Hintergründe für diese zusätzlichen Regelungen sind zum einen eine Konkretisierung und somit auch Hilfestellung bei der Erfüllung der verkehrsrechtlichen Bestimmungen wie der StVO, zum anderen aber auch das Schließen eines sonst „rechtsfreien Raumes".

Das Straßenverkehrsrecht gilt im Gegensatz zu einer UVV vom Grundsatz her nicht auf dem Betriebsgelände. Dabei soll nicht vergessen werden, dass die Unfallverhütungsvorschriften die Sicherheit der unmittelbar Betroffenen, also des Fahr- und Ladepersonals, im Blick haben. Hingegen schützt das Straßenverkehrsrecht primär die Teilnehmer am öffentlichen Straßenverkehr.

Konkretisierung der Gesetze durch „Technische Regelwerke"

Der Absatz 1 des § 22 StVO verweist in seinem letzten Satz auf „anerkannte Regeln der Technik". Dazu gehören „Technische Regelwerke", die eine Verbindung zwischen den Vorgaben des Gesetzgebers hinsichtlich der Verantwortlichkeiten und den erforderlichen Maßnahmen zur Ladungssicherung darstellen. Sie präzisieren die sprachlich allgemein gehaltenen Verpflichtungen, die sich aus den Gesetzen ergeben.
Zu den Regeln der Technik zählen in erster Linie Normen. Die deutschen Normen werden dabei immer mehr von europäischen Regelwerken (EN bzw. DIN EN) beeinflusst bzw. ersetzt.

VDI-Richtlinien 2700
Eine weitere wichtige Rolle im Rahmen der „Technischen Regelwerke" spielen die Richtlinien des Vereins Deutscher Ingenieure (VDI). Die VDI-Richtlinien 2700 ff. geben dem Anwender die Möglichkeit, die Vorgaben des Gesetzgebers mithilfe z. B. der nach DIN oder DIN EN gefertigten Hilfsmittel zur Ladungssicherung in die Praxis umzusetzen. Sie bilden unter anderem die Grundlage für Berechnungen, indem sie Beschleunigungen festlegen, die bei „normalen Fahrzuständen" auf die Ladung einwirken können. Sie zeigen auf, welche Kräfte man Ladungsbewegungen entgegensetzen muss.

Beschleunigte Grundqualifikation
Spezialwissen Lkw

> ⊕ **Hintergrundwissen** → Im Oktober 1975 wurde erstmals die VDI 2700 „Ladungssicherung auf Straßenfahrzeugen" als Gemeinschaftsarbeit der Industrie, der Fahrzeug- und Aufbauhersteller, der Berufsgenossenschaften und der Prüforganisationen veröffentlicht und aufgrund aktueller Entwicklungen mehrmals überarbeitet bzw. ergänzt.

> ⊕ **Hintergrundwissen** →
> **„Unterschiedliche Regelungen in Europa"**
> „Andere Länder, andere Sitten", auch bei der Ladungssicherung trifft dieses Sprichwort zu, wenn auch vielleicht nur im einen oder anderen Einzelfall. Die gesetzlichen Forderungen bzgl. Ladungssicherung bzw. die Inhalte der Technischen Regeln können in anderen Ländern von den in Deutschland gültigen abweichen. Dabei muss das Sicherheitsniveau nicht zwingend ein anderes sein.
> Soll ein Transportauftrag im Ausland abgewickelt werden, ist es deshalb erforderlich, sich über die dortigen Bestimmungen zu informieren und gegebenenfalls die notwendigen Maßnahmen zu ergreifen. Nur so vermeidet man Ärger bei Kontrollen oder – was selbstverständlich schwerwiegender wäre – nach Unfällen.

Regeln beim Transport mit anderen Verkehrsträgern
Für die Sicherung der Ladung auf unterschiedlichen Verkehrsträgern gelten verschiedene Regeln: Im deutschen Straßenverkehr ist dies im Wesentlichen die VDI-Richtlinie 2700 ff. „Ladungssicherung auf Straßenfahrzeugen", bei der Bahn ist es im weitesten Sinne die UIC-Vorschrift „Regolamento Internationale Veicholi" (RIV) und im weltweiten kombinierten Verkehr sind es die „CTU-Packrichtlinien".

Bahntransport
Für einen betriebssicheren Eisenbahntransport sind u.a. die Verladerichtlinien gemäß Anlage II zum „Übereinkommen über die gegenseitige Benutzung der Güterwagen im internationalen Verkehr" (RIV) zu beachten. Er-

Ladungssicherung 1.2

folgt also der Transport der Ware als „Kombinierter Verkehr" (KV) in Form von Großcontainern, Wechselbehältern, Sattelanhängern und Lkw auf speziellen Güterwagen, sind neben der VDI 2700 ff. auch die Verladerichtlinien der Bahn zu beachten. In vielen Fällen bietet diese Informationsmaterial oder – wie z. B. die Railion Deutschland AG – die Kontaktaufnahme zu einem Verladeberatungsservice in den jeweiligen Cargo-Zentren an.

PRAXIS-TIPP

Für die Praxis bedeutet das, dass die VDI-Richtlinie 2700 ff. als Regel der Technik maßgeblich bleibt, solange sich der Lkw auf der Straße bewegt. In dem Moment, in dem das Fahrzeug oder sein Wechselbehälter („Wechselbrücke", „Wechselkoffer") auf den Güterwagen verladen wird, greifen zusätzlich die Regeln der Bahn.

Abbildungen 4a und 4b:
Kombinierter (Ladungs-)Verkehr
Quellen:
4a: SSB-Cargo,
4b: GSV

CTU-Packrichtlinien

Die „Richtlinien für das Packen von Ladung außer Schüttgut in oder auf Beförderungseinheiten (CTUs) bei Beförderung mit allen Verkehrsträgern zu Wasser und zu Lande" (CTU-Packrichtlinien) wurden sowohl vom Schiffsicherheitsausschuss der Internationalen Seeschifffahrts-Organisation (IMO), der weltweit über 160 Staaten angehören, als auch vom Bundesministerium für Verkehr, Bau- und Wohnungswesen (BMVBW) 1999 im Verkehrsblatt veröffentlicht.

Diese in den meisten IMO-Mitgliedsstaaten anerkannten CTU-Richtlinien gelten für Beförderungsfälle mit allen Arten von Verkehrsmitteln zu Wasser und zu Lande und für die gesamte internationale Transportkette. Eine Beförderungseinheit (englische Abkürzung: „CTU") meint
- einen Frachtcontainer,
- einen Wechselbehälter (z. B. eine „Wechselbrücke"),
- ein Fahrzeug,
- einen Eisenbahnwaggon oder
- eine sonstige Beförderungseinheit ähnlicher Art.

Ausgenommen sind das Befüllen oder Entleeren von Tankcontainern, von ortsbeweglichen Tanks oder von Straßentankfahrzeugen und die Beförderung von unverpacktem Schüttgut.

**Beschleunigte Grundqualifikation
Spezialwissen Lkw**

Da diese Richtlinien bereits vorhandene Bestimmungen zur Beförderung von Ladung in CTUs nicht ersetzen oder aufheben, müssen beim kombinierten Transport alle mitgeltenden Regelungen berücksichtigt werden. D.h., solange sich z.B. ein Lkw auf der Straße bewegt, ist u.a. die VDI-Richtlinie 2700 ff. maßgeblich. Geht das Fahrzeug anschließend auf das Schiff, sind die CTU-Packrichtlinien zu berücksichtigen.

PRAXIS-TIPP

Um gegebenenfalls ein Nachsichern der Ladung zu vermeiden, sollten vor Fahrtantritt sinnvollerweise die jeweils „härteren" Einzelbestimmungen beider Regeln berücksichtigt werden.

Abbildung 5:
Fährtransport
Quelle: TT-Line

Sanktionen

Bußgelder

Eine nicht oder nicht ordnungsgemäß durchgeführte Ladungssicherung ist sowohl ein Verstoß gegen den § 22 als auch gegen den § 23 der Straßenverkehrsordnung (StVO) und somit eine Ordnungswidrigkeit im Sinne des Straßenverkehrsgesetzes.
Ordnungswidrigkeiten werden mit Verwarnungsgeld oder mit einem Bußgeld geahndet. Bei einem Bußgeld ab 40 € erfolgt zusätzlich ein Eintrag im Verkehrszentralregister beim Kraftfahrtbundesamt.

Ladungssicherung 1.2

Ein Bußgeldverfahren inklusive Punkten kann jeden treffen, der eigenverantwortlich mit der Beladung zu tun hat.

Strafrechtliche Konsequenzen
Neben einem Bußgeld wegen eines Verstoßes gegen die StVO können auf die Beteiligten noch strafrechtliche Konsequenzen zukommen.
Bei Unfällen durch mangelnde Ladungssicherung kommen folgende Straftatbestände des Strafgesetzbuches (StGB) in Betracht:
- § 222 StGB „Fahrlässige Tötung"
- § 229 StGB „Fahrlässige Körperverletzung"
- § 315b StGB „Gefährlicher Eingriff in den Straßenverkehr",

außerdem die Umweltdelikte wie z. B. Freisetzung radioaktiver Stoffe. Wenn ein Tatvorsatz nachweisbar ist, kommen zudem in Betracht:
- § 223 StGB „Körperverletzung"
- § 224 StGB „Gefährliche Körperverletzung"
- § 226 StGB „Schwere Körperverletzung"
- § 227 StGB „Körperverletzung mit Todesfolge"

Zwischenfazit
Das StGB sieht **Freiheitsstrafen bis zu zehn Jahren** oder **Geldstrafen** vor. Bei Verurteilung nach StGB erfolgt ein Eintrag im Bundeszentralregister in Bonn als „Vorstrafe".

Haftung
Die Haftung für Schäden gegenüber Dritten wird durch das Bürgerliche Gesetzbuch (BGB) geregelt.

§ 823 BGB „Haftung aus unerlaubter Handlung"
(1) Wer vorsätzlich oder fahrlässig das Leben, den Körper, die Gesundheit, die Freiheit, das Eigentum oder ein sonstiges Recht eines anderen widerrechtlich verletzt, ist dem anderen zum Ersatz des daraus entstehenden Schadens verpflichtet.

Erläuterung zu § 823 BGB
Der Schaden muss widerrechtlich vorwerfbar entstanden sein. Außerdem setzt ein Schadenersatz ein schuldhaftes vorsätzliches oder fahrlässiges Handeln voraus. Der Geschädigte muss den Beweis antreten, dass ein Verschulden vorliegt (Verschuldenshaftung).
Eine Höchstgrenze in der Haftung gibt es nach dem § 823 grundsätzlich nicht (vgl. § 249 BGB).

Beschleunigte Grundqualifikation
Spezialwissen Lkw

Ist der Schadenverursacher als Verrichtungsgehilfe seines Arbeitgebers tätig, dann geht die Haftung auf den Arbeitgeber über.

§ 831 BGB „Haftung für den Verrichtungsgehilfen"
(1) Wer einen anderen zu einer Verrichtung bestellt, ist zum Ersatz des daraus entstehenden Schadens verpflichtet, den der andere in Ausführung der Verrichtung einem Dritten widerrechtlich zufügt.

Erläuterung zu § 831 BGB
Von der Ersatzpflicht kann sich der Unternehmer nur befreien, wenn er nachweist, dass er die erforderliche Sorgfalt beachtet hat, oder der Schaden auch bei Beachtung dieser Sorgfalt entstanden wäre […].

Fazit
Das Netz an Strafen, das sich um den Verursacher herumzieht, ist sehr engmaschig. Daher ist die Sorglosigkeit, mit der Einige dem Thema Ladungssicherung begegnen, nicht nachvollziehbar.

Ladungssicherung 1.3

1.3 Physik

▶ Die Teilnehmer sollen die physikalischen Grundlagen verstehen, die eine Sicherung der Ladung erforderlich machen.

↳ **Lehrgespräch und/oder praktische Übungen**
  - *Ermitteln Sie mit den Teilnehmern beispielhafte Reibwerte.*
  - *Fahrversuche mittels Modellfahrzeugen oder Realversuchen.*
  - *ACHTUNG: Bei Realversuchen sind vorab versicherungsrechtliche Fragen bei möglichen Schäden zu klären!*

🕐 Ca. 120 Minuten inklusive praktischer Übungen
(Die Zeitempfehlungen variieren je nach Anzahl der Teilnehmer.)

📺 Führerschein: Fahren lernen Klasse C, Lektion 9
Weiterbildung: Modul 5, Ladungssicherung

Physikalische Grundlagen

Im Zusammenhang mit der Ladungssicherung ist immer wieder von „Kräften" die Rede. Ihnen kommt bei der Auswahl geeigneter Maßnahmen eine Schlüsselstellung zu.
  - Doch was sind Kräfte?
  - Wie entstehen sie?
  - Und welche Kräfte beeinflussen die Ladung beim Transport?

Kräfte werden in der Einheit „Newton" (N) angegeben. Der englische Physiker Isaac Newton (1642–1727) erkannte, dass ein Körper das Bestreben hat, seinen momentanen Bewegungszustand beizubehalten. Jeder Körper setzt der Änderung seiner Geschwindigkeit oder seiner Bewegungsrichtung eine Art von Widerstand entgegen. Dieses Verhalten wird als Massenträgheit umschrieben und im Bereich der Ladungssicherung als Massenkraft ‚F' bezeichnet.

Beschleunigte Grundqualifikation
Spezialwissen Lkw

Beispiel

Bremst der Fahrer sein Fahrzeug ab, verschiebt sich das Ladegut (egal wie schwer) mit der vorherigen Geschwindigkeit und Bewegungsrichtung nach vorn, wenn es nicht gesichert ist und die Reibungskraft überschritten wird.

Abbildung 6:
Ladungskräfte beim Bremsen

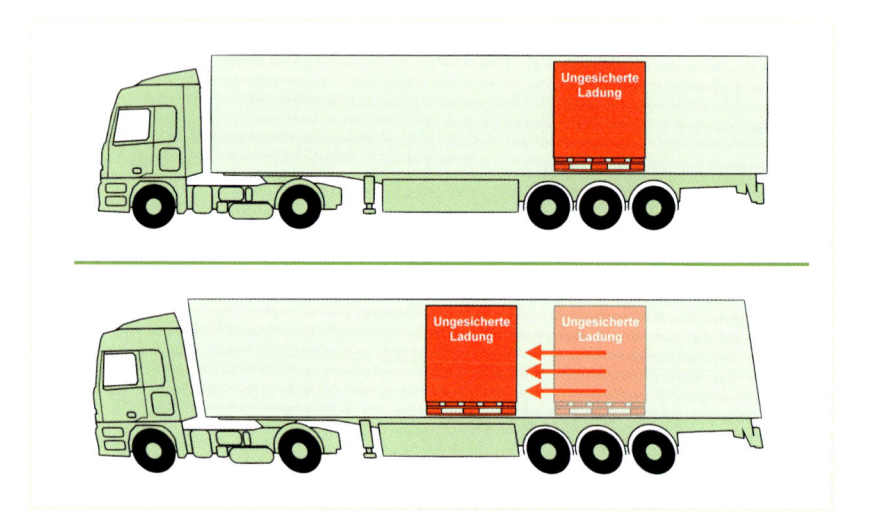

> Dieser Sachverhalt lässt sich durch ein Modellfahrzeug mit Ladung oder im Fahrversuch anschaulich vermitteln. ACHTUNG: Klären Sie beim Fahrversuch vorab die versicherungsrechtlichen Fragen, falls es zu Schäden kommen sollte!

Fazit

Soll das Ladegut unter allen Fahrbedingungen an seinem Platz bleiben, müssen entsprechende „Gegenkräfte" vorhanden sein. Diese können nur durch eine vorschriftsmäßige und geeignete Sicherung gewährleistet werden. Es ist auch Aufgabe des Fahrzeugführers, dafür Sorge zu tragen, dass die Ladung gesichert ist. Dabei muss der Fahrer auch den Ernstfall berücksichtigen, z.B. eine Vollbremsung oder falsches Verhalten anderer Verkehrsteilnehmer.

Ladungssicherung 1.3

> ➕ **Hintergrundwissen** → Newton erkannte, dass Kräfte immer aus einer Masse und einer auf sie einwirkenden Beschleunigung resultieren.
> Daraus entstand folgende Formel: **F = m x a**

Größe	Formelzeichen	Einheit
Masse	m	kg
Kraft	F	N
Geschwindigkeit	v	$\frac{m}{s}$
Beschleunigung	a	$\frac{m}{s^2}$

Der Beschleunigungswert ‚a' ergibt sich aus einer Geschwindigkeitsänderung innerhalb einer bestimmten Zeit.

Beispiel „Beschleunigung"
Wird ein Klein-Lkw in 10 Sekunden von 0 auf 85 km/h beschleunigt, entspricht dies einem Beschleunigungswert von etwa 2,4 m/s², siehe Umrechnungstabelle.

Umrechnungstabelle

85 km	=	85.000 m		
1 h	=	3.600 s		
$\frac{85.000\ m}{3.600\ s}$	=	$23{,}61\ \frac{m}{s}$	≈	$24\ \frac{m}{s}$
$a = \frac{v}{t}$	=	$\frac{24\ m}{10\ s} \times \frac{1}{s}$	=	$2{,}4\ \frac{m}{s^2}$

Beschleunigte Grundqualifikation
Spezialwissen Lkw

➕ Hintergrundwissen → Beispiel „Verzögerung"

Verzögert der Fahrer bei einer Notbremsung innerhalb von 3 Sekunden (t) von 85 km/h (entspricht v = 24 m/s) bis zum Stillstand, entspricht dies einem Beschleunigungswert[2] von:

$$a = \frac{v}{t} = \frac{24\,m}{s} \times \frac{1}{3\,s} = 8\,\frac{m}{s^2}$$

Fazit

Gemäß der Massenträgheit bedeutet dies, dass auf die Ladung beim Anfahren und beim Bremsen sowie bei Kurvenfahrten Beschleunigungen einwirken. Aus diesen Beschleunigungen resultieren, bedingt durch die Masse der Ladung und den Beschleunigungswert ‚a', entsprechende Kräfte.

Verzögert ein Lkw mit 8 m/s², entwickelt eine Ladung mit einer Masse von 1000 kg eine Kraft von:

$$F = m \times a = 1000\,kg \times 8\,\frac{m}{s^2} = 8000\,kg \times \frac{m}{s^2} = 8000\,N^{[3]} = 800\,daN$$

---

[2] Häufig spricht man auch von einem Verzögerungswert oder von einer negativen Beschleunigung. Physikalisch sind Bremsverzögerung und Beschleunigung gleichwertig. In beiden Fällen spricht man von einem Beschleunigungswert ‚a'.

[3] Es hat sich in der Praxis bewährt, als Maßeinheit für Kräfte im Zusammenhang mit der Ladungssicherung nicht mit der Einheit Newton (N), sondern mit Deka-Newton (daN) zu rechnen. Die Zahlenwerte der Einheiten Kilogramm [kg] und Deka-Newton [daN] sind annähernd gleich groß und somit für den täglichen Umgang leichter handhabbar.

Ladungssicherung 1.3

Reibung

Eine Ladung, die nicht durch Formschluss oder zusätzliche Sicherungsmittel festgesetzt ist, wird nur durch die Reibung an ihrem Platz gehalten. Die durch die Reibung erzeugte Sicherungskraft wird auch als Reibungskraft F_R bezeichnet. Ihre Größe hängt von einem Faktor ab, dem sogenannten Reibbeiwert μ. Der Reibbeiwert ist abhängig von den Materialien, die aufeinander reiben.

> Dieser Sachverhalt lässt sich durch den Einsatz eines Holzklotzes mit verschiedenen Oberflächen (Holz, Metall) und einer Gewichtskraft von 1 daN plastisch darstellen.
> Durchführung:
> - Mithilfe einer Federwaage zieht ein Teilnehmer den Holzklotz waagerecht über eine glatte Unterlage, ein Zweiter notiert (z. B. mittels Flipchart) die Werte. Das Verhältnis zwischen Zug- und Gewichtskraft des Klotzes ergibt den Reibbeiwert.
> - Durch langsames und schnelles Ziehen lässt sich der Unterschied zwischen Haft- und Gleitreibung verdeutlichen (siehe nächster Abschnitt).

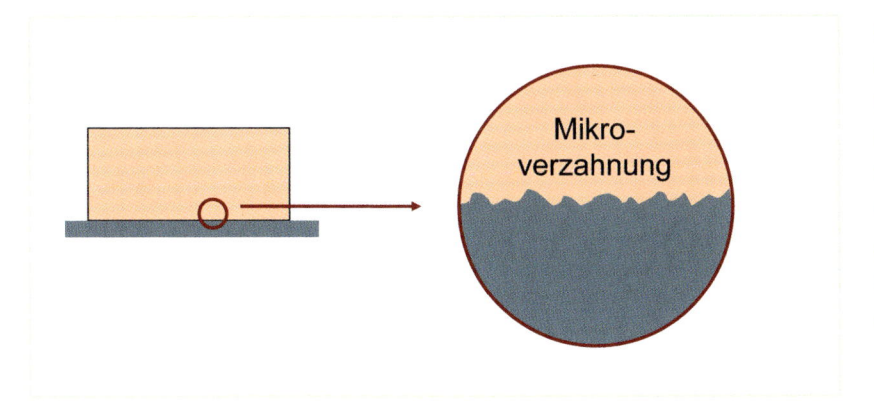

Abbildung 7: Reibung ist die Gesamtheit der Kräfte an der Grenzfläche zweier Körper, die ihre gegenseitige Bewegung hemmen oder verhindern.

Unterschied zwischen Haft- und Gleitreibung

Grundsätzlich wird zwischen zwei Reibungsarten unterschieden, der Haft- und der Gleitreibung.
Möchte man eine Ladung über eine Fläche ziehen, wird eine große

Beschleunigte Grundqualifikation
Spezialwissen Lkw

Kraft benötigt, um die Ladung in Bewegung zu setzen. Diese Widerstandskraft, die es zu überwinden gilt, ist die **Haftreibung**.

Befindet sich die Ladung bereits in Bewegung, braucht man eine wesentlich geringere Kraft, um die Ladung in Bewegung zu halten. Bei dieser Widerstandskraft handelt es sich um die **Gleitreibung**.

Da Ladungen durch die Fahrzeugschwingungen in eine Art „Schwebezustand" geraten können und somit dem Verrutschen keinen erhöhten Anfangswiderstand entgegensetzen, berücksichtigt man bei der Ladungssicherung ausschließlich die **Gleitreibung (F_R)**.

Berechungs-Beispiel
Wird für eine Palette mit 1000 kg[4] Masse (F_G = 1000 daN) auf einer Ladefläche mit Siebdruckboden ein Gleitreibbeiwert von μ_D[5] = 0,2 angesetzt, so bedeutet das: $F_R = F_G \times \mu_D$ = 1000 daN x 0,2 daN = 200 daN

Fazit
Da bei einer Vollbremsung die 1000 daN schwere Palette eine Massenkraft F = 800 daN entwickelt, über die Reibungskraft F_R jedoch nur 200 daN entgegenwirken, wird sich die Palette in Bewegung setzen, wenn sie nicht zusätzlich gesichert wird.
Diese zur Sicherung der Ladung zusätzlich benötigte Sicherungskraft (F_S) ergibt sich aus der Massenkraft (F) und der Reibungskraft (F_R).
Es gilt: $F_S = F - F_R$ = 800 daN – 200 daN = 600 daN

[4] Eine Masse von 1000 kg entspricht einer Gewichtskraft 'F_G' von ca. 1000 daN.
[5] Der Beiwert für die Gleitreibung wird mit μ_D und der für die Haftreibung mit μ_S angegeben.

Ladungssicherung 1.3

Reibpaarung		Empfohlene Gleitreibungszahl μ_D
Ladefläche	Ladungsträger/Ladegut	
Sperrholz, melaminharzbeschichtet, glatte Oberfläche	Europaletten (Holz)	0,20
	Gitterboxpaletten (Stahl)	0,25
	Kunststoffpaletten (PP)	0,20
Sperrholz, melaminharzbeschichtet, Siebstruktur	Europaletten (Holz)	0,25
	Gitterboxpaletten (Stahl)	0,25
	Kunststoffpaletten (PP)	0,25
Aluminiumträger in der Ladefläche – Lochschienen	Europaletten (Holz)	0,25
	Kunststoffpaletten (PP)	0,25
	Gitterboxpaletten (Stahl)	0,35

Empfehlungen aus dem BGF-Forschungsprojekt „Bestimmung der Reibungszahl µ an Ladegütern"

Hintergrundwissen → Der Verein Deutscher Ingenieure (VDI) geht bei seinen Berechnungen davon aus, dass die Ladung durch Bewegungen des Fahrzeugaufbaus und Beschleunigungen stetig in Bewegung ist. Das heißt, die Dynamik aus Fahrzuständen wirkt immer auf die Ladung. Deshalb wird nach den VDI-Richtlinien immer mit der Gleitreibung gerechnet.
Abweichend wird in anderen Ländern Europas mit der Haftreibung gerechnet (z. B. in Skandinavien). Allerdings gelten dort auch höhere Beschleunigungsfaktoren, sodass im Endergebnis der Aufwand für das Sichern der Ladung vergleichbar ist.

Antirutschmatten als Hilfsmaßnahme

Durch rutschhemmende Materialien („RHM"), sogenannte „Antirutschmatten", lassen sich unter bestimmten Umständen deutlich bessere Reibwerte erzielen. Man setzt die Matten zwischen Ladung und Ladefläche sowie auch zwischen den Ladungsteilen ein.

Beschleunigte Grundqualifikation
Spezialwissen Lkw

Abbildung 8:
Rutschhemmendes Material (RHM)

Abbildung 9:
Verwendungsmöglichkeiten von RHM

Die Matten werden je nach Einsatzzweck in verschiedenen Stärken (Dicken) angeboten. In der Praxis haben sich für den universellen Einsatz die 8-mm-Matten bewährt. Für spezielle Ladegüter wie z. B. Papierrollen oder im Schwertransportbereich sind abweichende Stärken sinnvoll bzw. erforderlich. Grundsätzlich gilt, dass RHM bei hohen Druckbeanspruchungen verdichtet werden und zur „Seifigkeit" neigen. Beachten Sie daher unbedingt die Herstellerangaben!

⚠ Antirutschmatten können nur ihren Zweck erfüllen, wenn die Ladefläche nicht von Vorladungen verunreinigt ist. Eine „besenreine Ladefläche" ist Grundvoraussetzung für eine ordnungsgemäße Ladungssicherung. Deshalb gehört ein Besen zur Standardausrüstung eines jeden Fahrzeugs!

Fazit
Antirutschmatten erhöhen die Reibung und somit den anzusetzenden Reibwert erheblich.

Auftretende Kräfte im Straßenverkehr

Die maximal auf die Ladung einwirkenden Beschleunigungen sind in der VDI-Richtlinie 2700 für den Straßenverkehr festgelegt. Abweichende Werte (z. B. beim Verladen eines Lkw auf Schiff oder Bahn) sind der DIN EN 12195-1 **„Ladungssicherungseinrichtungen auf Straßenfahrzeugen – Sicherheit – Teil 1: Berechnung von Sicherungskräften"** (Stand 2004) zu entnehmen oder beim jeweiligen Verkehrsträger (Baulastträger für Verkehrsinfrastrukturen oder Betreiber von Verkehrsmitteln) zu erfragen.
Neuste Erkenntnisse in Bezug auf das Fahrverhalten von Transportern

Ladungssicherung 1.3

bis zu einer zulässigen Gesamtmasse (zGM) von 7,5 t haben ergeben, dass im normalen Fahrbetrieb höhere Beschleunigungen erreicht werden können. Bei der Berechnung notwendiger Kräfte zur Ladungssicherung sind diese zu berücksichtigen (siehe VDI-Richtlinienwerk).

Massenkräfte der Ladung im Straßenverkehr

Entgegen der Fahrtrichtung treten Massenkräfte der Ladung bis zu 0,5 x F_G auf. Dies entspricht der Hälfte der Ladungsgewichtskraft. Heutige Motorleistungen erlauben keine Beschleunigungswerte von 5 m/s². Jedoch sollte man das Abrutschen vom Kupplungspedal beim Anfahren am Berg oder die Stoßbelastungen beim Bremsen aus der Rückwärtsfahrt mit einkalkulieren.

Bei Bremsvorgängen wirken Massenkräfte bis zu 0,8 x F_G **nach vorn**, bei leichteren Fahrzeugen auch mehr. Bremsverzögerungen von 8 m/s² sind bedingt durch Scheibenbremsen, Bremsassistenten, Fahrstabilitätsprogramme und neue Reifenentwicklungen längst Realität geworden.

Bei Kurvenfahrten wirken seitliche Massenkräfte bis zu 0,5 x F_G. **Kippgefährdete Ladegüter** sind mit 0,7 x F_G zu berücksichtigen. Höhere Werte sind gegebenenfalls auch bei Lkw bis 3,5 t zu berücksichtigen (s. VDI 2700 Blatt 16 „Ladungssicherung auf Straßenfahrzeugen – Ladungssicherung bei Transportern bis 7,5 t zGM").

Wie schon oben unter „Reibung" erwähnt, kommt hier die Reibung als unsichtbarer Helfer ins Spiel. Je höher der Reibbeiwert und somit die Reibungskraft, desto geringer wird die erforderliche Sicherungskraft F_S, die gegen Ladungsbewegungen aufgebracht werden muss.

Abbildung 10: Massenkräfte im Straßenverkehr nach DIN EN 12195-1 und VDI 2700 bei Fahrzeugen > 3,5 t zGM

AUFGABE/LÖSUNG

„Erster Transportfall – leicht"

Auf einem Lkw ist eine flache Kiste mit einer Gewichtskraft F_G von 4.000 daN (ca. 4.000 kg Masse) zu befördern. Die Gleitreibungszahl zwischen Ladung und Ladefläche (Holz auf Holz) beträgt $\mu_D = 0{,}2$.

Aufgabe 1: Wie hoch sind die Massenkräfte gemäß den anerkannten Regeln der Technik?

a) In Fahrtrichtung?
$F_v = 0{,}8 \times 4.000 \text{ daN} = 3.200 \text{ daN}$

b) Zu den Seiten und nach hinten?
$F_q = 0{,}5 \times 4.000 \text{ daN} = 2.000 \text{ daN}$ (quer zur Seite)
$F_h = 0{,}5 \times 4.000 \text{ daN} = 2.000 \text{ daN}$ (nach hinten)

Aufgabe 2: Wie groß ist die Reibungskraft F_R und welchen Einfluss hat sie auf die in Aufgabe 1 errechneten Kräfte?

a) $F_R = 0{,}2 \times 4.000 \text{ daN} = 800 \text{ daN}$

b) Die Reibungskraft „unterstützt", d.h. die auftretenden Kräfte werden um jeweils 800 daN vermindert. Die erforderlichen Sicherungskräfte F_S gegen Ladungsbewegungen betragen somit:
$F_{Sv} = 3.200 \text{ daN} - 800 \text{ daN} = 2.400 \text{ daN}$ (F_{Sv} = Sicherungskraft nach vorn)
$F_{Sq} = F_{Sh} = 2.000 \text{ daN} - 800 \text{ daN} = 1.200 \text{ daN}$ (F_{Sq} = Sicherungskraft zur Seite/quer; F_{Sh} = Sicherungskraft nach hinten)

Schwerere Gegenstände lassen sich aufgrund der höheren Reibungskräfte auch nur schwerer bewegen oder verschieben (vgl. Abschnitt „Reibung"). Doch hat dies auch Vorteile bei der Ladungssicherung?

Ladungssicherung 1.3

AUFGABE/LÖSUNG

„Erster Transportfall – schwer"

Auf einem Lkw ist eine flache Kiste mit einer Gewichtskraft F_G von 8.000 daN (ca. 8000 kg Masse) zu befördern. Die Gleitreibungszahl zwischen Ladung und Ladefläche (Holz auf Holz) beträgt $\mu_D = 0{,}2$.

Aufgabe 1: Wie hoch sind die Massenkräfte gemäß den anerkannten Regeln der Technik?

a) In Fahrtrichtung?
$F_v = 0{,}8 \times 8.000$ daN $= 6.400$ daN

b) Zu den Seiten und nach hinten?
$F_q = 0{,}5 \times 8.000$ daN $= 4.000$ daN (quer zur Seite)
$F_h = 0{,}5 \times 8.000$ daN $= 4.000$ daN (nach hinten)

Aufgabe 2: Wie groß ist die Reibungskraft F_R und welchen Einfluss hat sie auf die in Aufgabe 1 errechneten Kräfte?

a) $F_R = 0{,}2 \times 8.000$ daN $= 1.600$ daN

b) Die Reibungskraft „unterstützt", d. h. die auftretenden Kräfte werden um jeweils 1.600 daN vermindert. Die erforderlichen Sicherungskräfte F_S gegen Ladungsbewegungen betragen somit:

$F_{Sv} = 6.400$ daN $- 1.600$ daN $= 4.800$ daN (Sicherungskraft nach vorn)

$F_{Sq} = F_{Sh} = 4.000$ daN $- 1.600$ daN $= 2.400$ daN (F_{Sq} = Sicherungskraft zur Seite/quer; F_{Sh} = Sicherungskraft nach hinten)

Stellt man beide Rechnungen „Erster Transportfall – leicht" und „Erster Transportfall – schwer" tabellarisch gegenüber, sind die unterschiedlichen Ergebnisse leichter zu erkennen:

Beschleunigte Grundqualifikation
Spezialwissen Lkw

Kraft/Wert	„leicht"	„schwer"
F_G	4.000 daN	8.000 daN
μ_D	0,2	
F_v	3.200 daN	6.400 daN
F_q bzw. F_h	2.000 daN	4.000 daN
F_R	800 daN	1.600 daN
F_{Sv}	2.400 daN	4.800 daN
F_{Sq} bzw. F_{Sh}	1.200 daN	2.400 daN

Wie man aus der Gegenüberstellung erkennen kann, hat sich zwar mit der Verdopplung der Ladungsgewichtskraft von 4000 daN auf 8000 daN auch die Reibungskraft verdoppelt (800 daN auf 1600 daN), gleichzeitig aber eben auch die Sicherungskräfte nach vorn (2400 daN auf 4800 daN) und zu den Seiten bzw. nach hinten (1200 daN auf 2400 daN). Das hängt damit zusammen, dass die angenommenen Verhältniswerte für die wirkenden Massenkräfte (0,8 x F_G und 0,5 x F_G) und den Reibbeiwert μ_D gleich geblieben sind. Im Ergebnis heißt das:

1. Ob sich eine Ladung in Bewegung setzt oder nicht, ist unabhängig von ihrer Masse (Der Satz „Die Ladung ist so schwer, die kann gar nicht verrutschen!" ist ein gefährlicher Irrtum!) und

2. schwere Ladung benötigt höhere Sicherungskräfte als leichte.

Deshalb: Ladung immer sichern, egal ob sie leicht oder schwer ist!

Einflüsse durch die Fahrweise

Von einem verantwortungsbewussten Kraftfahrer kann man erwarten, dass er mit folgenden technischen Eigenschaften seines Fahrzeugs vertraut ist:

Ladungssicherung 1.3

- Abmessungen
- Gewichte
- Zulässige Achslasten

Er muss sich darüber im Klaren sein, dass sich das Lenk- und Bremsverhalten seines Fahrzeugs durch die Besetzung und die Beladung grundlegend ändert.

Pflichten des Fahrzeugführers
Der **§ 3 der StVO „Geschwindigkeit"** spricht von einem „Anpassen der Fahrgeschwindigkeit an die Eigenschaften von Fahrzeug und Ladung durch den Fahrzeugführer."

Der **§ 44 Absatz 3 der UVV „Fahrzeuge"** fordert, dass der Fahrzeugführer die Fahrweise so einrichtet, dass er das Fahrzeug sicher beherrscht. Insbesondere muss er die Fahrbahn-, Verkehrs-, Sicht- und Witterungsverhältnisse, die Fahreigenschaften des Fahrzeugs sowie Einflüsse durch die Ladung berücksichtigen. Diese Forderung beinhaltet auch, dass
- Gefällstrecken nur befahren werden, wenn die Fahrzeuge sicher gebremst werden können,
- Fahrzeuge bergab nicht mit ausgekuppeltem Motor und nur mit kraftschlüssigem Antrieb – also nicht mit Getriebe in Neutral-Stellung – gefahren werden,
- vor dem Abwärtsfahren rechtzeitig heruntergeschaltet wird.

Abbildung 11:
Einsatz des Getriebes
Quelle: Volvo

**Beschleunigte Grundqualifikation
Spezialwissen Lkw**

Hinweise zu „Schaltautomaten" und weitere Informationen zu den Themen

- Arten und Funktionsweisen von Getrieben,
- Gangwahl und Fahrten bei unterschiedlichem Gelände,
- Differenzialsperren und
- Kupplung

können dem Band „Basiswissen Lkw/Bus Kap. 1.9" entnommen werden.

Fahrerassistenzsysteme

Fahrerassistenzsysteme (FAS) wie

- elektronische Stabilitätsregelungen („ESP"),
- Wankregelungen oder
- Bremsassistenten mit und ohne Abstandsregeltempomaten

unterstützen den Fahrer bei der täglichen Arbeit, auch wenn sie wie jedes technische System ihre Grenzen haben.

Der Vorteil der Wankregelung ist, dass sie einem Eintauchen des Fahrzeugs über die Vorderachse beim Bremsen (dynamische Achslastverlagerung) und dem Aufschaukeln bei Kurvenfahrt entgegenwirkt und somit die Ladung „schont". Bis zu einem gewissen Punkt wird dies durch das ESP unterstützt. Wenn dieses jedoch massiv eingreift – weil z. B. die Kurvengeschwindigkeit einfach zu hoch ist – oder der Bremsassistent eine Notbremsung einleitet, werden Mängel bei der Ladungssicherung sehr schnell aufgedeckt.

↪ Zu weiteren Informationen zu Wirkungen und Grenzen von Assistenzsystemen sowie der dynamischen Achslastverlagerung verweisen Sie hier auf die Kapitel 1.7 bzw. 1.12 im Band „Basiswissen Lkw/Bus"

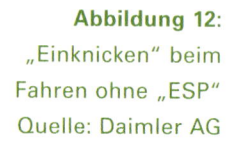

Abbildung 12:
„Einknicken" beim Fahren ohne „ESP"
Quelle: Daimler AG

Ladungssicherung 1.3

Abbildung 13:
Wankneigung beim Fahren ohne Stabilisierung und „ESP"
Quelle: Daimler AG

Abbildung 14:
Vollbremsung durch Bremsassistenten
Quelle: Daimler AG

Abbildung 15:
„ESP"-Eingriff
Quelle: Daimler AG

Beschleunigte Grundqualifikation
Spezialwissen Lkw

1.4 Lastverteilung und Nutzvolumen

▶ Die Teilnehmer sollen Einflüsse durch die Ladung auf die Fahrstabilität kennen und zudem das Nutzvolumen des Fahrzeugs ermitteln können.

↻ **Lehrgespräch und/oder theoretische Berechnungen**
— Zeigen Sie die Möglichkeiten auf, wie sich der Schwerpunkt ermitteln lässt.
— Stellen Sie die Unterschiede zwischen symmetrischem und asymmetrischem Schwerpunkt der Ladung heraus.
— Zeigen Sie, wie das Nutzvolumen von rechteckigen und runden Fahrzeugen/Aufbauten bestimmt wird.

⏱ Ca. 90 Minuten

📺 Führerschein: Fahren lernen Klasse C, Lektion 9
Weiterbildung: Modul 5, Ladungssicherung

Lastverteilung

Straßenverkehrsrecht und Unfallverhütungsvorschriften verlangen, dass der Fahrzeugführer in der Lage sein muss, negative Einflüsse auf das Fahrverhalten seines Fahrzeugs, wie z. B. Aufschaukeln, Veränderungen im Bremsverhalten oder stark eingeschränkte Lenkfähigkeit, rechtzeitig zu erkennen und die erforderlichen Maßnahmen zu treffen. Dies bedeutet, dass folgende Werte eingehalten werden müssen: zulässiges Gesamtgewicht, zulässige Achslasten (Mindest- u. Maximallast), zulässige statische Stützlast (bei Starrdeichselanhängern), zulässige Sattellast. Ebenso ist eine einseitige Beladung zu vermeiden!

Doch wo liegt das Problem?
Es ist bekannt, dass die den Fahrzeugpapieren zu entnehmende zulässige Nutzlast die maximal mögliche Last ist, mit der ein Fahrzeug beladen werden darf. Sie ergibt sich rein rechnerisch aus der im Zulassungsmitgliedstaat zulässigen Gesamtmasse des Fahrzeugs in kg (Feld ‚F.2' in der Zulassungsbescheinigung Teil 1, im früheren Fahrzeugbrief unter Schlüsselnummer 14) abzüglich der Masse des in Betrieb befindlichen Fahrzeugs in kg, d. h. der sogenannten „Leermasse" (Feld ‚G' in der Zulassungsbescheinigung Teil 1, im früheren Fahrzeugbrief unter

B	08.12.2006	2.1	0710	2.2	9010000	L	02	9	01	P.2 P.4	0320/01800	T	090
J	88	4	0000			18	05815 - -	19	2500 - -				
E	WDB9340321L185785	3	1			20	3765 - -	G	08595 - -				
D.1	MERCEDES BENZ					12	-	13	09405	Q	-		
D.2	934.03					V.7	-	F.1	018000	F.2	018000		
	-					7.1	07500	7.2	11500	7.3	-		
	-					8.1	07500	8.2	11500	8.3	-		
						U.1	90	U.2	-	U.3	80		
D.3	1844LS					O.1	-	O.2	-	S.1	002	S.2	-
2	DAIMLERCHRYSLER (D)					15.1	385/65R22,2 154/--- G						
5	SATTELZUGMASCHINE					15.2	315/70R22,5 ---/145 G						
	-					15.3	-						
V.9	2005/55*2005/78D					R		11					
14	1999/96/EG;B2,GKL:G1					K	L 180*07						
P.3	DIESEL					6	-	17	E	16	DG606676		
10	0002	14.1	0684	P.1	11946	21	-						

22 ZU O:PRUEFZ.KUPPL.E1. 00-1245*ZUL.ZUGGES-GEW.:40000 KG*
ZGG IM KOMBIN.VERKEHR 44000,ACHSL.U.GES.GEW.BEACHTEN*
ZU 18:B.6350MM,ZU 19:B.2550MM,ZU 20:3675-40000MM*SATTEL
VORMASS:540MM VOR MITTE HA*96/53/EG ANH.III MASS A=4500
MM*ZUSATZHEIZ.GEN.,FALLS WERKS.MONT.*ZU 6:13.09.2005*

B	08.12.2006	2.1	0747	2.2	AAB0000	L	03	9	-	P.2 P.4	/-	T	-
J	53	4	0400			18	13860 - -	19	2550 - -				
E	WKESDP27071308349	3	7			20	4000 - -	G	06490 - -				
D.1	KRONE					12	-	13	12000	Q	-		
D.2	SD					V.7	-	F.1	039000	F.2	036000		
	P					7.1	09000	7.2	09000	7.3	09000		
	-					8.1	08000	8.2	08000	8.3	08000		
						U.1	-	U.2	-	U.3	-		
D.3	-					O.1	-	O.2	-	S.1	-	S.2	-
2	KRONE					15.1	385/65 R22,5 160 J						
5	SANH PLANE U.SPRIEGEL					15.2	385/65 R22,5 160 J						
	-					15.3	385/65 R22,5 160 J						
V.9	-					R		11					
14	-					K	L785*01						
P.3	-					6	-	17	E	16	DD636880		
10	-	14.1	-	P.1	-	21	-						

22 96/53/EG:KUPPELMASS(B)= 12000 MM*ZU (L):ACHSABST.1310/1
310 MM*FZ.DARF NUR HINT.ZUGFZ.MIT STECKVERB.ISO 7638
(5-OD.7-POLIG) BETRIEBEN WERDEN.*1.ACHSE LIFTBAR*BEI ZUG
ZUSAMMENSTELLUNG MAX.FZ-HOEHE 4000 MM BEACHTEN*

Abbildungen 16a und 16b: Zulassungsbescheinigung Teil 1 für Sattelzugmaschine und Anhänger

Schlüsselnummer 15). Also kurz: zulässige Nutzlast = zul. Gesamtmasse – Leermasse

Weniger bekannt ist jedoch oder es wird nicht berücksichtigt, dass

a) durch Anbauten wie z.B. Palettenstaukästen etc. das tatsächliche Gewicht des leeren Fahrzeuges höher als das Leergewicht aus der Zulassungsbescheinigung wird, sich dadurch die zur Verfügung stehende Nutzlast reduziert und – jetzt kommt das Entscheidende –

b) die zulässige Nutzlast nur aufgebracht werden darf, wenn der Schwerpunkt[6] der Ladung in einem bestimmten Bereich der Ladefläche liegt.

[6] Der Schwerpunkt ist der Punkt, an dem man einen Körper unterstützen muss, wenn er z.B. beim Balancieren im Gleichgewicht bleiben soll.

**Beschleunigte Grundqualifikation
Spezialwissen Lkw**

Abbildung 17:
Zulässige Teilbeladung von 17 Europaletten mit je ca. 470 kg, ermittelt über ein EDV-Programm

Abbildung 18:
Unzulässige Teilbeladung von 17 Europaletten mit je ca. 470 kg, ermittelt über ein EDV-Programm

Leider ist es in der Praxis meist nicht möglich, den Ladungsschwerpunkt auf die Mitte der Ladefläche oder in den Bereich zu legen, in dem das Fahrzeug seine maximal zulässige Nutzlast hat. Der Ladungsschwerpunkt kann je nach Art des Transportguts mehr über dem vorderen oder hinteren Bereich der Ladefläche liegen. In beiden Fällen wird die zur Verfügung stehende Nutzlast geringer als die rechnerisch ermittelte, maximal zulässige Nutzlast. Das hängt damit zusammen, dass die zulässigen Achslasten nach oben wie nach unten die Grenzen setzen. Denn sowohl Achslastüberschreitungen (Schäden an Reifen, Achsen und Beeinträchtigung des Fahr- und Bremsverhaltens) als auch Achslastunterschreitungen (Beeinträchtigung der Lenkfähigkeit) können zu Unfällen führen.

Solange sich die Über- oder Unterschreitungen der Achslasten in gewissen Grenzen halten, sind sie leider mit bloßem Auge nicht erkennbar. Mitunter können es Kleinigkeiten sein, die über ‚Zulässig' (Grün) oder ‚Unzulässig' (Rot) entscheiden:

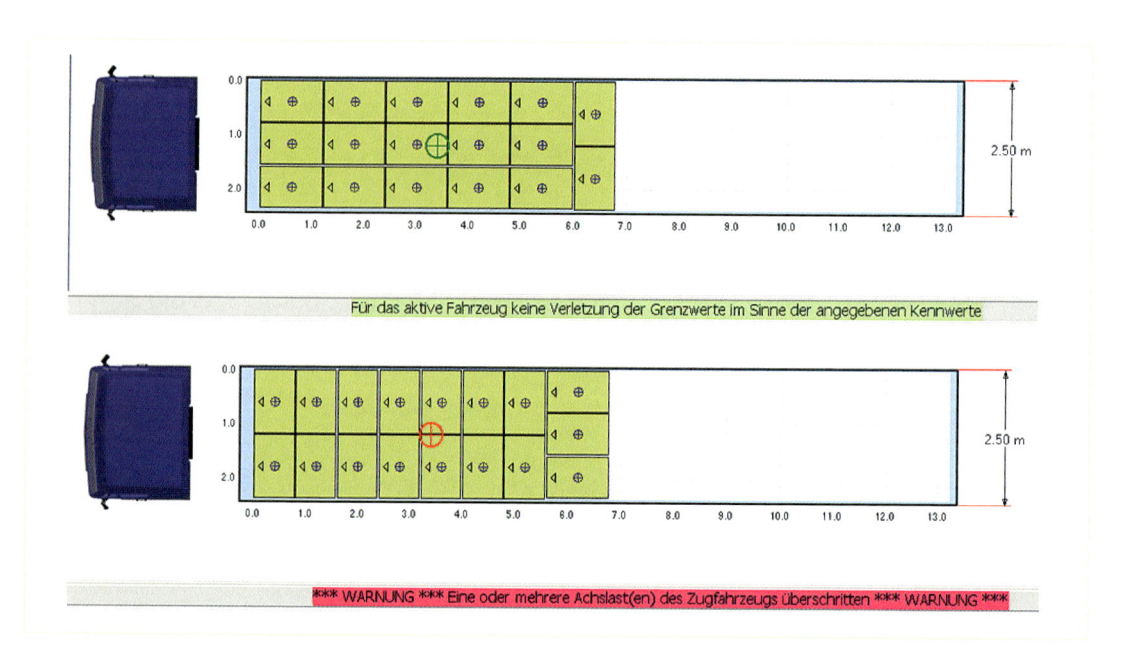

Die Ladeweise in Abbildung 18 führt zu einer überhöhten Antriebsachsbelastung der Sattelzugmaschine. Bei unterschiedlich schweren Paletten würde sich alternativ anbieten, die leichteren nach vorne an die Stirnwand zu setzen.

Ladungssicherung 1.4

In extremeren Fällen können höhere Reifeneinfederungen oder ein ungewöhnliches Fahrverhalten auf die Überladung hindeuten (das Fahrzeug kommt z.B. nach dem Durchfahren von Bodenwellen schlecht „mit dem Hintern wieder hoch" oder die Seitenneigung beim Durchfahren von Kurven ist deutlich größer als üblich). Diese Rückschlüsse sind aber wenig exakt. Genauer sind da schon die für einige Fahrzeuge erhältlichen Manometer, die über den Druck in den Luftfederbälgen informieren, oder kalibrierte Anzeigen im Display des Lkw-Armaturenbretts.

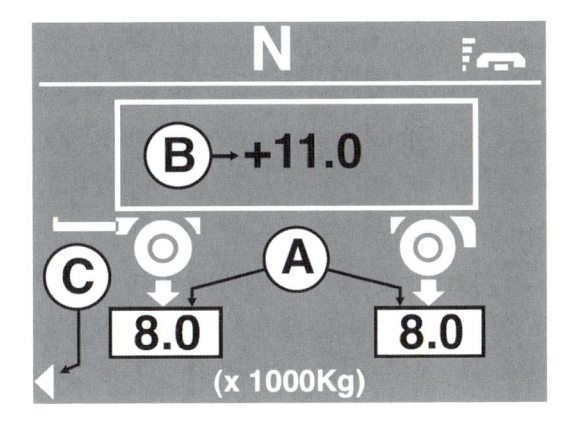

Diese Achslastinfo in Abbildung 21 ist mittlerweile bei vielen Fahrzeugen mit Luftfederung technisch möglich. Die Angaben für eine blattgefederte Vorderachse sind jedoch in der Regel umgerechnet und deshalb nicht so exakt wie die bei der luftgefederten Ausführung. Sofern die Anhänger und „Auflieger" mit einer Achslastüberwachung ausgestattet sind, sind auch deren Achslasten abrufbar.

[fx)] Die Buchstaben in der DAF-Betriebsanleitung haben folgende Bedeutung:
- A: Tatsächliche Achslasten
- B: Vorhandene Ladungsmasse (ist ein Umrechnungswert aus den Achslasten bei leerem Fahrzeug und kann deshalb nur korrekt angezeigt werden, wenn sie bei leerem Fahrzeug auf ‚Null' gesetzt wurde)
- C: Pfeil zum Menü für die Zugmaschine

Abbildung 19:
Manometer zur Anzeige der Achsdrücke

Abbildung 20:
Achslastinfo im Display eines DAF
Quelle: DAF Trucks

Abbildung 21:
Achslastinfo zum Anhänger im Display des DAF ‚XF 105'
[Ausschnitt aus DAF-Betriebsanleitung[fx)]]
Quelle: DAF Trucks

Beschleunigte Grundqualifikation
Spezialwissen Lkw

Abbildung 22:
Beispiel eines LVP für einen „3-Achser"

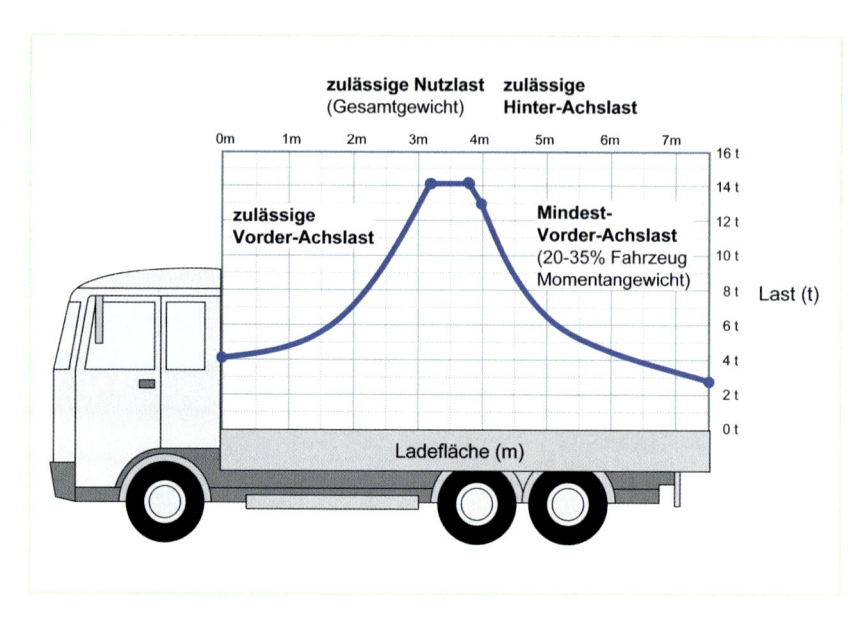

Abbildung 23:
Beispiel eines LVP für einen „3-Achser" (beladen im vorderen Bereich)

Abbildung 24:
Beispiel eines LVP für einen „3-Achser" (beladen im hinteren Bereich)

Lastverteilungsplan

Solange diese Hilfsmittel aber nicht durchgängig bei allen Fahrzeugen bzw. bei allen Federungsarten zur Verfügung stehen, oder um sich im Nachhinein ein zeitaufwendiges Umladen zu ersparen, müssen im Vorfeld der Beladung die zu erwartenden Belastungen der Achsen ermittelt werden. Dazu errechnet man in Abhängigkeit von den jeweils erforderlichen bzw. zulässigen Achslasten an vielen Stellen der Ladefläche die mögliche Nutzlast. Diese Werte werden als Punkte in eine Zeichnung übertragen und miteinander verbunden. Diese so entstandene grafische Kurve – der sogenannte „Lastverteilungsplan" (LVP) – stellt die Zuordnung der möglichen Nutzlasten zum jeweiligen Abstand von der vorderen Laderaumbegrenzung (Stirnwand) zum Ladungsschwer-

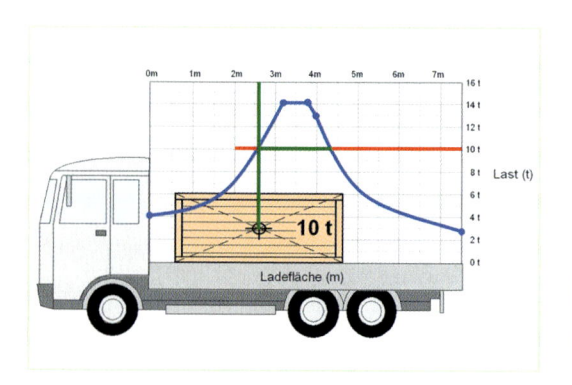

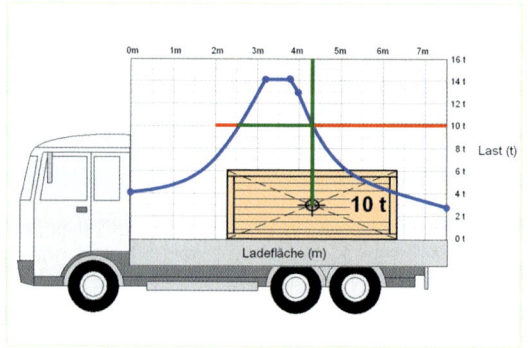

Ladungssicherung 1.4

punkt dar. Dabei sind im Normalfall waagerecht die Schwerpunktabstände in Metern und senkrecht die Nutzlasten in Kilogramm oder Tonnen angegeben (siehe auch VDI 2700 Blatt 4 „Ladungssicherung auf Straßenfahrzeugen - Lastverteilungsplan").

Wie aus dem beispielhaften Lastverteilungsplan für einen dreiachsigen Lkw zu erkennen ist, kann die zulässige Nutzlast (Masse) von 14 t nur dann genutzt werden, wenn der Ladungsschwerpunkt in dem verhältnismäßig kleinen Bereich von 0,6 m der Ladeflächenlänge platziert wird. Also in einem Abstand von 3,2 bis 3,8 m zur vorderen Ladeflächenbegrenzung.
Wenn der Fahrer eine Ladung von „nur" 10 t transportiert, muss der Schwerpunkt zwischen 2,6 und 4,3 m liegen.

In manchen Betrieben bietet man dem Fahrer leichter handhabbare Alternativen zum Lastverteilungsplan. Man markiert seitlich am Fahrzeug den Bereich, in dem der Schwerpunkt der Last liegen muss.

Doch wie bestimmt man einen Ladungsschwerpunkt?

Abbildung 25: Der Lastschwerpunkt von 30 t darf sich in einem Bereich von 1,5 m links und rechts vom Dreieck befinden

Abbildung 26: Schwerpunktsymbol auf der Verpackung

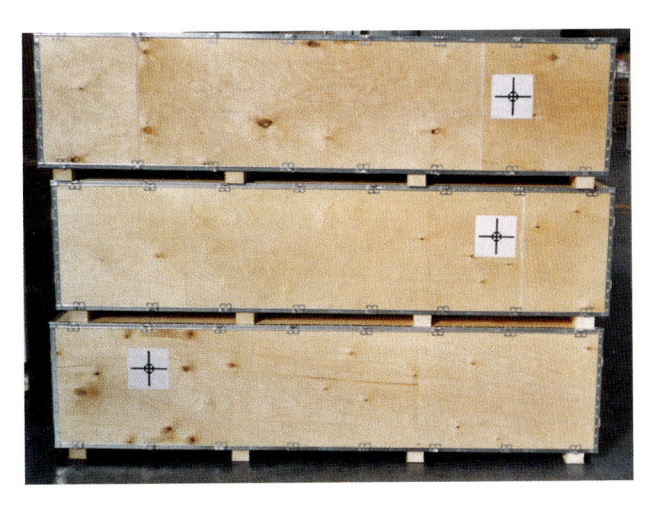

Bestimmung des Schwerpunkts bei Einzelladung
Das Erkennen der ungefähren Lage des Ladungsschwerpunkts ist bei symmetrischen Körpern wie z. B. palettierter Sackware meist unproblematisch. Selbst bei einer schweren Maschine ist es relativ einfach, wenn diese oder ihre Verpackung mit dem Schwerpunktsymbol versehen ist. In der Praxis ist dies jedoch nicht immer der Fall. Dennoch ist die Ermittlung des Schwerpunkts für eine korrekte Beladung gerade auch von mehrteiliger Ladung von entscheidender Bedeutung. Gegebenenfalls ist hier Rücksprache mit dem Absender zu halten.

**Beschleunigte Grundqualifikation
Spezialwissen Lkw**

AUFGABE/LÖSUNG

„Zweiter Transportfall"

Eine Maschine mit einer Gewichtskraft von 8000 daN und einer Gesamtlänge von 6 m soll befördert werden. Der Schwerpunkt liegt bei 1,9 m vom „hohen Ende" entfernt (siehe Abbildung 28).

Abbildung 27:
Zweiter Transportfall

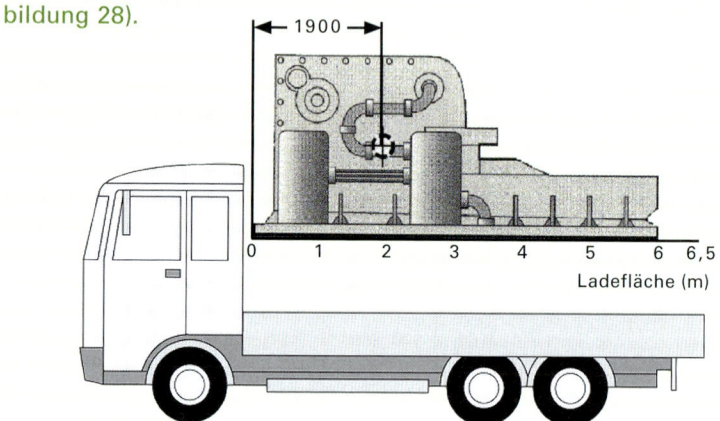

Zum Transport steht ein abgelasteter 3-Achser mit folgenden Daten bereit.

Darf die Maschine, wie in Abbildung 27 dargestellt, transportiert werden?

Abbildung 28:
Beispiel für einen abgelasteten 3-Achser

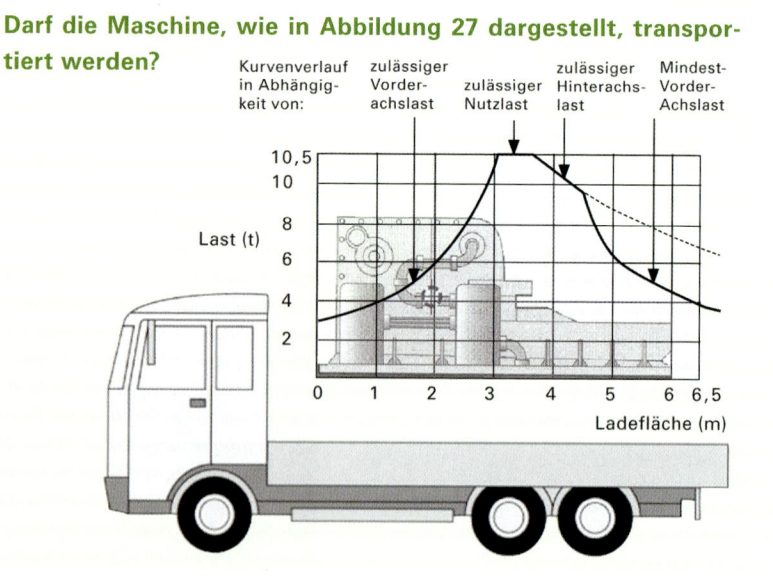

Ladungssicherung 1.4

Antwort: Nein, da die Vorderachse um ca. 2 t überlastet ist.
Folgende zwei Lösungen sind möglich:

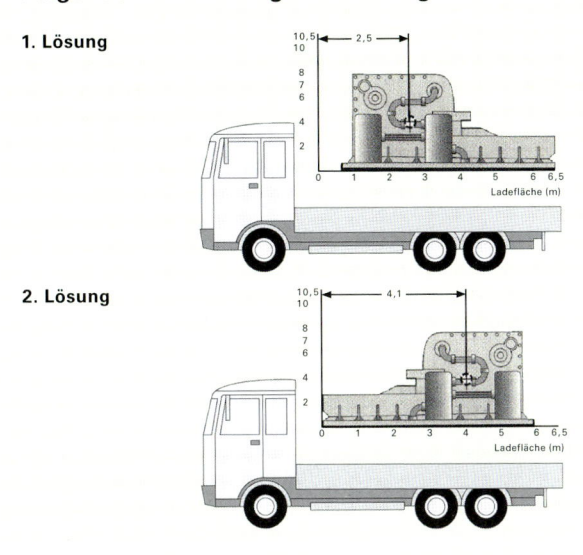

1. Lösung

2. Lösung

Abbildung 29:
1. Lösung: Nachteil ist hier der zusätzliche Ladungssicherungsaufwand durch die 0,6 m Abstand von der Stirnwand.

Abbildung 30:
2. Lösung: diese Lösung ist die bessere, da hier ein Formschluss nach vorn gegeben ist.

Bestimmung des Schwerpunkts bei mehrteiliger Ladung

Mehr Probleme bereitet der Transport von Ladung, die aus mehreren Teilen verschiedenster Dimensionen oder Gewichte besteht. Hier ist der Gesamtschwerpunkt ‚S_{Ges}' zu ermitteln.

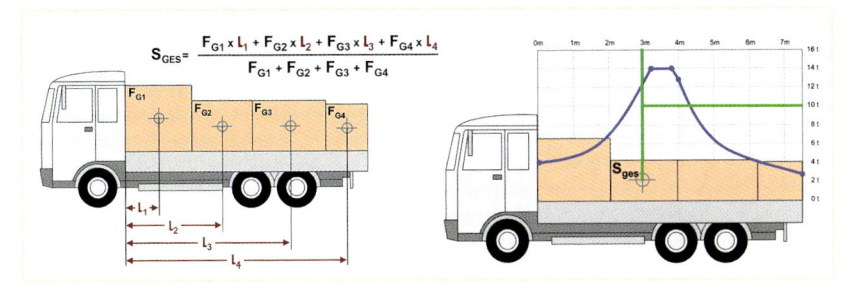

$$S_{GES} = \frac{F_{G1} \times L_1 + F_{G2} \times L_2 + F_{G3} \times L_3 + F_{G4} \times L_4}{F_{G1} + F_{G2} + F_{G3} + F_{G4}}$$

Abbildungen 31 und 32:
Vorgehensweise zur Berechnung des Gesamtschwerpunktes bei mehreren Einzelladungen

Nicht in jedem Fall liefern Fahrzeug- und Aufbauhersteller für alle Fahrzeuge, bei denen es erforderlich ist, einen Lastverteilungsplan mit. Nachträgliche Erstellungen sind durch Sachverständigenorganisationen und Verbände möglich. Alternativ sind Computerprogramme erhältlich, mit denen sich Lastverteilungspläne für alle Fahrzeuge des Fuhrparks nachträglich erstellen lassen.

**Beschleunigte Grundqualifikation
Spezialwissen Lkw**

> ✚ **Hintergrundwissen** → Die Berufsgenossenschaft für Transport und Verkehrswirtschaft (BG Verkehr) bietet ein entsprechendes Programm an. Für übliche Lkw- und Anhängerfahrzeuge lassen sich die Lastverteilungspläne hiermit erstellen. CD-ROM „Lastverteilungsplan nach VDI-Richtlinie 2700 Blatt 4"; erhältlich unter: www.bg-verkehr.de

Fazit

Ladungsgewichte müssen so auf der Ladefläche verteilt werden, dass die zulässigen Achslasten nicht überschritten werden.

Nutzvolumen

Rechteckiger Aufbau

Das Volumen ‚V' steht für den räumlichen Inhalt eines Körpers.
Am einfachsten ist das Volumen zu errechnen, wenn die Abmessungen des Körpers bekannt sind und miteinander multipliziert werden (siehe Formel).

Formel	Größen
$V = L \times B \times H$	▪ L = Länge ▪ B = Breite ▪ H = Höhe

Abbildung 33
Kofferaufbau

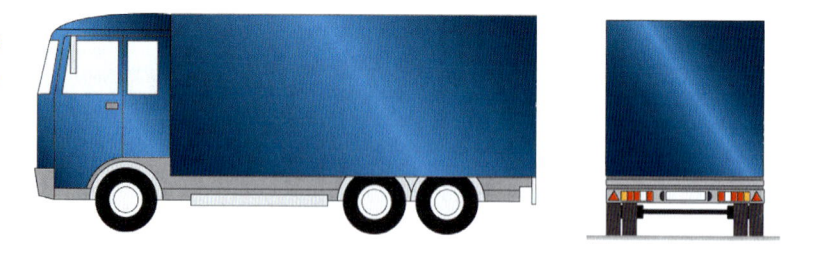

Ladungssicherung 1.4

Zylindrischer oder halbrunder Aufbau

Beim zylindrischen oder halbrunden Aufbau ist die Rechnung etwas aufwendiger. Zur Ermittlung des Volumens bei zylindrischem Aufbau werden folgende Werte benötigt:

Formel:	Größen
$V = L \times \frac{1}{4} \times D^2 \times \pi$	— Länge (L) — Durchmesser (D) und — π = Gerundete Konstante von 3,14

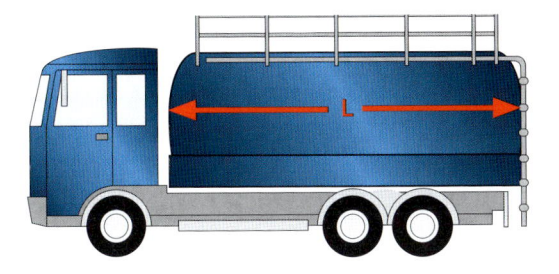

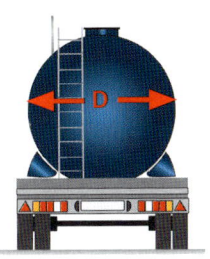

Abbildung 34: Tankaufbau

Abbildung 35: Typenschild eines Siloaufbaus mit Angabe des Gesamtinhaltes (Nutzvolumen)

Fazit

Diese Berechnungen sind aber mehr theoretischer Natur, da sie in den meisten Fällen durch die minimalen bzw. maximalen Achslasten des Fahrzeugs eingeschränkt sind. Das tatsächliche Nutzvolumen kann in der Regel nur aus den Unterlagen des Herstellers bzw. dem Typenschild am Fahrzeug entnommen werden.

**Beschleunigte Grundqualifikation
Spezialwissen Lkw**

1.5 Arten von Ladegütern

▶ Die Teilnehmer sollen für die Problematik transportsicherer Verpackungen und das Zusammenspiel der Beteiligten sensibilisiert werden. Zudem sollen sie Kenntnisse über die wichtigsten Gütergruppen erlangen.

Lehrgespräch
- *Stellen Sie den Teilnehmern die verschiedenen Ladegüter vor.*
- *Verdeutlichen Sie die Wichtigkeit der Kommunikation zwischen Absender bzw. Verlader, Frachtführer und Fahrer.*
- *Zeigen Sie die Problematik beim Absichern von Schüttgütern auf und stellen Sie Lösungen vor (z. B. Einsatz von Netzen und Planen).*

Ca. 90 Minuten

Führerschein: Fahren lernen Klasse C, Lektion 9
Weiterbildung: Modul 5, Ladungssicherung

Verpackungen und Ladeeinheiten

In vielen Fällen steht der Fahrer vor dem Problem: Verpackungen lassen sich aufgrund mangelnder Festigkeit nicht verzurren oder sind unzureichend zu Ladeeinheiten zusammengefasst.
Leider besteht vor Ort nur selten die Möglichkeit, diese vorgefundenen Mängel in einem vertretbaren Zeitrahmen zu beheben. Daher müssen die Weichen für eine ordnungsgemäße Ladungssicherung bereits im Vorfeld des Transports gestellt werden. Die Verantwortlichen müssen bei der Wahl der geeigneten Transportverpackung und der Bildung von Ladeeinheiten alle Kräfte berücksichtigen, die auf die Ladegüter wirken:

- Horizontal wirkende Flieh- und Beschleunigungskräfte durch Bremsen, Anfahren und Kurvenfahrten
- Vertikal wirkende Kräfte durch Fahrbahnunebenheiten
- Zug- und Druckkräfte, die durch die Ladungssicherung selber entstehen
- Der Stapeldruck bei gestapelter Ladung

Verantwortlich für die Wahl einer geeigneten Transportverpackung ist der Absender (§ 411 HGB).

Ladungssicherung 1.5

Die Erfordernisse des Transports und der vorgeschriebenen Ladungssicherung müssen bereits vonseiten des Absenders und des Verladers bedacht werden. Sonst hat der „Mann an der Rampe" in der zur Verfügung stehenden Zeit kaum eine Chance, für das komplexe Problem der richtigen Sicherung eine Lösung zu finden.

Damit es nicht so weit kommt, müssen die Abläufe zwischen Absender bzw. Verlader, Frachtführer und Fahrer abgestimmt werden.
Dies setzt voraus, dass

- Bewusstsein für die Erfordernisse einer sicheren und wirtschaftlich durchführbaren Ladungssicherung vorhanden ist,
- alle Beteiligten sich ihrer Rechte und Pflichten in der Transportkette bewusst sind und nicht versuchen, ihren Anteil auf den jeweils anderen zu verlagern,
- der Informationsaustausch zwischen den Beteiligten sichergestellt ist. Das heißt:
    - Der Absender weiß, wie seine Sendung verladen wird.
    - Der Verlader hat im Vorfeld die entsprechenden Informationen über die Art der Ladegüter.
    - Der Beförderer (sprich Fahrzeugführer) weiß, was ihn an der Rampe erwartet.

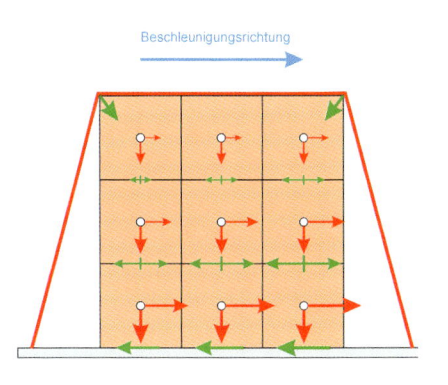

Abbildung 36: Beispiel für Kräfteverteilung bei gestapelter und niedergezurrter Ladung.

> ⊕ **Hintergrundwissen** → Informationen zu transportsicheren Verpackungen und Ladungssicherung sind erhältlich unter: www.expertverlag.de

Kennzeichnung
Wenn es die vertragsgemäße Behandlung erfordert, ist der Absender eines Gutes nach § 411 Handelsgesetzbuch (HGB) verpflichtet, dieses zur Vermeidung von Beschädigungen zu kennzeichnen. Die gängigsten Kennzeichnungen sollten jedem, der damit Umgang hat, bekannt sein.

**Beschleunigte Grundqualifikation
Spezialwissen Lkw**

Abbildung 37:
Gängige Kennzeichnungen auf Gütern

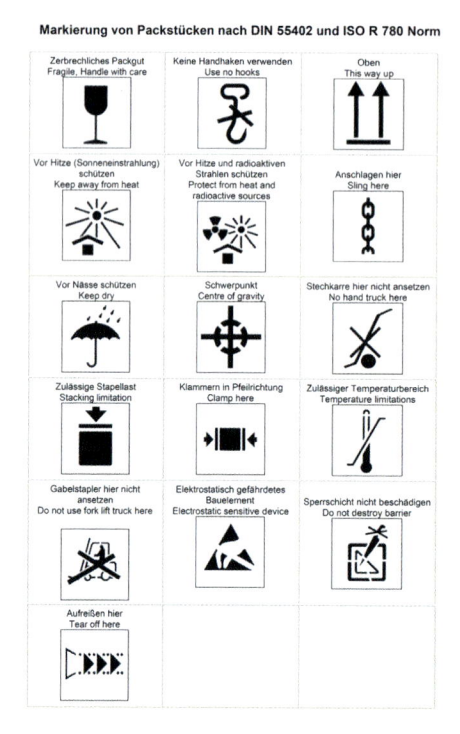

Markierung von Packstücken nach DIN 55402 und ISO R 780 Norm

Zerbrechliches Packgut Fragile, Handle with care	Keine Handhaken verwenden Use no hooks	Oben This way up
Vor Hitze (Sonneneinstrahlung) schützen Keep away from heat	Vor Hitze und radioaktiven Strahlen schützen Protect from heat and radioactive sources	Anschlagen hier Sling here
Vor Nässe schützen Keep dry	Schwerpunkt Centre of gravity	Stechkarre hier nicht ansetzen No hand truck here
Zulässige Stapellast Stacking limitation	Klammern in Pfeilrichtung Clamp here	Zulässiger Temperaturbereich Temperature limitations
Gabelstapler hier nicht ansetzen Do not use fork lift truck here	Elektrostatisch gefährdetes Bauelement Electrostatic sensitive device	Sperrschicht nicht beschädigen Do not destroy barrier
Aufreißen hier Tear off here		

Ablegereife von Paletten und Gitterboxen

Paletten und Stapelbehälter („Gitterboxen"), auch als Lagergeräte bezeichnet, unterliegen im täglichen Betrieb hohen Belastungen. Eine Sicherung mit Hilfe des Niederzurrverfahrens kann das Übrige dazu tun, vor allem, wenn die Vorspannkräfte sehr hoch werden. Deshalb müssen solche Lagergeräte regelmäßig, insbesondere bei Wiederverwendung, auf ihren sicheren Zustand geprüft werden. Stellt man dabei Schäden bzw. Mängel fest, sind sie, soweit dies zur Arbeitsaufgabe gehört und die notwendige Befähigung dazu vorhanden ist, unverzüglich zu beseitigen. Andernfalls dürfen die schadhaften Lagergeräte nicht benutzt werden. Der jeweilige Vorgesetzte ist darüber umgehend zu informieren.

Doch wann gelten Paletten oder Gitterboxen als schadhaft? Die BG-Regel „Lagereinrichtungen und -geräte" (BGR 234) enthält dazu zwei Beispiele der gängigsten „Vertreter":

NICHT GEBRAUCHSFÄHIG („ablegereif") sind **Flachpaletten**, wenn
1. ein Brett fehlt, schräg oder quer gebrochen ist,
2. mehr als **zwei** Bodenrand-, Deckrandbretter oder ein Querbrett so abgesplittert sind, dass je Brett mehr als **ein** Nagel- oder Schraubenschaft sichtbar ist,
3. ein Klotz fehlt, so zerbrochen oder abgesplittert ist, dass mehr als ein Nagel- oder Schraubenschaft sichtbar ist,
4. die wesentlichen Kennzeichen fehlen oder unleserlich sind,
5. offensichtlich unzulässige Bauteile zur Reparatur verwendet worden sind (zu dünne, zu schmale, zu kurze Bretter oder Klötze) oder
6. der Allgemeinzustand so schlecht ist, dass die Tragfähigkeit nicht mehr gewährleistet ist (morsche, faule oder mehrere abgesplitterte Bretter oder Klötze).

NICHT GEBRAUCHSFÄHIG („ablegereif") sind **Boxpaletten**, wenn
1. der Stellwinkelaufsatz oder Ecksäulen verformt sind,
2. die Vorderwandklappen unbeweglich oder so verformt sind, dass sie nicht mehr geschlossen werden können, bzw., wenn Klappverschlüsse nicht mehr funktionsfähig sind,
3. der Bodenrahmen oder die Füße so verbogen sind, dass die Boxpalette nicht mehr gleichmäßig auf den vier Füßen steht oder nicht mehr ohne Gefahr gestapelt werden kann,
4. die Rundstahlgitter gerissen sind, so dass die Drahtenden nach innen oder nach außen ragen (eine Masche pro Wand darf fehlen),
5. ein Brett fehlt oder gebrochen ist oder
6. die wesentlichen Kennzeichen fehlen oder unleserlich sind.

Gütergruppen

Die Vielfalt der Ladungen und die damit verbundenen verschiedenartigen Anforderungen an die Sicherung sind nur schwer überschaubar. Dabei bereiten Güter wie Papierrollen oder Stahlcoils oft weniger Probleme, da für diese Ladung besonders ausgestattete Fahrzeuge und standardisierte Transportlösungen eingesetzt werden.
In der Praxis sind also die verschiedensten Varianten verpackter und unverpackter Ladegüter auf den Lkw unterwegs. Manche lassen sich gut sichern, andere weniger. Trotzdem gilt ausnahmslos: Jedes Gut ist zu sichern. Das „Wie" ist aber in vielen Fällen das Problem. Für spezi-

**Beschleunigte Grundqualifikation
Spezialwissen Lkw**

elle Gütergruppen wie z.B. Holz, Langstahl oder Bleche gibt es aber mittlerweile eine Fülle an Fachliteratur oder häufig auch Verladeanweisungen der Betriebe selbst, mit deren Hilfe man sich auch als Fahrer „schlau machen" kann.

Abbildung 38:
Ladung, die sich relativ schnell und einfach sichern lässt

Abbildung 39:
Ladung, die sich nur aufwendig sichern lässt

Spezielle Fahrzeuge für mehr Sicherheit

Bei Ladungen, bei denen eine Sicherung mithilfe von Zurrmitteln nicht oder nur sehr schlecht möglich ist, kommt der richtigen Auswahl des Fahrzeugs eine besondere Bedeutung zu. Denn viele Güter lassen sich nur auf speziellen Fahrzeugen ausreichend sichern.

Abbildung 40:
„Schräglader"

Abbildung 41:
Spezialfahrzeug für Stahltransporte

Solche Fahrzeuge schaffen oft erst die Möglichkeit, unter wirtschaftlich vertretbaren Rahmenbedingungen die Ladung zu sichern.
In vielen Fällen existieren auch vor Ort entsprechende Verladeanweisungen, welche die richtige Vorgehensweise bei der Sicherung des jeweiligen Ladeguts beschreiben.

Problem: Sammelladung

Ganz anders sieht es bei Sammelladungen aus. Häufige Probleme, die dabei auftreten, sind:
- Aufwändig zu sichernde, schwere Ladungsteile treffen auf empfindliche Ware.
- Eine vom Ablauf her viellcht günstige Be- und Entladereihenfolge nach Abfolge der Ladestellen kollidiert mit den Erforder-

nissen aus dem Lastverteilungsplan (vgl. Kapitel 1.4, „Lastverteilung und Nutzvolumen").
– Häufiges Nachsichern bei Sammel- und Verteilerverkehren trägt zusätzlich dazu bei, dass standardisierte Lösungen oder Anweisungen nicht weiterhelfen und der Fahrer als kreativer „LaSi-Künstler" gefragt ist.

Daraus lassen sich ein paar grundsätzliche Dinge ableiten:
1. Güter nach LVP laden und entladen, nicht nach Be- und Entladereihefolge
2. Zur Sicherung der Ladung bzw. Ladungsteile möglichst den Fahrzeugaufbau oder formschlüssige Einrichtungen des Fahrzeugs wie z. B Sperrstangen oder Sperrbalken nutzen
3. Verladeweisen, die die Gefährdung vor allem im Falle eines Unfalls erhöhen – dazu gehören z. B. scharfkantige schwere Teile hinter Gefahrgut – vermeiden

Fazit
Eine gute Ausbildung, viel Erfahrung und genügend zeitlicher Puffer sind nötig, um verschiedenartige Ladungen ausreichend sichern zu können.

Schüttgüter: ein unterschätzter Bereich
Wenn vom Transport von Schüttgütern gesprochen wird, glaubt man zunächst, dass bei diesem „simplen" Ladegut keine Maßnahmen zur Ladungssicherung erforderlich sind. Doch dann fallen uns schnell die „Kiesbomber" ein. Wer hat nicht schon das prasselnde Geräusch auf der Windschutzscheibe seines Fahrzeugs mit Ärger und Argwohn vernommen, wenn er hinter einem mit Sand oder Kies beladenen Lkw herfahren musste?

Unter den Sammelbegriff „Schüttgut" fallen
– lose Güter in schüttbarer Form mit regelmäßiger Korngröße wie
  - Sand
  - Kies
  - Schotter
  - Erde
  - Stückkalk
  - Getreide

**Beschleunigte Grundqualifikation
Spezialwissen Lkw**

- lose Güter in schüttbarer Form mit unregelmäßiger Korngröße wie
  - Erze
  - gebrochene Steine
  - Bauschutt und Schrott
- „sonstige Schüttgüter" wie lose Reststoffe aus Papier oder Kunststoffen aus der Abfallsammlung

Die üblichen Transportfahrzeuge sind Kippfahrzeuge mit Kasten- oder Muldenaufbau. Vielfach werden austauschbare Ladungsträger, wie Absetzkippmulden oder Abroll-/Abgleitbehälter (-container) eingesetzt. Hinsichtlich der Ladungssicherung von Schüttgütern soll an dieser Stelle nur auf die Hauptgefahr eingegangen werden, das Herabfallen von Ladungsteilen.

Bei Schüttgütern darf nur so viel Material aufgeladen werden, dass nach dem Einplanieren des Schüttkegels kein Schüttgut über die Laderaumbegrenzungen herabfällt. Da die völlige Begradigung der Ladungsoberfläche meistens zu aufwendig ist, sollte der Verlader mit dem Lastaufnahmemittel des Ladegeräts so auf den Schüttkegel drücken oder hin- und her schwenken, dass dieser so weit wie möglich abgeflacht ist. Befinden sich zwischen dem Schüttgut größere Teile

Abbildung 42:
Absicherung des Schüttguts durch eine Plane.

(z. B. Betonbrocken), so muss durch entsprechende Beladung ein Herabfallen vermieden werden.

Bei leichtem Schüttgut (feiner Sand, Papierreste, Sägespäne, Getreide etc.) oder Material, bei dem der Wind eine gute Angriffsfläche hat (wie z. B. größere Pappen oder Holzreste), besteht die Gefahr, dass das Schüttgut weggeweht wird.
Bei kurzen Strecken kann ein Besprühen des Ladeguts mit Wasser ausreichend sein, in den meisten Fällen ist jedoch das Abdecken der Ladung durch Deckel, Planen oder Netze erforderlich.

Um Absturz-Unfälle mit Planen oder Netzen zu vermeiden, sind sie, soweit möglich, vom Boden aus auf- bzw. abzunehmen.

Viele Fahrzeuge, die für den Schüttguttransport eingesetzt werden, verfügen über Abdeckvorrichtungen wie Schiebeverdecke oder Rollplanen. Dies ist die sicherste Lösung!

Beförderung gefährlicher Güter
Gefährliche Güter sind Stoffe und Gegenstände, von denen aufgrund ihrer Natur, ihrer Eigenschaften oder ihres Zustandes im Zusammenhang mit der Beförderung Gefahren für das Leben und die Gesundheit von Menschen und Tieren sowie für die Allgemeinheit und wichtige Gemeingüter ausgehen können.

Die Beförderung gefährlicher Güter unterliegt der *Verordnung über die innerstaatliche und grenzüberschreitende Beförderung gefährlicher Güter auf der Straße, mit Eisenbahnen und auf Binnengewässern (Gefahrgutverordnung Straße, Eisenbahn und Binnenschifffahrt - GGVSEB).* Die Sachinhalte der Vorschriften über die Beförderung gefährlicher Güter auf der Straße werden in den Anlagen A und B des *Europäischen Übereinkommens über die internationale Beförderung gefährlicher Güter auf der Straße (ADR)* geregelt. Gefahrgut darf vom Grundsatz her nur transportiert werden, wenn der Fahrer im Besitz einer gültigen ADR-Bescheinigung ist. Voraussetzung dafür ist eine anerkannte Schulung mit Prüfung, der alleinige Besitz der Fahrerlaubnisklasse CE genügt nicht.
Aber woran erkennt man ein Gefahrgut, um als Fahrer ohne ADR-Schein nicht mit dem Gesetz in Konflikt zu kommen?

Beschleunigte Grundqualifikation
Spezialwissen Lkw

Abbildung 43: Paket mit Gefahrzettel: „Entzündbarer, flüssiger Stoff" und UN-Nummer

Die Kennzeichnung eines Gefahrgutes erfolgt

- zum einen über einen oder mehrere Gefahrzettel, aus denen die Art der jeweiligen Gefahr hervorgeht,
- zum anderen über die UN-Nummer, die weltweit und unabhängig von der jeweiligen Landessprache und eventuellen Handelsnamen das gefährliche Gut benennt und beschreibt.

Übergibt man Ihnen eine solche Ware zum Transport, ohne dass Sie im Besitz der gültigen ADR-Bescheinigung sind, wenden Sie sich im Zweifelsfall zuerst an den Verlader bzw. Absender. Dessen Verpflichtung ist es, dem Fahrer mit dem Gefahrgut auch die relevanten gefahrgutrechtlichen Informationen zu übermitteln. Das ADR enthält nämlich einige Freistellungen, zu denen auch Erleichterungen bei der Beförderung begrenzter (nicht kennzeichnungspflichtiger) Mengen gehören. Die höchstzulässige Gesamtmenge ist vom Gefährdungspotential der einzelnen Güter abhängig und muss deshalb individuell ermittelt werden. Weiterhin ist zu bedenken, dass diese Freistellungen für viele, jedoch nicht für alle Anforderungen des ADR gelten. Insbesondere ist die Mitführung des Beförderungspapiers und die Ausrüstung des Fahrzeugs mit einem Feuerlöscher (Brandklassen A, B und C; 2 kg Pulver) erforderlich. In den meisten Unternehmen, die Gefahrgut versenden, gibt es einen Gefahrgutbeauftragten, der ein kompetenter Ansprechpartner ist. Seine Aufgabe besteht darin, die Gefahrgutbeförderung zu koordinieren und zu überwachen. Gegebenenfalls müssen Sie die Übernahme des Transportes ablehnen.

Ladungssicherung 1.5

Generell gilt:

Der Fahrzeugführer kann nicht die Eignung einer Verpackung für den Transport prüfen. Grundsätzlich immer abzulehnen sind jedoch Verpackungen, die:

- Beschädigungen aufweisen
- Undicht sind
- An den Außenseiten mit Gefahrgut verschmutzt sind
- Nicht fest verschlossen sind
- Mangelhafte oder fehlende Kennzeichnungen aufweisen, wie z. B. durchgestrichene oder halb abgerissene Gefahrzettel

PRAXIS-TIPP

Die Beförderung gefährlicher Güter und deren Sicherung ist ein eigenes umfassendes Sachgebiet, das Anforderungen an die Verpackung, Beschaffenheit der Fahrzeuge und die Ausbildung der Fahrzeugführer enthält. Deshalb wird auf das jährlich im Vogel-Verlag erscheinende Bordbuch „Gefahrgutfahrer unterwegs" verwiesen.

Bestell-Nr.
26033

Ladungssicherung von gefährlichen Gütern

Die Ladungssicherung wird im Abschnitt 7.5.7 des ADR gefordert und beschrieben, ohne dass konkrete Anleitungen gegeben werden. Es heißt darin, dass Versandstücke, die gefährliche Güter enthalten, sowie unverpackte gefährliche Gegenstände auf dem Fahrzeug oder im Container durch geeignete Mittel gesichert werden müssen. Diese Mittel müssen in der Lage sein, die Güter im Fahrzeug oder Container so zurückzuhalten, dass eine Bewegung während der Beförderung, durch welche die Ausrichtung der Versandstücke verändert wird oder die zu einer Beschädigung der Versandstücke führen könnte, verhindert wird.

**Beschleunigte Grundqualifikation
Spezialwissen Lkw**

Besonderes Augenmerk legen die Gefahrgutvorschriften darauf, dass
- beim Verzurren darauf zu achten ist, dass sich die Versandstücke nicht verformen oder beschädigt werden,
- die Stapelverträglichkeit der einzelnen Versandstücke bei der Verladung beachtet wird und
- beim Be- und Entladen keine Beschädigung „durch Ziehen der Versandstücke über den Boden oder durch falsche Behandlung" auftreten darf.

Zwei besonders häufig transportierte „Umschließungen" für Gefahrgut sind die IBC und die Druckgasflaschen.

Intermediate Bulk Container (IBC)

Als Verpackungen auch für gefährliche Güter werden häufig Intermediate Bulk Container (IBC – im Deutschen auch als Großpackmittel bezeichnet) eingesetzt. Diese halten den gefährlichen Gütern, für die sie zugelassen sind, stand. In der Regel können sie die beim Niederzurren entstehenden Kräfte jedoch nicht aufnehmen, so dass eine formschlüssige Ladungssicherung zur Stirnwand sowie zu den Seitenwänden und zur Rückwand erforderlich ist.

Abbildung 44:
IBC

Transport von Druckgasflaschen

Druckgasflaschen z. B. für Sauerstoff oder Schutzgas lassen sich in den meisten Fällen nur in dafür vorgesehenen Transportgestellen befördern, die ihrerseits auf der Ladefläche gesichert werden müssen.

Zur Ladungssicherung gibt es
- automatisierte Systeme, bei denen Greifer in entsprechende Einschubtaschen der Transportgestelle geführt werden und so eine formschlüssige Sicherung herstellen,
- die Möglichkeit über Zurrmittel, wenn geeignete Zurrpunkte in ausreichender Zahl vorhanden sind.

Ladungssicherung 1.5

In geschlossenen Fahrzeugen (z. B. Kastenwagen) können Druckgasflaschen nur unter besonderen Voraussetzungen transportiert werden! Die wichtigsten dieser Voraussetzungen sind:

- Die Trennwand schließt den Laderaum zur Kabine hin dicht ab (weder Spalte zwischen Trennwand und Karosserie noch Lüftungsschlitze).
- Lüftungsöffnungen in Boden- und Deckennähe mit freiem Querschnitt von jeweils mindestens 100 cm² sind vorhanden und voll wirksam (geöffnet), solange sich Druckgasflaschen im Laderaum befinden.

Abbildung 45: Sicherung der Transportgestelle mit Zurrgurten
Quelle: Frank Rex

> ✚ **Hintergrundwissen** → Weitere Informationen enthält das Merkblatt „Druckgasflaschen in geschlossenen Kraftfahrzeugen" (DVS 0211), herausgegeben vom Deutschen Verband für Schweißtechnik e. V., DVS-Verlag Düsseldorf.
>
> Hilfreich ist auch die Broschüre „Ladungssicherung bei der Beförderung von Gasen in Druckgefäßen mit Straßenfahrzeugen" (01B-17.3-04/08) aus der Schriftenreihe *Normen und Vorschriften des IGV*, die in Zusammenarbeit mit der BG Verkehr erstellt wurde.

Beschleunigte Grundqualifikation
Spezialwissen Lkw

1.6 Sicherungsarten

▶ Die Teilnehmer sollen die grundsätzlichen Sicherungsarten kennen und wissen, welche Methode bei welcher Ladung anzuwenden ist.

↪ **Lehrgespräch und/oder praktische Übungen am Fahrzeug.**
  − *Stellen Sie die einzelnen Sicherungsarten vor.*
  − *Verdeutlichen Sie die Vorteile einzelner Sicherungsarten.*
  − *Zeigen Sie die Anwendungen der Sicherungsarten auf.*

⏲ Ca. 120 Minuten inklusive praktische Übungen
(Die Zeitempfehlungen variieren je nach Anzahl der Teilnehmer.)

🖥 Führerschein: Fahren lernen Klasse C, Lektion 9
Weiterbildung: Modul 5, Ladungssicherung

Formschluss durch Nutzung von Aufbauteilen

Das Abstützen der Ladung untereinander sowie an Aufbauteilen wie Stirn- und Bordwänden (siehe Abbildung 46) oder an Keilen, Sperrbalken oder Festlegehölzern (siehe Abbildung 47) wird als formschlüssige Sicherung bezeichnet.

Abbildung 46:
Sicherung der Ladung durch Formschluss (Aufbau)

Abbildung 47:
Formschluss durch Festlegehölzer

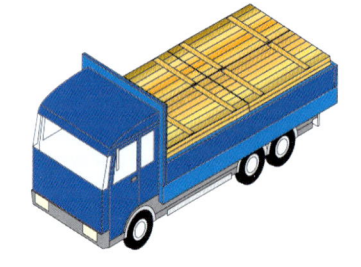

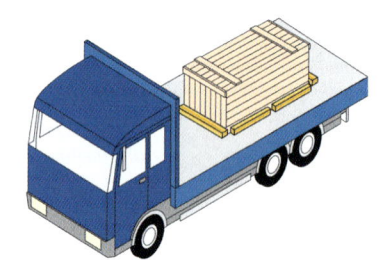

Vorteile
− Leichte Bestimmung der erforderlichen Sicherungskräfte
− Wirtschaftliche Methode (Aufwand und Zeit)

Vorausgesetzt: Die Abmessungen der Ladegüter und Aufbauten passen zueinander. Anderenfalls müssen die Lücken z.B. durch Paletten oder Staupolster aufgefüllt werden. Sollte der Formschluss niedriger als der Ladungsschwerpunkt sein, müssen gegebenenfalls noch Maßnahmen gegen Kippen getroffen werden.

Standardaufbauten nach Code L (DIN EN 12642)
Für Fahrzeuge über 3,5 t zGM mit Standardaufbauten nach DIN EN 12642 (Code L) gelten nachfolgend dargestellte Prüfanforderungen.
Die Prüfkräfte werden flächig auf die jeweiligen Laderaumbegrenzungen aufgebracht.
Inwieweit die Laderaumbegrenzungen tatsächlich zur Ladungssicherung herangezogen werden können, muss beim Hersteller erfragt werden.

Prüfanforderungen nach DIN EN 12642 (Code L) am Beispiel „Plane und Spriegel" (mit 10 t Nutzlast).

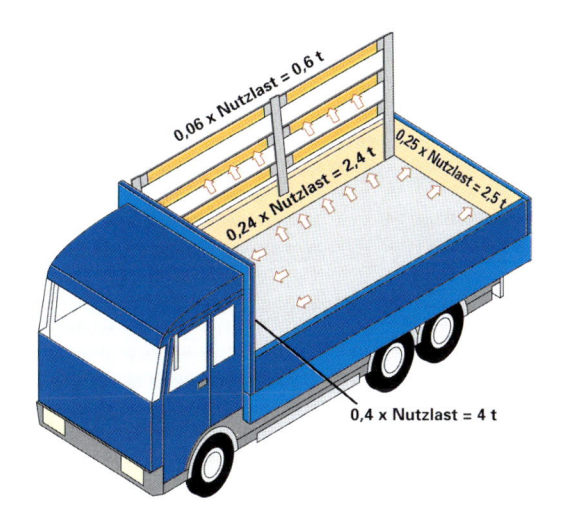

Abbildung 48: Belastung von Fahrzeugaufbauten (Hamburger Verdeck) nach DIN EN 12642 (Code L) bei einer Nutzlast von 10 t. Die Prüfkräfte werden flächig auf die jeweiligen Laderaumbegrenzungen aufgebracht.

Standardaufbauten nach DIN EN 12642 (Code L)
Nach DIN EN 12642 (Code L) werden
- Stirnwände von Aufbauten mit dem 0,4-fachen,
- die Rückwände mit dem 0,25-fachen,
- die Seitenwände mit dem 0,3-fachen

der Nutzlast geprüft.

Im Falle eines Plane-Spriegel-Aufbaus verteilt sich die Prüfkraft auf die Bordwand (0,24-fach) und den Spriegelbereich (0,06-fach). Bei Fahrzeugen mit festen Seitenwänden, seitlichen Schiebeplanen oder Pritschen mit Bordwänden müssen die seitlichen Laderaumbegrenzungen der Belastung standhalten können.

Zwei Dinge sind dabei zu beachten:
1. Diese Belastungen gelten für flächige, aber nicht für punktuelle Belastungen.
2. Bei Aufbauten nach Code L sind die Prüfkräfte auf die Stirn- und Rückwände auf 5000 daN bzw. 3100 daN nach oben begrenzt. Dies bedeutet, dass selbst bei einer Nutzlast von z. B. 25 t (25000 daN) nur diese Belastungen zugrunde gelegt werden und **nicht** die rechnerisch möglichen 10000 daN (40 %) bzw. 6250 daN (25 %).

Standardaufbauten nach Code XL (DIN EN 12642)
Der Code XL der DIN EN 12642 stellt bei der Prüfung höhere Anforderungen an Stirn- und Seitenwände. Aber auch hier muss der Hersteller angeben, welche Ladungssicherungskräfte eingeleitet werden können.

Sind die Festigkeiten bekannt und für das Ladegut ausreichend, gilt: Erst, wenn ein aufbauseitiger Formschluss nicht möglich oder nicht ausreichend ist, muss auf weitere Sicherungsmaßnahmen (z. B. Verzurren) zurückgegriffen werden.

Direktzurren (Schräg- und Diagonalzurren)

Das Schräg- und Diagonalzurren, auch als „Direktzurren" bezeichnet, wird zu den formschlüssigen Sicherungsverfahren gezählt, wenn auch anteilige Niederzurrkräfte durch den Verlauf der Zurrmittel von der Ladung in Richtung Ladefläche nicht zu leugnen sind.

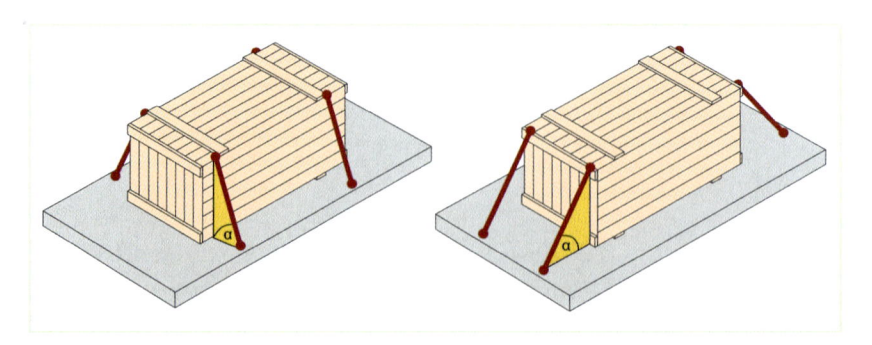

Abbildung 49: Prinzipskizzen für Direktzurren → Schrägzurren

Ladungssicherung 1.6

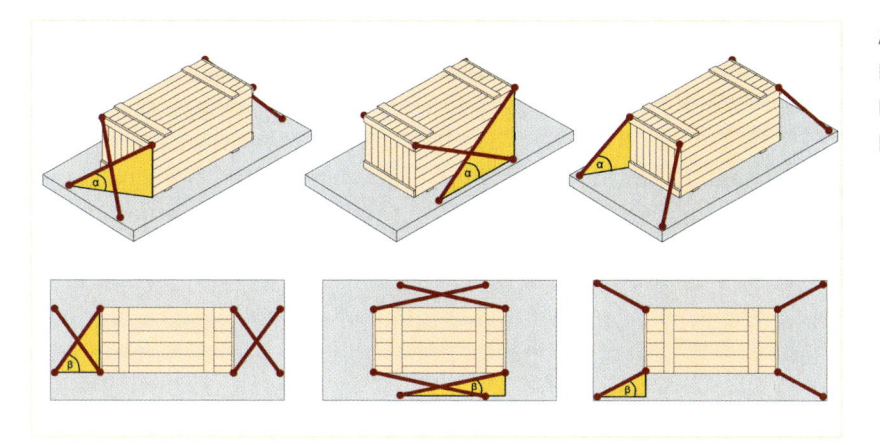

Abbildung 50:
Prinzipskizzen für Direktzurren → Diagonalzurren

Vorteile
- Verhältnismäßig leichte Bestimmung der erforderlichen Sicherungskräfte
- Geringerer Aufwand als beim Niederzurren

Voraussetzung: An der Ladung und am Fahrzeug sind an den erforderlichen Stellen Zurrpunkte vorhanden.

Unterschied zwischen Schräg- bzw. Diagonalzurren und Niederzurren

Schräg- und Diagonalzurren unterscheiden sich nur gering in ihrer Qualität, sind aber im Verhältnis von Aufwand zu Nutzen wesentlich wirkungsvoller als das Niederzurren (siehe nächstes Kapitel „Niederzurren"). Beide Verfahren gibt es sowohl als einzelne Maßnahme als auch in Kombination mit anderen Sicherungsverfahren.

Abbildung 51:
Kombinierte Sicherung aus Bündelung und Diagonalzurren in Längsrichtung mit Hilfe von Kopfschlingen

Beschleunigte Grundqualifikation
Spezialwissen Lkw

Rückhaltezurren ist eine Sonderform des Diagonalzurrens. Ich sichere nur in eine Richtung, muss aber den Horizontalwinkel ß mit betrachten.

Im Gegensatz zum Niederzurren ist beim Schräg- und Diagonalzurren nicht die „normale Spannkraft (S_{TF})[7]" maßgeblich, sondern die deutlich höhere Zurrkraft LC[8].

Vergleichbar zum Niederzurren ist die Berücksichtigung des Vertikalwinkels ‚α' („Höhenwinkel"). Hinzu kommt der Horizontalwinkel ‚ß'. Dies ist der Winkel zwischen Zurrmittel und Längsachse (x-Achse) des Transportmittels in der Ebene der Ladefläche.
Zurrmittel werden beim Schräg- und Diagonalzurren nur leicht vorgespannt, in der Praxis häufig auch als „handwarm" bezeichnet..
Beim Schräg- und Diagonalzurren gibt es ebenso Berechnungshilfen wie beim Niederzurren.

Abbildung 52:
LC-Angabe auf einem Zurrgurt-Etikett

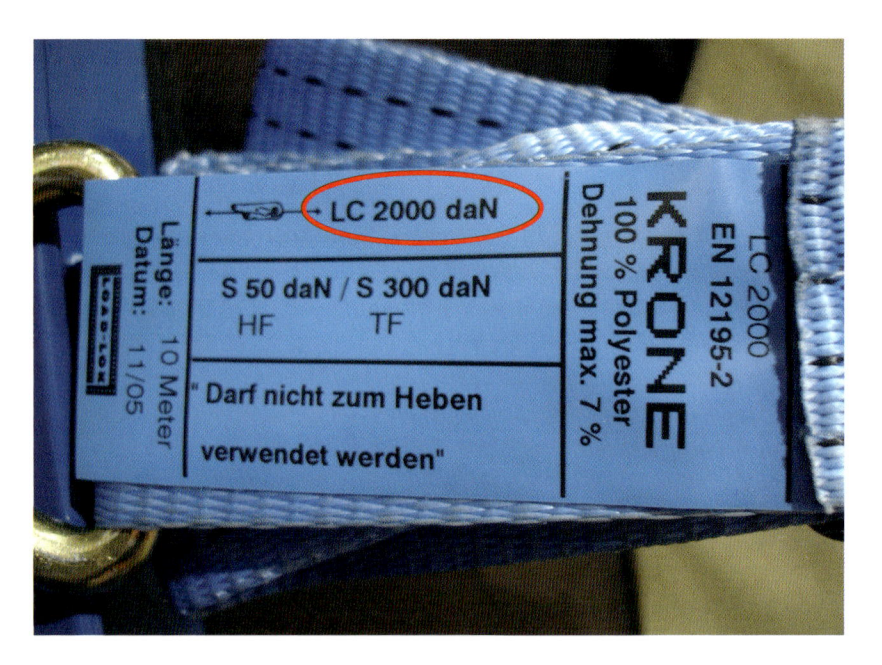

[7] Verbleibende Kraft nach dem Loslassen des Handgriffs der Spannvorrichtung, z.B. der Ratsche bei einem Zurrgurt.
[8] Die Zurrkraft LC ist die maximale Kraft in direktem Zug, der ein Zurrmittel im Gebrauch standhalten muss.

Ladungssicherung 1.6

> Wie ausführlich Sie die Formeln besprechen, sollten Sie von Interesse und Leistungsstärke der Gruppe abhängig machen.

Berechnung Diagonalzurren

Die erforderlichen Haltekräfte S können über folgende Formeln ermittelt werden:

Berechnung der Sicherungskraft in Längsrichtung S_l:

$$S_l = \frac{F_G}{2} \times \frac{f_l - \mu_D}{\mu_D \times \sin\alpha + \cos\alpha \times \cos\beta}$$

Berechnung der Sicherungskraft in Querrichtung S_q:

$$S_q = \frac{F_G}{2} \times \frac{f_q - \mu_D}{\mu_D \times \sin\alpha + \cos\alpha \times \sin\beta}$$

Dabei sind:

- S_l die erforderliche Sicherungskraft [daN] pro Zurrmittel im geraden Zug, hier: längs

- S_q die erforderliche Sicherungskraft [daN] pro Zurrmittel im geraden Zug, hier: quer

- μ_D der Gleitreibbeiwert [ohne Einheit]

- α der vertikale Winkel [Grad]

- β der horizontale Winkel [Grad]

- F_G die Gewichtskraft [daN]

- f_l der Sicherungsfaktor in Längsrichtung = 0,8 [ohne Einheit]

f_q der Sicherungsfaktor quer für kippstabile Ladung = 0,5 [ohne Einheit]

n   die Anzahl der Zurrmittelpaare (normalerweise 2)

Der jeweils höhere Wert S_l oder S_q ist maßgeblich.

Anwendungsbeispiel „Diagonalzurren":
Angenommene Werte:
- Gewichtskraft der Ladung F_G = 4000 daN (ca. 4000 kg)
- Gleitreibbeiwert μ_D = 0,2
- Vertikalwinkel α = 45°
- Horizontalwinkel ß = 45°
- Anzahl Zurrmittelpaare n = 2 (entspricht 4 Zurrmitteln insgesamt)

Berechnung der Sicherungskraft in Längsrichtung S_l:

$$S_l = \frac{4000\ daN}{2} \times \frac{0,8 - 0,2}{0,2 \times \sin 45° + \cos 45° \times \cos 45°}$$

S_l = 1870,85 daN ≈ 1871 daN

Berechnung der Sicherungskraft in Querrichtung S_q:

$$S_q = \frac{4000\ daN}{2} \times \frac{0,5 - 0,2}{0,2 \times \sin 45° + \cos 45° \times \sin 45°}$$

S_q = 935,42 daN ≈ 936 daN

Erforderliche Zurrmittel
Bei 4000 daN Ladungsgewicht, μ_D = 0,2 sowie α = 45° und ß = 45° werden 4 Zurrmittel mit einer LC von jeweils mindestens 1871 daN benötigt. Üblicherweise würde man dafür 4 Zurrmittel mit einer LC von 2000 daN einsetzen.

Merke: Der höhere Wert der errechneten Haltekräfte S_l oder S_q ist für die Auswahl der LC zugrunde zu legen!

Ladungssicherung 1.6

Für manche einfacher zu handhaben ist eine Ermittlung der Kräfte über ein Diagramm.

Diagonalzurren 0,8 F_G
2 Zurmittelpaare, Gleitreibbeiwert $\mu_D = 0{,}2$

Erforderliche Sicherungskraft S [daN]

bezogen auf 1000 daN Gewichtskraft (ca. 1000 kg Masse) der Ladung

Vertikalwinkel α [°]

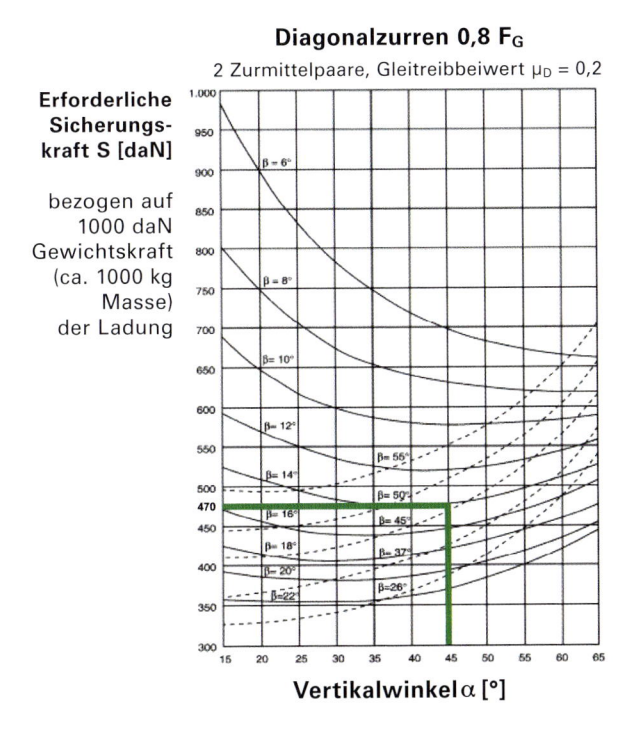

Abbildung 53: Diagramm für Diagonalzurren

Bezogen auf die im Berechnungsbeispiel angenommenen Werte
F_G = 4000 daN
α = 45°
ß = 45°
μ_D = 0,2
ergibt sich eine Sicherungskraft von 470 daN pro 1000 daN Ladungsgewicht. Da die Gewichtskraft der F_G = 4000 daN beträgt, muss der Wert 470 daN mit 4 multipliziert werden. Somit ergibt sich eine Sicherungskraft von:
4 x 470 daN ≈ 1880 daN (pro Zurrmittel)

Dieser Wert ist durch die Ungenauigkeit beim Ablesen etwas höher als der rechnerische und liegt damit auf der „sicheren Seite".

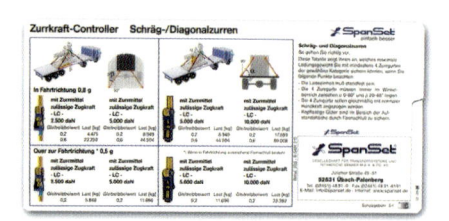

**Beschleunigte Grundqualifikation
Spezialwissen Lkw**

Hilfen zur Berechnung

Diese beiden Arten der Ermittlung der erforderlichen Haltekräfte lassen sich jedoch häufig nur schlecht am Lkw einsetzen. Deshalb gibt es neben elektronischen Möglichkeiten wie z. B. einem Taschenrechner auch Rechenhilfsmittel in Form von Diagrammscheiben oder ähnlichen Varianten. Diese sind in vielen Fällen zwar etwas ungenauer als die Rechnung „von Hand" oder die elektronischen Hilfsmittel, aber schneller und meist auch praktikabler in der Anwendung.

Abbildung 54 und 55:
Rechenhilfsmittel

Sonderformen des Diagonalzurrens

Sonderformen des Direktzurrens sind das Umreifungs- und das Kopfschlingenzurren.

Beide Zurrmethoden findet man vorwiegend in Kombination mit dem Niederzurren oder mit Formschluss durch den Fahrzeugaufbau.

> ➕ **Hintergrundwissen** → Die Berechnung ist aufgrund der vielen verschiedenen Winkel aufwändiger, deshalb soll an dieser Stelle auf die Berechnungshilfsmittel der Hersteller oder weitergehende Fachliteratur verwiesen werden (z. B. BGL-/BG Verkehr-Handbuch).

Abbildung 56:
Prinzip einer seitlichen Sicherung der Ladung durch „Umreifungszurren"

Abbildung 57:
Prinzip einer rückwärtigen Sicherung der Ladung durch „Kopfschlingenzurren" (Rückhaltezurren)

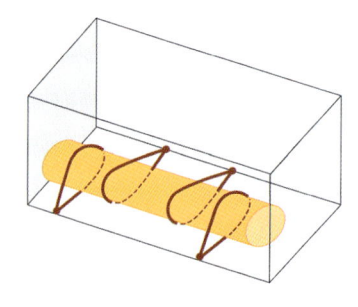

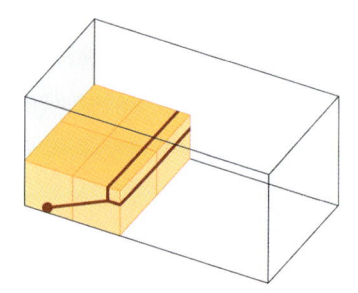

Ladungssicherung 1.6

Berechnung Schrägzurren

Die gleichen Formeln können auch für das so genannte „Schrägzurren" eingesetzt werden.

Die Unterschiede zum Diagonalzurren liegen im Wesentlichen nur darin, dass
1. in der Regel mehr Zurrmittel zum Einsatz kommen,
2. die Formeln ähnlich sind, der ß-Winkel jedoch entfällt,
3. die Kräfte in Fahrtrichtung sowie quer und nach hinten separat ermittelt werden müssen (oder man wählt von vornherein den ungünstigsten Wert)

$$S_l = \frac{F_G}{2} \times \frac{f - \mu_D}{\mu_D \times \sin\alpha + \cos\alpha}$$

Dabei sind:

S die erforderliche Sicherungskraft [daN] pro Zurrmittel im geraden Zug

μ_D der Gleitreibbeiwert [ohne Einheit]

α der vertikale Winkel [Grad]

F_G die Gewichtskraft [daN]

f der Sicherungsfaktor (0,8 längs, 0,5 zu den Seiten/nach hinten) [ohne Einheit]

n die Anzahl der Zurrmittelpaare (normalerweise 2)

Anwendungsbeispiel „Schrägzurren":
Angenommene Werte:
- Gewichtskraft der Ladung FG = 4000 daN (ca. 4000 kg)
- Gleitreibbeiwert µD = 0,2
- Vertikalwinkel α = 45°
- Anzahl Zurrmittelpaare n = 2 (entspricht 4 Zurrmitteln insgesamt)

**Beschleunigte Grundqualifikation
Spezialwissen Lkw**

Berechnung der Sicherungskraft in Längsrichtung Sl (nach vorn):

$$S_l = \frac{4000 \; daN}{2} \times \frac{0{,}8 - 0{,}2}{0{,}2 \times \sin 45° + \cos 45°}$$

$S_l = 1414{,}21 \; daN \approx 1415 \; daN$

Berechnung der Sicherungskraft seitlich und nach hinten $S_{q/h}$:

$$S_{q/h} = \frac{4000 \; daN}{2} \times \frac{0{,}5 - 0{,}2}{0{,}2 \times \sin 45° + \cos 45°}$$

$S_{q/h} = 707{,}11 \; daN \approx 708 \; daN$

Erforderliche Zurrmittel
Bei 4000 daN Ladungsgewicht, $\mu_D = 0{,}2$ sowie $\alpha = 45°$ werden 2 Zurrmittel mit einer LC von jeweils mindestens 1415 daN zur Sicherung der Ladung in Fahrtrichtung benötigt, zur Sicherung zu den Seiten und nach hinten insgesamt sechs (je zwei an den beiden Längsseiten und an der Stirnseite der Ladung) mit einer LC von je mindestens 708 daN. Um sich unter anderem den Aufwand einer Bevorratung mit unterschiedlichen Zurrmitteln zu sparen, werden in einer solchen Situation häufig gleiche Zurrmittel mit einer LC von jeweils 2000 daN oder 2500 daN eingesetzt.

Alternativ auch hier die Möglichkeit zur Ermittlung mit Hilfe des Diagramms:

Ladungssicherung 1.6

Schrägzurren in Längsrichtung
Zur Sicherung der Massenkräfte nach vorne ($F_{SV} = 0{,}8 \cdot F_G$)
Erforderliche Sicherungskraft pro Zurrmittel bezogen auf 1000 daN Gewichtskraft (ca. 1000 kg Masse) der Ladung

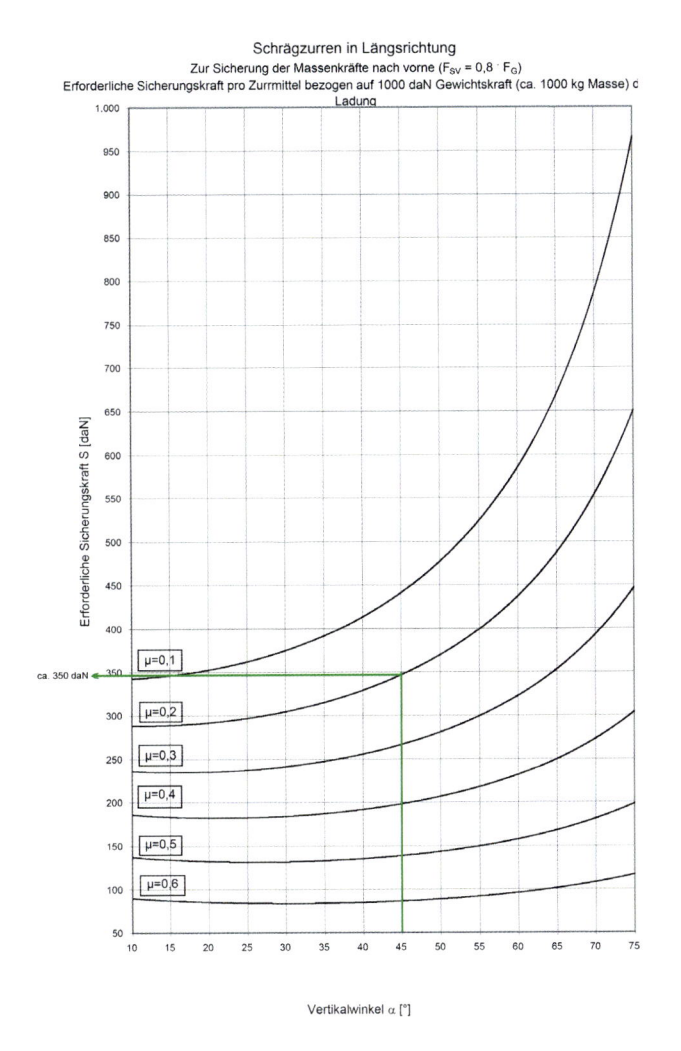

Abbildung 58: Diagramm für das Schrägzurren „nach vorn"

Bezogen auf die im Berechnungsbeispiel angenommenen Werte
F_G = 4000 daN
α = 45°
μ_D = 0,2
ergibt sich eine Sicherungskraft von ca. 350 daN pro 1000 daN Ladungsgewicht. Da die Gewichtskraft der F_G = 4000 daN beträgt, muss der Wert 350 daN mit 4 multipliziert werden. Somit ergibt sich eine Gesamt-Sicherungskraft von:
4 x 350 daN ≈ 1400 daN (pro Zurrmittel)

Beschleunigte Grundqualifikation
Spezialwissen Lkw

Dieser Wert ist durch die Ungenauigkeit beim Ablesen etwas niedriger als der rechnerische.

Abbildung 59:
Diagramm für das Schrägzurren „zu den Seiten" bzw. „nach hinten" bei kippstabiler Ladung

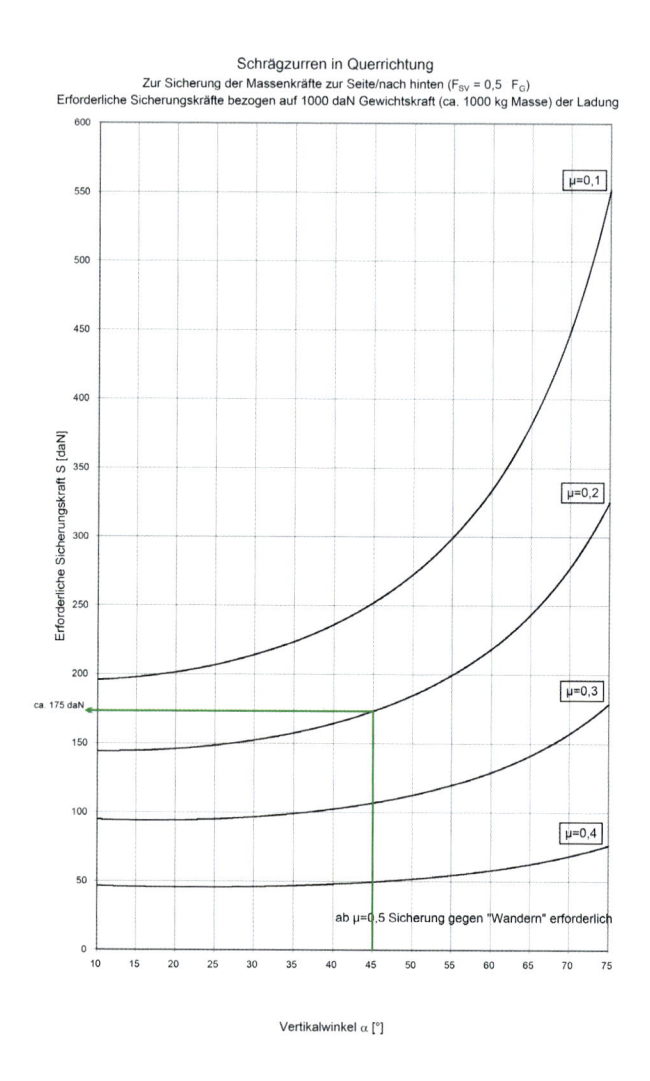

Schrägzurren in Querrichtung
Zur Sicherung der Massenkräfte zur Seite/nach hinten (F_{SV} = 0,5 F_G)
Erforderliche Sicherungskräfte bezogen auf 1000 daN Gewichtskraft (ca. 1000 kg Masse) der Ladung

Bezogen auf die im Berechnungsbeispiel angenommenen Werte ergibt sich eine Sicherungskraft von ca. 175 daN pro 1000 daN Ladungsgewicht und Seite der Ladung. Da die Gewichtskraft der F_G = 4000 daN beträgt, muss wiederum der Wert 175 daN mit 4 multipliziert werden.

Ladungssicherung 1.6

Somit ergibt sich eine Gesamt-Sicherungskraft pro Ladungsseite und nach hinten von:
4 x 175 daN ≈ 700 daN (pro Zurrmittel)

Dieser Wert ist auch hier durch die Ungenauigkeit beim Ablesen etwas niedriger als der rechnerische.

Auch bei diesem Sicherungsverfahren gibt es neben elektronischen Möglichkeiten wie z. B. einem Taschenrechner auch Rechenhilfsmittel in Form von Diagrammscheiben oder Ähnlichem.

- Lassen Sie Berechnungen mithilfe einer Musterladung auf dem Lkw unter Verwendung von Rechenhilfsmitteln durchführen.
- Stellen Sie im Zuge der Berechnungen für das Direktzurren einer Musterladung auf dem Lkw die Kombinationssicherung vor und lassen Sie das Anlegen einer Kopfschlinge üben.

Niederzurren

Die verbreitetste Art der Ladungssicherung ist das Niederzurren. Solange leichte Ladegüter gesichert werden müssen, liegt der Vorteil dieser Ladungssicherungsmethode im einfachen Handling.
Bei schweren Gütern oder ungünstigen Formen (z. B. hohe Maschinen) ist der Aufwand aus wirtschaftlicher Sicht und aufgrund möglicher Gefährdungen beim Anlegen der Zurrmittel nicht mehr vertretbar.

Beim Niederzurren wird die erforderliche Sicherungskraft allein durch Erhöhung der Reibungskraft erreicht. Dazu wird die Ladung (Eigengewicht F_G) zusätzlich mithilfe von Zurrmitteln (z. B. durch Zurrgurte) auf die Ladefläche „gepresst" (F_{Nz}). Der Vertikalwinkel α spielt dabei eine wesentliche Rolle, wie später zu sehen sein wird.

Meistens wird die Sicherungskraft mit Hilfe eines Taschenrechners oder Computerprogramms ermittelt.

Beschleunigte Grundqualifikation
Spezialwissen Lkw

Abbildung 60:
Einfluss des Vertikalwinkels α auf die erreichbare Vorspannkraft

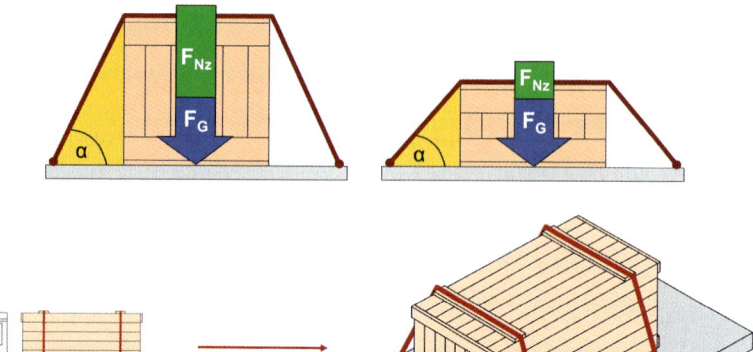

Abbildungen 61 und 62:
Niederzurren einer standfesten Ladung

Verschiedene Zurrmittel-Hersteller bieten auch „Rechenschieber" an, mit denen ein schneller Überblick über die erforderlichen Sicherungs- oder Vorspannkräfte bzw. die Anzahl benötigter Zurrmittel möglich ist.

Abbildung 63:
Drehscheibe für die Ermittlung der Sicherungskraft

Berechnung Niederzurren

In den meisten Fällen stellt sich beim Niederzurren eher die Frage nach der Zahl der erforderlichen Zurrmittel als nach der Höhe der Gesamtvorspannkraft. Die Formel zur Berechnung lautet:

$$n \geq \frac{F_G}{k} \times \frac{(f - \mu_D)}{\mu_D} \times \frac{1}{\sin\alpha} \times \frac{1}{S_{TF}}$$

Ladungssicherung 1.6

Dabei sind:

  n Anzahl der erforderlichen Zurrmittel

  F_G die Gewichtskraft [daN]

  f der Beschleunigungsfaktor:
    in Längsrichtung = 0,8
    quer für kippstabile Ladung und nach hinten = 0,5
    [jeweils ohne Einheit]

  $k^{f1)}$ der Übertragungsbeiwert für die Kraftübertragung beim Niederzurren: 1,5 oder im praxisfremden Idealfall 2,0
    [jeweils ohne Einheit]

  In der Regel gilt:

    a) k = 1,5 bei Verwendung (nur) einer Spannvorrichtung für das einzelne Zurrmittel

    b) k ≤ 2,0 bei Verwendung eines Zurrmittels mit zwei Spannvorrichtungen je Zurrmittel, oder wenn der Wert durch einen Vorspannungsanzeiger auf der der Spannvorrichtung gegenüberliegenden Seite bestätigt wird

  μ_D der Gleitreibbeiwert [ohne Einheit]

  α der vertikale Winkel [Grad]

S_{TF} Normale Spannkraft des verwendeten Zurrmittels [daN], aufgebracht durch die „Normale Handkraft" von 50 daN.

Angenommene Werte:
- Gewichtskraft der Ladung F_G = 4000 daN (ca. 4000 kg)
- Beschleunigungsfaktor (hier in Fahrtrichtung) f = 0,8
- Gleitreibbeiwert µD = 0,2
- Übertragungsbeiwert k = 1,5 (nur ein Spannelement in jedem Zurrmittel)
- Vertikalwinkel α = 45°

Beschleunigte Grundqualifikation
Spezialwissen Lkw

- Normale Spannkraft des verwendeten Zurrmittels STF = 350 daN

$$n \geq \frac{4000}{1{,}5} \times \frac{(0{,}8 - 0{,}2)}{0{,}2} \times \frac{1}{\sin 45°} \times \frac{1}{350 \text{ daN}}$$

n ≥ 33 (Zurrmittel)

Erforderliche Zurrmittel
Bei 4000 daN Ladungsgewicht, µ = 0,2 sowie α = 45°, einem k-Wert von 1,5 und einer S_{TF} pro Zurrmittel von 350 daN werden 33 (!) Zurrmittel benötigt. Wie unschwer zu erkennen ist, ist dieser Wert in der Praxis kaum umsetzbar. Standard-Sattelanhänger mit Nutzlasten im Bereich zwischen 25 t und 28 t besitzen in der Regel nur 12 oder 13 Zurrpunkt-Paare. Außerdem wäre der Zeitaufwand zum Anbringen der 33 Zurrmittel wirtschaftlich kaum sinnvoll. Gängige Maßnahmen, um von dieser hohen Zahl von Zurrmitteln wegzukommen, sind:

- Der Einsatz von Zurrmitteln mit einer höheren S_{TF} (Achtung: Belastbarkeit/Festigkeit der Ladegüter beachten, damit sie nicht durch die hohe Vorspannung beschädigt werden!),
- Kombinierte Ladungssicherungsmethoden wie z.B. das Anlegen von Kopfschlingen (vgl. Abschnitt Diagonalzurren),
- Der Einsatz von Anti-Rutsch-Matten (RHM) zur Reibwerterhöhung (allein der Einsatz einer RHM mit einem Gleitreibbeiwert von beispielsweise μ_D = 0,6 würde die erforderliche Zahl der Zurrmittel aus dem obigen Beispiel auf nur noch 4 (!) reduzieren!)

Wie beim Diagonal- oder Schrägzurren ist auch beim Niederzurren der Einsatz von Diagrammen möglich.

Ladungssicherung 1.6

Niederzurren
Zur Sicherung der Massenkräfte nach vorne ($F_{SV} = 0{,}8 \cdot F_G$) bei $k = 1{,}5$
Erforderliche Mindestvorspannkräfte bezogen auf 1000 daN Gewichtskraft (ca. 1000 kg Masse) der Ladung

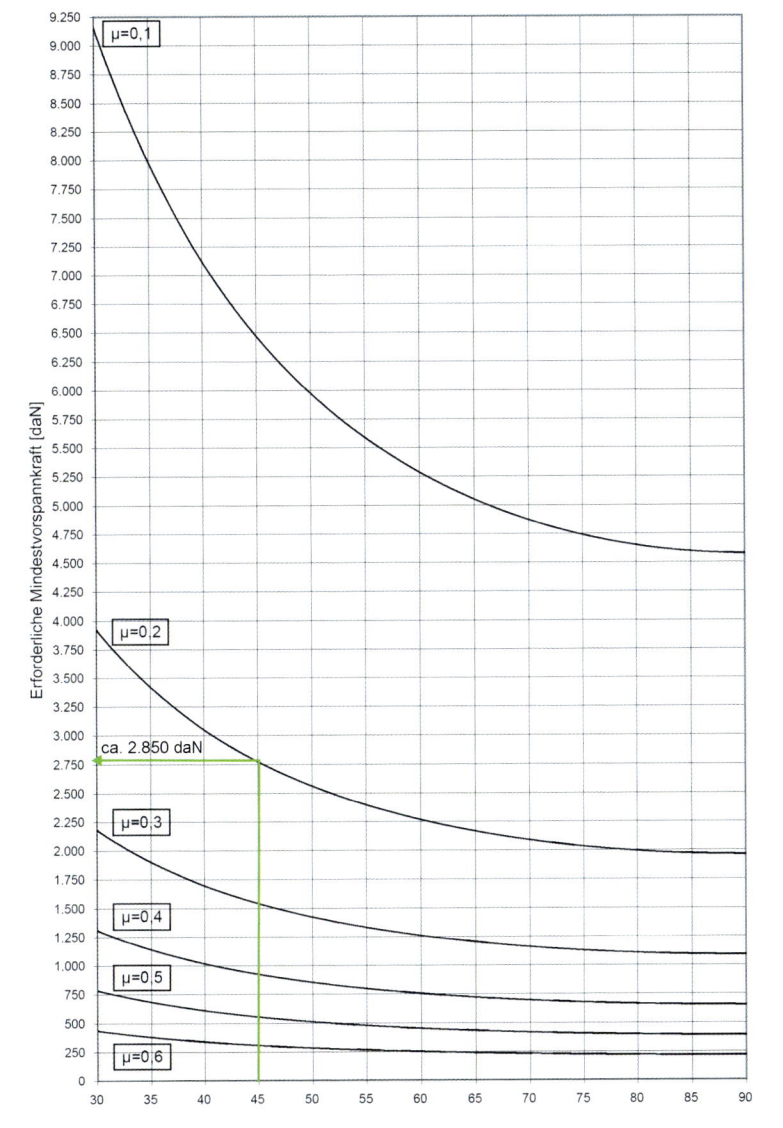

Y-Achse: Erforderliche Mindestvorspannkraft [daN]
X-Achse: Vertikalwinkel α [°]

Kurven für µ=0,1; µ=0,2; µ=0,3; µ=0,4; µ=0,5; µ=0,6

Ablesebeispiel: ca. 2.850 daN bei 45°, µ=0,2

Abbildung 64:
Diagramm Niederzurren

Beschleunigte Grundqualifikation
Spezialwissen Lkw

Bezogen auf die im Berechnungsbeispiel angenommenen Werte

F_G = 4000 daN

α = 45°

μ_D = 0,2

k = 1,5

ergibt sich eine erforderliche Mindestvorspannkraft von ca. 2850 daN pro 1000 daN Ladungsgewicht. Da jedoch die Gewichtskraft der Ladung F_G = 4000 daN beträgt – also viermal so hoch ist – muss der Wert 2850 daN mit 4 multipliziert werden. Somit ergibt sich eine erforderliche Mindestvorspannkraft für 4000 daN Ladungsgewicht von:

4 x 2850 daN = 11400 daN (Gesamt-Mindestvorspannkraft)

Diese Gesamt-Mindestvorspannkraft muss jetzt noch durch den S_{TF}-Wert für die verwendeten Zurrmittel geteilt (dividiert) werden, um auf die erforderliche Zahl von Zurrmitteln zu kommen. Somit ergibt sich:

$$n \geq \frac{\text{Gesamt-Mindestvorspannkraft}}{S_{TF}} = \frac{1140 \ daN}{350 \ daN} = 32{,}57$$

n ≥ 33 *(Zurrmittel)*

Abbildung 65: Niederzurrung „überbreiter" Ladung
Quelle: Rudolf Sander

Ladungssicherung 1.6

Beim Niederzurren ist Folgendes zu beachten:
- Freistehende Ladegüter müssen mit mindestens zwei Zurrmitteln gesichert werden.
- Die Zurrkraft LC[9] ist nicht maßgeblich, sondern die „normale Spannkraft" S_{TF}[10].
- Je steiler der Vertikalwinkel α[11], desto besser das Ergebnis, da die Niederzurrkraft F_{NZ}[12] bei steilem Winkel größer und somit wirkungsvoller ist.
- Das Niederzurren eignet sich aufgrund seines geringen Wirkungsgrads oft nur bei gleichzeitigem Einsatz von reibwerterhöhenden Materialien wie „Antirutschmatten" oder
- als zusätzliche Maßnahme, falls vorangegangene Sicherungsarten nicht ausreichen.

Hinweis zum Vertikalwinkel α:
Bei „überbreiter" Ladung ist der jeweils kleinste Vertikalwinkel α für die Ermittlung der Vorspannkräfte maßgeblich.

> Durch den Einsatz eines Vorspannmessgeräts können Sie die Grenzen des Vorspannens und den Kraftverlust durch die Zurrgurtumlenkung an Ladungskanten demonstrieren.
> **ACHTUNG**: Beim Anspannen sollte sich niemand vor dem Verbindungshaken am Fahrzeug bzw. Zurrpunkt aufhalten.

---

[9] Die Zurrkraft LC ist die maximale Kraft in direktem Zug, der ein Zurrmittel im Gebrauch standhalten muss.
[10] S_{TF} bezeichnet die verbleibende Kraft nach dem Loslassen des Handgriffs der Spannvorrichtung wie z. B. der Ratsche bei einem Zurrgurt (im Anschluss an das Vorspannen mit 50 daN Handkraft).
[11] α beschreibt den Winkel zwischen Zurrmittel und Ladefläche.
[12] F_{NZ} ist die Kraft, die durch die Vorspannung des Zurrmittels auf die Ladung drückt.

**Beschleunigte Grundqualifikation
Spezialwissen Lkw**

1.7 Verwendung von Haltevorrichtungen

▶ Die Teilnehmer sollen Kenntnisse über die Eigenschaften von Zurrgurten, Zurrketten und Zurrdrahtseilen erlangen.

↻ **Lehrgespräch und/oder Vorführung von verschiedenen Haltevorrichtungen.**
  – *Zeigen Sie den Teilnehmern vorschriftsmäßige und ablegereife Haltevorrichtungen.*
  – *Verdeutlichen Sie mögliche Folgen, die entstehen können, wenn man ablegereife Haltevorrichtungen dennoch verwendet.*

🕒 Ca. 90 Minuten, ggf. mit praktischen Übungen

💻 Führerschein: Fahren lernen Klasse C, Lektion 9
Weiterbildung: Modul 5, Ladungssicherung

Unter Haltevorrichtungen im Sinne der BKrFQV werden hier die verschiedenen Arten von Hilfsmitteln zur Ladungssicherung zusammengefasst. Hierzu zählen Einrichtungen und Hilfsmittel zur Ladungssicherung wie z. B. Zurrgurte, Zurrketten und Zurrdrahtseile.

Abbildung 66:
Einteiliger Zurrgurt
mit Verbindungselementen

Abbildung 67:
Zweiteiliger
Zurrgurt

Ladungssicherung 1.7

Zurrgurte

Zurrgurte gelten als das Standard-Zurrmittel, da sie wesentlich häufiger eingesetzt werden als Zurrketten und Zurrdrahtseile.

Man unterscheidet insbesondere bei den Zurrgurten zwei Grundbauformen:

1. Einteiliger Zurrgurt, der nur aus dem gewebten textilen Gurtband und einem Spannelement mit oder ohne Verbindungselementen („Haken") besteht.

2. Zweiteiliger Zurrgurt, bestehend aus zwei gewebten textilen Gurtbändern (Fest- und Losende), das Festende mit einem Spannelement, beide Enden jeweils mit einem Verbindungselement („Haken").

Für das Gurtband von Zurrgurten wird in den meisten Fällen Polyester (PES) verwendet. Erkennbar ist dies am blauen Etikett mit dem zusätzlichen Aufdruck PES.

Seltener kommen Polyamid (grünes Etikett) und Polypropylen (braunes Etikett) zum Einsatz. Jedes Material hat, bezogen auf die Umgebungseinflüsse, seine Stärken und Schwächen, die in der nachfolgenden Tabelle erkennbar sind.

Beständigkeit	PA	PES	PP
Hitze	o	+	o
Säuren	-	+	+
Laugen	+	-	+
Benzindämpfe, Öle	+	+	+
Verrottung	+	+	+

+ = gute Beständigkeit   o = mittlere Beständigkeit   - = schechte Beständigkeit

Abbildung 68: Beständigkeiten der Gurtbandmaterialien gegen verschiedene Einflüsse; PA = Polyamid, PES = Polyester, PP = Polypropylen

Beschleunigte Grundqualifikation
Spezialwissen Lkw

Kennzeichnung

Gemäß DIN EN12195-2 muss jede komplette Zurrgurt-Einheit (und -Untereinheit wie z. B. bei einem zweiteiligen System) mit folgenden Angaben auf dem Etikett versehen sein:

- Zurrkraft (LC) in daN, das ist die Höchstkraft zur Verwendung im geraden Zug, für die ein Zurrgurt im Gebrauch ausgelegt ist
- Länge L_G beim einteiligen Zurrgurt bzw. L_{GF} (Festende) und L_{GL} (Losende) beim zweiteiligen Zurrgurt jeweils in m
- Normale Handkraft S_{HF} (50 daN)
- S_{TF} (daN) ist die verbleibende Vorspannkraft im Zurrsystem, die über das Spannelement (z. B. Ratsche) mit einer Handkraft von 50 daN aufgebracht wurde
- Warnhinweis „Darf nicht zum Heben verwendet werden!"
- Werkstoff des Gurtbandes (z. B. ‚PES' für Polyester)
- Name oder Symbol des Herstellers oder Lieferers
- Rückverfolgbarkeitscode des Herstellers
- Nummer und Teil dieser Europäischen Norm, d. h. EN 12195-2
- Herstellungsjahr
- Dehnung des Gurtbandes in % bei LC

⚠️ Weitere LC-Angaben auf den „Beschlagteilen" (z. B. Ratschen, Haken, Verkürzungselemente etc.) dienen nur dazu, die Einzelteile besser zuordnen zu können. Es kommt vor, dass eine Ratsche oder ein Haken mit einer LC-Angabe von z. B. 2500 daN in einem Zurrgurt vernäht ist, der auf seinem Etikett eine LC von „nur" 2000 daN angegeben hat. Maßgeblich für die Zurrkraft LC bleibt in jedem Fall das Etikett, denn die Festigkeit eines Zurrmittels hängt vom schwächsten Bestandteil ab. Das kann zum Beispiel das Gurtband selber oder die Vernähung sein.

Abbildung 69:
Kennzeichnungen auf einem Zurrgurt-Etikett

Abbildung 70:
LC-Angabe (und Hersteller-Kürzel ‚DD') auf einem Ratschengriff

Ladungssicherung 1.7

Handhabung und Verwendung
Bei der Handhabung von Zurrgurten mit sogenannten Standard-Druckratschen gibt es zwischen den Herstellern kaum Unterschiede.

Spannen des Gurtbandes
1. Sperrschieber/Funktionsschieber (A) ziehen und Ratschengriff (B) hochschwenken
2. Gurtende des einteiligen Gurtes bzw. das Losende einfädeln (C) und bis auf die gewünschte Länge durchziehen (D)
3. Spannen des Gurtbandes durch Schwenken des Ratschengriffes (B); bei Zurrgurten aus Polyester (PES) in der Regel mindestens 2, nicht aber mehr als 3 Wicklungen
4. Nach dem Zurren den Sperrschieber/Funktionsschieber (A) ziehen und den Ratschenhebel so weit in Schließstellung schwenken, bis der Schieber in die Sicherungsaussparung einrasten kann. Die jetzt geschlossene und festgestellte Ratsche wird auch bei starken Erschütterungen im Fahrbetrieb nicht aufspringen

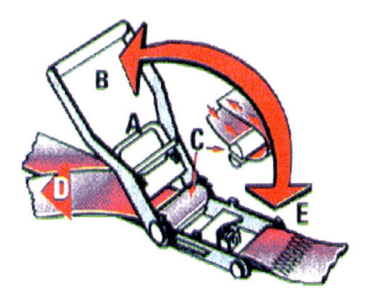

Abbildung 71:
Spannen des Gurtbandes
Grafik: Dolezych, Dortmund

Lösen des Gurtbandes
ACHTUNG, vor Durchführung von Schritt 1 erst nachfolgenden Warnhinweis beachten(!):
1. Sperrschieber (A) ziehen und Ratschengriff (B) um annähernd 180° schwenken
2. Gurtband herausziehen (D)

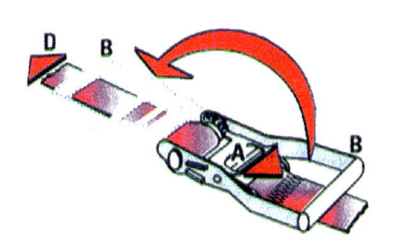

Abbildung 72:
Lösen des Gurtbandes
Grafik: Dolezych, Dortmund

Beschleunigte Grundqualifikation
Spezialwissen Lkw

⚠️ Vorsicht beim Lösen der Verzurrung von kippgefährdeten Gütern, wenn Ratschen als Spannelement von Zurrgurten benutzt werden!

Beim Entriegeln der Ratsche wird der Ratschenhebel aus der Ruhestellung (Transportstellung) um annähernd 180° herumgeschwenkt. Dadurch wird der Sperrschieber, der die Ratschenwickelwelle in gespanntem Zustand blockiert, außer Eingriff gebracht. Damit kann sich die Wickelwelle drehen (sie befindet sich in Freilaufstellung), und das auf ihr aufgewickelte Gurtband spult sich schlagartig ab.

Die Möglichkeit, wieder mit der Ratsche nachzuspannen, sobald bemerkt wird, dass die entsicherte Ladung zu kippen beginnt, ist so gut wie ausgeschlossen. Man müsste den Ratschengriff erst wieder um 180° zurückschwenken und dann mit dem Spannvorgang beginnen. Dies ist nur möglich, wenn das eingefädelte Gurtende nicht schon aus dem Schlitz der Wickelwelle herausgeschnellt ist.

Darum gilt: Zum Verzurren von kippgefährdeten Gütern sollte der Einsatz von Zurrgurten mit Ratschen in der herkömmlichen Wirkungsweise vermieden werden. Andere Spannelemente, die sich kontrolliert öffnen lassen, sind geeigneter, z. B. Spezialratschen mit stufenweiser Entriegelung, zugelassene Spannwinden, Spindelspanner oder Mehrzweck-Kettenzüge. Werden diese Elemente gelöst, würde man durch den nicht nachlassenden Spanndruck bemerken, dass die Ladung zu kippen beginnt. Ein gefahrloses erneutes Anspannen wäre möglich, um entsprechende Sicherheitsmaßnahmen einzuleiten.

Ladungssicherung 1.7

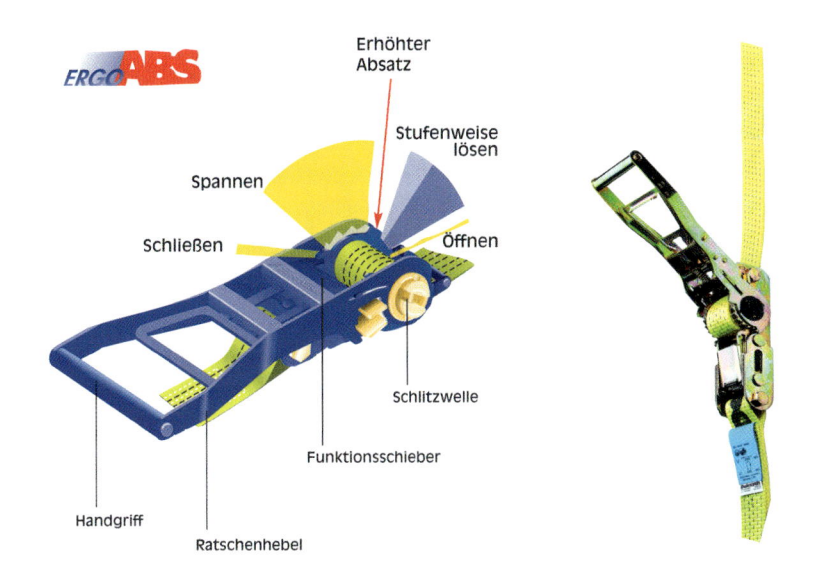

Abbildung 73:
Spezialratsche mit stufenweiser Entriegelung
Quelle: SpanSet

Abbildung 74:
Spezialratsche mit automatischer Vorentspannung des Gurtbandes
Quelle: Dolezych, Dortmund

Bei diesen Ratschentypen sind möglicherweise andere Vorgehensweisen beim Spannen und Lösen erforderlich. Deshalb ist hier besonders auf die Bedienungsanleitungen der jeweiligen Hersteller zu achten.

Zurrgurte auf keinen Fall zusammenknoten!
Strikt verboten ist das Zusammenknoten von Zurrgurten z. B. zur Verlängerung oder als Reparaturmaßnahme nach einem Gurtbandriss.

Bei zusammengeknoteten Zurrgurten geht die Festigkeit des Gurtbands unter Belastung bis zu 70 % zurück. Außerdem verlängert sich der Zurrgurt durch das Zusammenziehen um mehr als die nach Norm erlaubten 7 %, sodass selbst die Restfestigkeit von 30 % kaum noch ihre Wirkung entfalten kann.
Konsequenz: „Die Ladung kommt schon, bevor der Gurt überhaupt etwas merkt".

Weitere klassische Fehler
„Klassische" Fehler, die zu Schäden an Ratschen und/oder den Haken führen, sind:
- Das Vorspannen der Ratsche über eine Verlängerung. Dies hat schon zu schweren Verletzungen durch Absturz von der Ladefläche nach Ratschenbrüchen oder durch wegfliegende Ratschenteile geführt.
- Der Einsatz ungeeigneter Haken

Beschleunigte Grundqualifikation
Spezialwissen Lkw

Abbildung 75:
Unzulässiger Einsatz einer Hebelverlängerung
Quelle: Frank Rex

Abbildung 76:
Unsachgemäß belasteter Haken

PRAXIS-TIPP

- Zusätzliche Herstellerangaben beachten!
- Kantenschoner/Kantengleiter einsetzen.
- Mindestens 1,5 Wicklungen Gurt auf die Ratsche aufbringen.
- Gurte nach kurzer Fahrt nachsichern (besonders beim Niederzurren).
- Gurthaken ohne Sicherung („Karabinerverschluss") von innen in Zurrpunkte einhängen.
- Zurrwinkel beim Niederzurren möglichst groß wählen (ideal 90°).
- Zurrgurte sauber und trocken aufbewahren.
- Vor Sonnenlicht und Wärmeeinwirkung schützen.
- Mit kaltem Wasser ohne Reinigungsmittel reinigen und an der Luft trocknen.
- Bewegliche Teile der Ratsche leicht ölen.

Zurrketten

Zurrketten nach DIN EN 12195-3 bestehen im Allgemeinen aus der Rundstahlkette, dem Spindelspanner, Haken und Kettenverkürzungselement zur Groblängeneinstellung der Zurrkette.

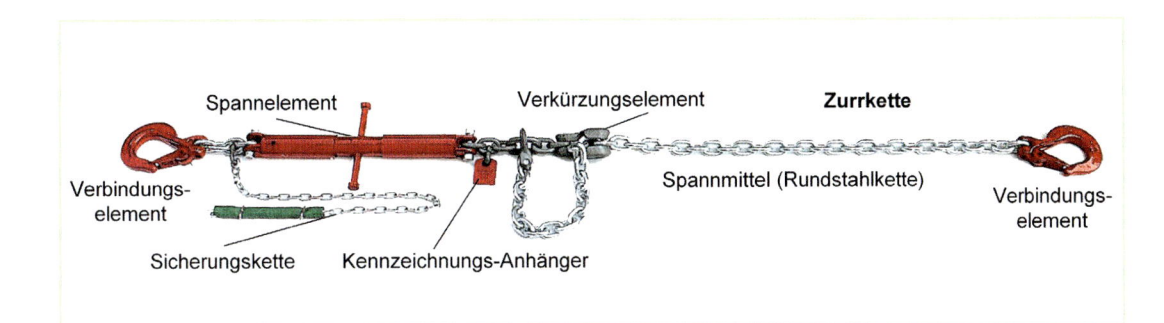

Ladungssicherung 1.7

Abbildung 77:
Die einzelnen Bauteile einer Zurrkette

(Spannelement, Verkürzungselement, Zurrkette, Verbindungselement, Spannmittel (Rundstahlkette), Sicherungskette, Kennzeichnungs-Anhänger)

Kennzeichnung

Rundstahlketten müssen mindestens der Güteklasse 8 nach DIN EN 818-2 entsprechen. Folgende Angaben auf dem Kennzeichnungsanhänger (siehe Abbildungen 78 und 79) sind erforderlich:

- Die „normale" Spannkraft S_{TF} (wenn das System zum Niederzurren geeignet ist)
- Rückverfolgbarkeitscode des Herstellers und Name oder Kennzeichen des Herstellers oder Lieferers
- Zurrkraft (LC)
- Nummer und Teil der Europäischen Norm DIN EN 12195-3
- „Darf nicht zum Heben verwendet werden"

Abbildung 78:
Kennzeichnung Zurrkettenanhänger (Vorderseite)

Abbildung 79:
Kennzeichnung Zurrkettenanhänger (Rückseite)

Verwendung

Zurrketten sind als Hilfsmittel zur Ladungssicherung bei Schwertransporten nicht mehr wegzudenken. Auch in anderen Bereichen, in denen schwere Ladegüter zu befördern sind, wie beim Transport von Betonteilen oder Holzstämmen, sollten Zurrketten bevorzugt werden.

Beschleunigte Grundqualifikation
Spezialwissen Lkw

Abbildung 80: Einsatz von Zurrspannketten bei schwerem Ladegut

⚠️ Haken, die zur Kettenverkürzung eingesetzt werden, müssen eine Auflagefläche für die Kettenglieder besitzen. Dadurch wird gewährleistet, dass, wie auch bei den Kettenverkürzungsklauen, die einzelnen Kettenglieder nicht auf Biegung beansprucht werden. Haken ohne Auflagefläche schwächen die Kettenfestigkeit um mehr als 20 %.

Zurrdrahtseile

Zurrdrahtseile werden überwiegend in Verbindung mit am Fahrzeug festmontierten Zurrwinden eingesetzt.
Als Spannelement werden fast ausschließlich Spannwinden oder Mehrzweck-Kettenzüge verwendet.

> ➕ **Hintergrundwissen** → Seilendverbindungen dürfen nur nach den Regeln der Technik hergestellt sein (Spleiß, Flämisches Auge, Pressklemmen).
> Seilendverbindungen müssen mit einer Kausche ausgestattet sein, wenn sie mit Verbindungselementen gekoppelt werden.

Ladungssicherung 1.7

Kennzeichnung
Nach DIN EN 12195-4 sind auf den Kennzeichnungsanhängern folgende Angaben vorgeschrieben:
- Zurrkraft (LC)
- übliche Spannkraft in Dekanewton (daN) oder Windenkraft, für die die Ausrüstung, die zum Niederzurren ausgelegt ist, typgeprüft wurde
- bei Mehrzweck-Seilzügen und Seilwinden: Angabe der maximalen Handkraft zur Erreichung der Zurrkraft LC
- Warnhinweis „Darf nicht zum Heben verwendet werden"
- Rückverfolgbarkeits-Code und Name oder Kennzeichen des Herstellers oder Lieferers
- Nummer und Teil dieser Europäischen Norm: EN 12195-4

⚠️ Die Benutzung von Seilklemmen zur Herstellung von Endverbindungen ist unzulässig.

Kennzeichnungsanhänger

XXX — Hersteller
S_{TF} = 500daN — Übliche Spannkraft
ZZZZ — Rückverfolgbarkeitscode
EN 12195-4
Vorderseite

LC = 20 kN — Zurrkraft
Darf nicht zum Heben verwendet werden
Rückseite

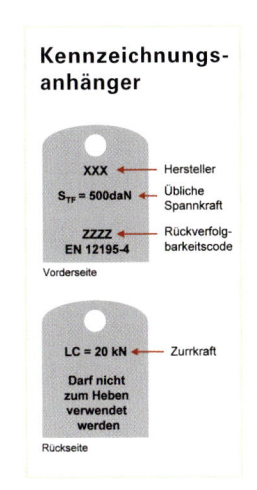

Abbildung 81:
Kennzeichnung auf dem Zurrdrahtseilanhänger

**Beschleunigte Grundqualifikation
Spezialwissen Lkw**

1.8 Überprüfung der Haltevorrichtungen

▶ Die Teilnehmer sollen angebrachte Haltevorrichtungen auf augenfällige Mängel kontrollieren können.

↻ **Lehrgespräch und/oder praktische Übungen am Fahrzeug sowie an entsprechender Ladung.**
- *Verdeutlichen Sie den Teilnehmern anhand von Beispielen, wann eine Haltevorrichtung als ablegereif gilt und auf keinen Fall mehr verwendet werden darf.*
- *Zeigen Sie den Teilnehmern, welche Zurrpunkte sie nicht mehr nutzen dürfen.*

🕒 Ca. 30 Minuten, mit oder ohne praktische Übungen

💻 Führerschein: Fahren lernen Klasse C, Lektion 9
Weiterbildung: Modul 5, Ladungssicherung

Wichtig
Gemäß VDI 2700 Blatt 3.1 sind Zurrmittel während ihrer Verwendung auf augenfällige Mängel hin zu kontrollieren. Werden Mängel festgestellt, die die Sicherheit beeinträchtigen, sind die Zurrmittel der weiteren Benutzung zu entziehen.
Eine Instandsetzung der Zurrmittel „vor Ort" ist in der Regel nicht möglich, da Reparaturarbeiten nur von sachkundigen Personen ausgeführt werden dürfen.

Zurrgurte

Zurrgurte unterliegen Verschleiß. Je nach Ausmaß des Verschleißes führt dies zur Ablegereife des Zurrgurts, das heißt, er darf nicht mehr verwendet werden.

Wann gilt ein Zurrgurt als ablegereif?
- Bei übermäßigem Verschleiß (siehe Abb. 82)
- Bei Garnbrüchen und Einschnitten durch scharfe Kanten
- Bei seitlichen Einschnitten von mehr als 10 % der Gurtbandbreite (siehe Abb. 83)
- Bei Wärme- und Säureschäden

Ladungssicherung 1.8

- Bei Beschädigung der Hauptnaht
- Bei Beschädigung des Hakens
- Bei fehlendem Etikett oder unleserlichen Angaben auf dem Etikett

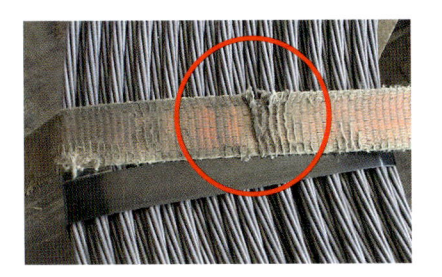

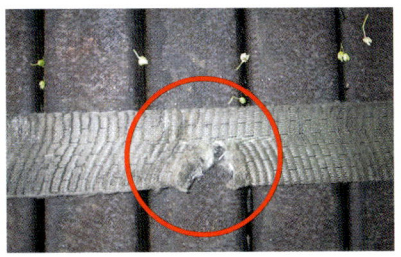

Abbildung 82: Ablegereife durch übermäßigen Verschleiß

Abbildung 83: Ablegereife durch seitlichen Einschnitt von mehr als 10% der Gurtbandbreite

⚠️ Auch wenn es wehtut: Eigenreparaturen ohne Rücksprache mit dem Hersteller sind unzulässig! Dies gilt nicht nur für Zurrgurte, sondern auch für die übrigen Hilfsmittel.
Beachte: Die Benutzerinformation („Betriebsanleitung") des Zurrgurt-Herstellers kann weitere Kriterien enthalten!

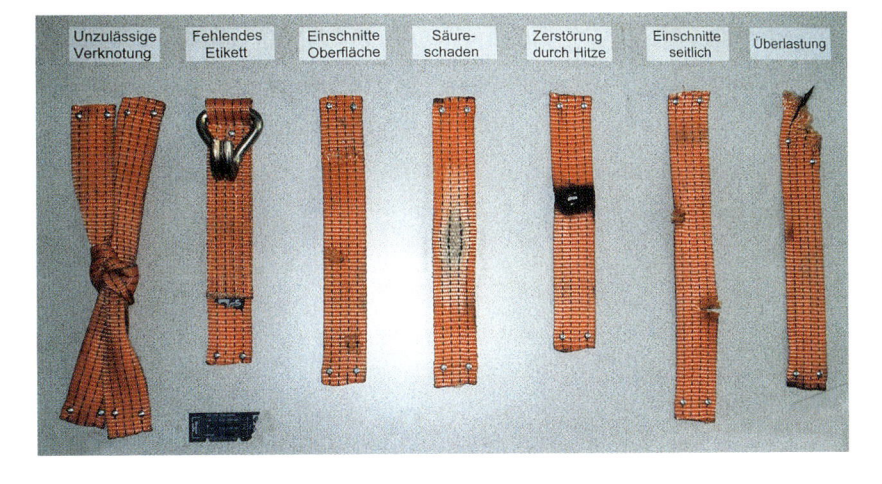

Abbildung 83a: Ablegereife und unzulässige Verwendung (Verknotung) von Zurrgurten
Quelle: Rudolf Sander

(Bildunterschriften: Unzulässige Verknotung | Fehlendes Etikett | Einschnitte Oberfläche | Säureschaden | Zerstörung durch Hitze | Einschnitte seitlich | Überlastung)

Zurrketten

Ablegereife von Zurrketten
Zurrketten sind u. a. unter folgenden Bedingungen abzulegen:
- Bleibende Verformung von Kettengliedern, wenn der lichte Abstand eines Gliedes um mehr als 5% vergrößert ist.
- Verborgene oder verdrehte Ketten

> **Beschleunigte Grundqualifikation
> Spezialwissen Lkw**

Spindelspanner sind unter folgenden Bedingungen abzulegen:
- Anrisse
- Kerben
- Grobe Verformung
- Korrosion (Rost)

Verbindungselemente sind unter folgenden Bedingungen abzulegen:
- Risse
- Grobe Verformungen
- Aufweitung des Hakenmauls um mehr als 5 %
- Starke Korrosion

Abbildung 84:
Beschädigter Haken

Abbildung 85:
Unzulässiger Kettenspanner

Abbildung 86:
Einschnürungen durch Überlastung

Abbildung 87:
Unzulässige Kettenverlängerung

⚠️ **Beachte:** Die Benutzerinformation („Betriebsanleitung") des Zurrketten-Herstellers kann weitere Kriterien enthalten!

Zurrdrahtseile

Ablegereife von Zurrdrahtseilen

Zurrdrahtseile sind u. a. unter folgenden Bedingungen abzulegen:
- Starker Verschleiß durch Abrieb des Querschnitts von mehr als 10 %
- Starke Rostbildung
- Drahtbruch
- Knicke, Quetschungen des Seils um mehr als 15 %
- Starke Verdrehungen
- Beschädigungen einer Pressklemme bzw. eines Spleißes

Ladungssicherung 1.8

Abbildungen 88 und 89: Ablegereife Zurrdrahtseile

Spannelemente sind unter folgenden Bedingungen abzulegen:
- Grobe Verformungen der Mechanik, z. B. der Wickelwelle
- Abnutzung des Querschnitts um mehr als 5 %
- Anzeichen von Korrosion
- Risse, starke Anzeichen von Verschleiß

Verbindungselemente sind unter folgenden Bedingungen abzulegen:
- Bleibende Verformungen
- Aufweitung des Hakenmauls um mehr als 10 %
- Risse, Brüche
- Erhebliche Korrosion

⚠️ **Beachte:** Die Benutzerinformation („Betriebsanleitung") des Zurrdrahtseil-Herstellers kann weitere Kriterien enthalten!

Zurrpunkte

Seit Oktober 1993 müssen gewerblich genutzte Neufahrzeuge mit Pritschenaufbauten und Tieflader mit Verankerungen für Zurrmittel zur Ladungssicherung ausgerüstet sein.
Die Nutzbarkeit des Zurrpunkts muss gewährleistet sein und darf nicht durch Schmutz oder Beschädigung beeinträchtigt werden.

Die Zurrpunktfestigkeiten sind für Lkw und Anhänger mit Pritschenaufbauten und einer zulässigen Gesamtmasse (zGM) über 3,5 t in der DIN EN 12640, leichtere in der DIN 75410-1 festgelegt. Fahrzeuge, die den

Beschleunigte Grundqualifikation
Spezialwissen Lkw

Abbildung 90:
Nur eingeschränkt nutzbarer Zurrpunkt

Abbildung 91:
Positiv-Beispiel: Geeigneter Zurrpunkt

Mindestanforderungen der jeweiligen Norm entsprechen, sind mit einem Hinweisschild gekennzeichnet. Die Zugkraft wird in daN angegeben.

Abbildung 92:
Zurrpunktfestigkeiten nach DIN EN 12640 bei einem Fahrzeug mit mehr als 12 t Nutzlast

Abbildung 93:
Zurrpunktfestigkeit nach DIN 75410-1

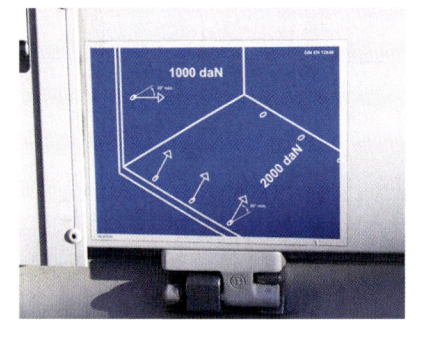

> Die Darstellung der Zurrpunktkennzeichnung (blaues Schild mit weißer Schrift) kann je nach Ausführung der Zurrpunkte stark variieren und muss nicht so aussehen wie auf den Beispielabbildungen. Fragen Sie in Betrieben, mit denen Sie zusammenarbeiten, nach weiteren Hinweisschildern.

Negativ-Beispiele: Ring- oder „Augen"-Schrauben
„Selbstgestrickte" Zurrpunkte sind in aller Regel nicht tauglich.
Ring- oder „Augen"-Schrauben sind ebenfalls ungeeignet, da sie nur sehr begrenzt Querkräfte aufnehmen können.

Ladungssicherung 1.8

Abbildungen 94 und 95: Ungeeignete Zurrpunkte

Positiv-Beispiele: Zurrpunkt-Sonderformen mit Adapterhaken
Einige Fahrzeughersteller bauen Sonderformen von Zurrpunkten ein, die mit entsprechenden Adapterhaken ausgeliefert werden und gleichermaßen geeignet sind.

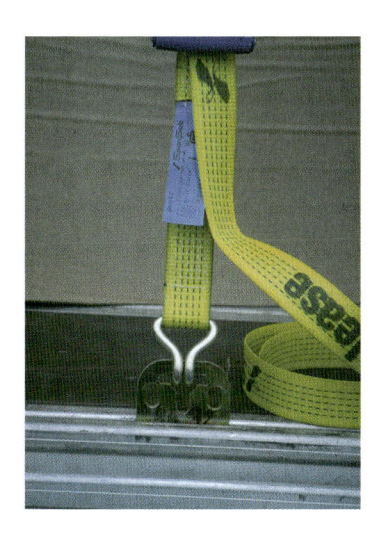

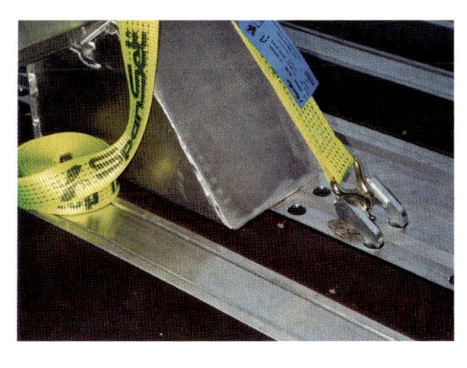

Abbildungen 96 und 97: Mögliche Sonderformen von Zurrpunkten mit entsprechenden Adapaterhaken

Beschleunigte Grundqualifikation
Spezialwissen Lkw

1.9 Be- und Entladen sowie Einsatz von Umschlaggeräten

▶ Die Teilnehmer sollen grundsätzliche Verhaltensregeln beim Umgang mit Umschlaggeräten kennen, um Gefahren beim Be- und Entladen besser einschätzen zu können.

Lehrgespräch
— Da die Gefahren durch den Einsatz von Umschlaggeräten und beim Be- und Entladen stark unterschätzt werden, sollten Sie die Teilnehmer dafür „öffnen", indem Sie zunächst auf die Unfallbeispiele eingehen. Gehen Sie auch in einen Betrieb und lassen die Gefahrenquelle von den Teilnehmern aufzeigen.

Ca. 120 Minuten

Dieses Thema wird in der Führerschein-Ausbildung nicht oder nur ansatzweise behandelt.
Weiterbildung: Modul 5, Ladungssicherung

Vorsicht beim Öffnen von Bordwänden und Laderaumtüren

Einige Fälle aus Unfallanzeigen der BG Verkehr

— „Beim Öffnen der Bordwand seines Lkw-Anhängers wurde der Fahrer von der aufschnellenden Bordwand getroffen. Ein anschließend von der Ladefläche stürzendes Stahlbündel verletzte ihn tödlich."
— „Beim Öffnen der linken Seitenbordwand rollte ein **ca. 800 kg** schwerer Gussrohling von der Ladefläche des etwas schräg stehenden Fahrzeugs und erschlug den Fahrer."
— „Beim Aufklappen der Bordwand wurde unser Fahrer von einem nachfallenden, **ca. 450 kg** schweren Schaltschrank gegen eine Schuppenwand gedrückt. Dabei zog er sich tödliche Quetschungen zu." (siehe Abbildung 98)

Solche oder ähnliche Schilderungen ließen sich beliebig fortsetzen. Im Wesentlichen können die geschilderten Unfälle folgende Gründe haben:

— Auf der Ladefläche freistehende, ungesicherte Ladungsteile haben sich während der Fahrt verlagert (verrutscht, versetzt, ver-

Ladungssicherung 1.9

rollt, gekippt) und drücken gegen die Bordwände oder Aufbautore.
- Nicht standfeste oder rollenförmige Ladungsgüter wurden absichtlich gegen die Aufbaubegrenzungen verstaut, was beim Öffnen der Bordwände bzw. Tore nicht mehr berücksichtigt wurde (Vergesslichkeit, Fahrerwechsel).
- Besondere örtliche Gegebenheiten an weiteren Ladestellen waren nicht vorhersehbar (durch Öffnen anderer Bordwände, als bei der Beladung vorgesehen, oder Schrägstellung der Ladefläche durch geneigten oder unebenen Standplatz).

Abbildung 98: Tödlicher Unfall durch herabgefallenen Schaltschrank

Die unter anderem daraus resultierenden Unfälle führten dazu, dass bei bestimmten Fahrzeugen seit Oktober 1993 (Erstzulassung) die von Hand zu betätigenden Bordwandverschlüsse so gestaltet sein müssen, dass möglicher Ladungsdruck vor dem vollständigen Entriegeln festgestellt werden kann.
Diese Bordwandverschlüsse „mit Ladungsdruckerkennung" sind in der überwiegenden Zahl so gestaltet, dass beim Öffnen zwei Phasen durchlaufen werden („2-Phasen-Entriegelung"). Dabei wird in der ersten Phase der Verschluss entriegelt und erst in der zweiten Phase die Bordwand freigegeben („geöffnet"). Die zweite Öffnungsbewegung des Verschlusshebels ist bei anstehendem Ladungsdruck in der Regel aber nur mit „deutlich erhöhtem Kraftaufwand" möglich und „warnt"

Beschleunigte Grundqualifikation
Spezialwissen Lkw

so vor dem nachdrückenden Ladegut. Da aber optisch nicht zu erkennen ist, ob man einen Verschluss mit oder ohne Ladungsdruckerkennung vor sich hat, ist immer mit der Gefahr des unbeabsichtigten Aufschlagens einer Bordwand und dem Herabfallen nachdrückenden Ladegutes zu rechnen. Vielfach deuten schon schwer zu öffnende Normal-Verschlüsse auf diese Gefahr hin.

Deshalb:
- Prüfen Sie zuerst, ob Ladung gegen die Bordwände drückt: z. B. durch Sichtkontrolle der Ladefläche oder durch Feststellen des Kraftaufwandes beim Betätigen der Bordwandverschlüsse.
- Beseitigen Sie nach Möglichkeit den Ladungsdruck, z. B. durch Entladung von der gegenüberliegenden Fahrzeugseite oder durch Abpacken von Hand.
- Stellen Sie sich immer so hin, dass Sie nicht von aufschlagenden Bordwänden oder evtl. abstürzender Ladung getroffen werden können.

⚠️ Folgende weitere Sicherheits-Tipps haben sich in der Praxis bewährt:
- Sichern der Laderaumtüren und -klappen gegen unbeabsichtigtes Zuschlagen, z. B. durch Feststeller.
- Steckbretter und Spriegelstangen nicht herunterfallen lassen, sondern von Hand herabheben.

Verhalten bei Beschädigungen von Ladegütern

Wie aus den rechtlichen Forderungen erkennbar, decken die Ladungssicherungsmaßnahmen die Fahrsituationen Vollbremsung, Ausweichmanöver, Durchfahren einer schlechten Wegstrecke oder die Kombination aus diesen genannten Fahrsituationen ab. Zu diesen „üblichen Verkehrsbedingungen" gehören eben – bzw. je nach Sichtweise leider – nicht die Unfallsituationen. Deshalb kann es schon bei einem leichten Auffahrunfall vorkommen, dass sich auch gesicherte Ladung innerhalb ihrer Sicherung verschiebt. Beim Lösen bzw. Entfernen der Hilfsmittel zur Ladungssicherung, z. B. Zwischenwandverschlüssen oder Zurrgurten, zum Zwecke des Umladens besteht dann die Gefahr, dass die Ladung umstürzt oder herabfällt.

Ladungssicherung 1.9

Deshalb muss das Lösen von Hilfsmitteln zur Ladungssicherung vorsichtig erfolgen. Dies kann bei Zurrgurten z. B. durch spezielle Ratschen ermöglicht werden, welche ein schrittweises Verringern der Vorspannkraft erlauben (vgl. Abschnitt „Vorsicht beim Lösen der Verzurrung von kippgefährdeten Gütern" im Kapitel „Zurrgurte"). Im Einzelfall müssen besondere Maßnahmen ergriffen werden, z. B. stückweises Abtragen eines schief stehenden Stapels. Entwickeln Sie dabei aber keinen falschen Ehrgeiz! Sollte ein Abtragen von Hand z. B. aufgrund der Abmessungen oder des Gewichtes der Ladung nicht gefahrlos möglich sein, ist professionelle Hilfe angesagt. Bergungsunternehmen haben häufig spezielle Kentnisse im Umgang mit schweren Lasten und verfügen über geschultes Personal.

Abbildung 99:
Verrutschte Ladung
Quelle: Frank Rex

Abbildung 100:
Verrutschte Ladung muss häufig mit Hilfe eines Bergungsunternehmens gerichtet werden

Standsicherheit und Kippgefahr

Manche Ladungen neigen aufgrund ihrer Schwerpunktlage zum Kippen.

Aus Unfallanzeigen der BG Verkehr
- Fall 1: „Als der Fahrer B. den letzten Zurrgurt löste, mit dem eine auf einem A-Bock stehende Betonplatte gesichert war, kippte

Beschleunigte Grundqualifikation
Spezialwissen Lkw

diese schlagartig um, stürzte vom Fahrzeug und erschlug den Fahrer."

- Fall 2: „Unser Fahrzeug befand sich auf einer Baustelle in Sch., wo auf einem A-Bock stehende Betonteile durch einen Kran entladen wurden. Während von der linken A-Bockseite gerade ein Teil angehoben wurde, befand sich F. neben der rechten Fahrzeugseite und wurde dort von einer unvermutet herabstürzenden Platte getroffen."

Abbildung 101: Prinzipskizze Standsicherheit und Kippgefährdung

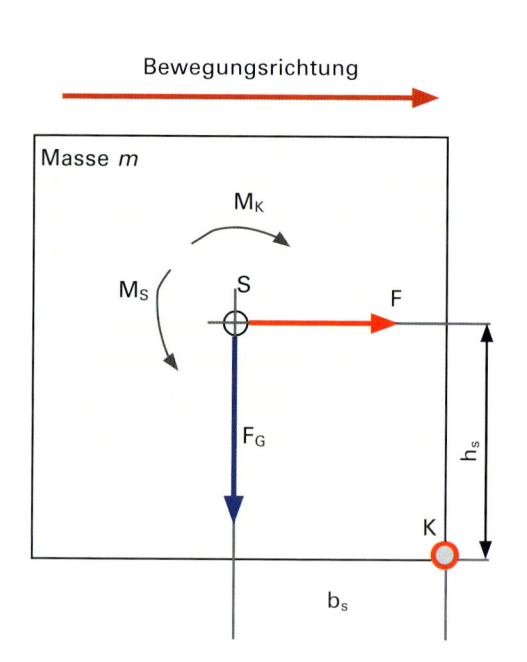

Größen
- S: Schwerpunkt
- F: Die sich aus der Beschleunigung ergebende Kippkraft
- F_G: Die Gewichtskraft
- K: Die (mögliche) Kippkante
- b_S: Horizontaler Abstand (Breite) Schwerpunkt S zu Kippkante K
- h_S: Vertikaler Abstand (Höhe) Schwerpunkt S Kippkante K
- M_S: Standmoment
- M_K: Kippmoment

Ladungssicherung 1.9

> **Hintergrundwissen** → Standsicherheitsbedingung
>
> Das Standmoment M_S muss größer sein als das Kippmoment M_K
>
> | | | | |
> |---|---|---|---|
> | M_S | > | M_K | |
> | $b_S \times F_G$ | > | $h_S \times F$ | |
> | $b_S \times m \times g$ | > | $h_S \times m \times a$ | $F_G = m \times g; F = m \times a$ |
> | $b_S \times m \times g$ | > | $h_S \times m \times a$ | m ist auf beiden Seiten gleich groß |
> | $b_S \times g$ | > | $h_S \times a$ | |
> | $\dfrac{b_S}{h_S}$ | > | $\dfrac{a}{g}$ | a / g ist beim Straßentransport der Beschleunigungsbeiwert ‚c' aus der DIN EN 12195-1 bzw. ‚f' aus der VDI 2702 (0,8 nach vorne, 0,7 zur Seite unter Berücksichtigung des Wankens und 0,5 und nach hinten) |
> | $\dfrac{b_S}{h_S}$ | > | c | c (nach DIN EN 12195-1) = f (nach VDI 2700) |
> | bzw. | | | |
> | $\dfrac{b_S}{h_S}$ | > | f | f (nach VDI 2700) = c (nach DIN EN 12195-1) |
>
> Somit ergibt sich
>
> | | | | | | | |
> |---|---|---|---|---|---|---|
> | $\dfrac{b_S}{h_S}$ | > | 0,8 | oder | h_S < | 1,25 x b_S | nach vorne |
> | | > | 0,7 | oder | < | 1,43 x b_S | quer |
> | | > | 0,5 | oder | < | 2,00 x b_S | nach hinten |

Für den Bereich des Straßenverkehrs gilt eine Ladung als „standsicher", wenn bezogen auf die Fahrtrichtung
- „nach vorn" das Maß h_S weniger als das 1,25-fache von b_S beträgt,

Beschleunigte Grundqualifikation
Spezialwissen Lkw

- „zur Seite" das Maß h_S weniger als das 1,4-fache von b_S beträgt,
- „nach hinten" das Maß h_S weniger als das Doppelte von b_S beträgt.

> Die theoretischen Betrachtungen können durch einen leeren Karton und mit „eingearbeiteter" Last veranschaulicht werden. Mithilfe einer Federwaage kann man den geringeren Kraftbedarf (= geringere Beschleunigungskräfte) bei hoch liegendem Schwerpunkt demonstrieren.

> ⚠ Beim Be- und Entladen kann es z. B. durch Schrägneigungen an der Ladestelle oder Anstoßen mit der Ladung an Aufbauteile des Fahrzeugs zu deutlich höheren, ruckartigen Beschleunigungen kommen.

Sicherheitstipps beim Entladen von Gütern auf „schmaler Standbasis":
- Schlagen Sie vor dem Lösen der Zurrmittel die Ladung erst am Hebezeug (Kran) an oder sichern Sie die Ladegüter in anderer geeigneter Weise gegen Umfallen oder Verrutschen.
- Setzen Sie Zurrmittel ein, die ein schrittweises Herausnehmen der Vorspannkraft ermöglichen, wie Zurrgurte mit Spezial-Ratschen, Zurrketten mit Spindel- oder Ratschenspanner.

Einsatz von Umschlaggeräten

Für die Be- und Entladung der Fahrzeuge haben sich einige Ladehilfsmittel, auch Umschlaggeräte genannt, etabliert.
Bei ihrer Verwendung sind einige Grundregeln zu beachten, z. B.

- Nutzen Sie für die jeweilige Transportaufgabe nur geeignete und sichere Fahr-, Hebe- und Tragehilfen, es ist und bleibt die beste Rückenschonung!
- Achten Sie darauf, dass die Hilfen funktionstüchtig und ausreichend tragfähig sind.

Ladungssicherung 1.9

- Befestigen Sie Fahr-, Hebe- und Tragehilfen bei Mitnahme im Laderaum, sodass sie nicht verrutschen oder umfallen können.

Es gibt einen Praktiker-Merksatz zu Transportgeräten: „Lieber schlecht gefahren als gut getragen!"

Abbildung 102: Stechkarre/Sackkarre

Abbildung 103: Handhubwagen

Hubwagen (Handhubwagen, Gabelhubwagen)

Hand- bzw. Gabelhubwagen verfügen nur in Ausnahmefällen über eine Betriebs- oder Feststellbremse. Bewegte Hubwagen und ihre Last müssen daher in der Regel allein durch Muskelkraft abgebremst und zum Stillstand gebracht werden. Dies ist insbesondere auf geneigten Ladebrücken und Ladeflächen von Fahrzeugen problematisch.

Masse m / Winkel α	3°	7°
1000 kg	52 kg*)	122 kg
1500 kg	79 kg	183 kg
2000 kg	105 kg	244 kg
2500 kg	131 kg	305 kg

Abbildung 104: Erforderliche Haltekraft in Abhängigkeit von der Neigung (Winkel α) der Ladebrücke sowie des Gesamtgewichtes (Masse m) aus der Ladung und dem Hubwagen

*) kg ≈ daN; ohne Berücksichtigung von Reibkräften

**Beschleunigte Grundqualifikation
Spezialwissen Lkw**

Die Tabelle verdeutlicht, warum man sich bei geneigten Flächen besser oberhalb des Hubwagens aufhält. So wird verhindert, dass man beim Zurückrollen angefahren wird.

Insgesamt sind die Gefährdungen beim Umgang mit Hubwagen und die Voraussetzungen, um mit ihnen zu arbeiten, vergleichbar mit denen bei „Ameisen" (vgl. Abschnitt Mitgänger-Flurförderzeuge).

Darüber hinaus ist zu beachten, dass Hubwagen generell nur mit abgesenkter Last und mit quer zur möglichen Abrollrichtung eingeschlagenen Lenkrädern abzustellen sind, damit sie sich nicht ungewollt in Bewegung setzen können. Und: Werden sie zur nächsten Ladestelle auf dem Lkw mitgeführt, sind sie wie die übrige Ladung zu sichern. Das einfache Unterstellen unter Paletten oder Festbremsen mit der gegebenenfalls vorhandenen Feststellbremse genügt nicht.

Mitgänger-Flurförderzeuge

Abbildung 105
Mitgänger-Flurförderzeug mit Fahrerstandplattform
Quelle: Linde Material Handling

Beim Einsatz von Mitgänger-Flurförderzeugen mit Fahrerstandplattform und bauartbedingter Höchstgeschwindigkeit von mehr als 6 km/h, sind die gleichen „strengeren" Regelungen wie bei Gabelstaplern zu beachten.

Für bauähnliche Geräte ohne Fahrerstandplattform – häufig „Ameise" genannt – gilt, dass Personen, die diese Geräte führen, mindestens

- geeignet,
- in der Handhabung unterwiesen und
- vom Unternehmer beauftragt sein müssen.

Im Gegensatz zu Staplern verfügen Mitgänger-Flurförderzeuge z. B. nicht über Schutzdächer. Deshalb besteht bei höher stehenden Lasten das Risiko, von verrutschender und herabfallender Last getroffen zu werden, insbesondere beim Befahren von geneigten Ladebrücken. Dies kann z. B. verhindert werden durch

- Sichern der Last, z. B. Zusammenfassen von Ladungsteilen mittels Gurten, Wickelfolie, Bändern oder
- bergseitiges Führen der Last (Person steht oberhalb der Ameise; vgl. Abschnitt „Hubwagen")

Ladungssicherung 1.9

Beim Führen von Ameisen bestehen hauptsächlich folgende Gefahren:
- Anfahren bzw. Überfahren der eigenen Füße (deshalb ist das Tragen von Sicherheitsschuhen beim Umgang mit diesen Geräten wichtig),
- Quetschen zwischen Ameise und anderen Gegenständen, z. B. Transportgut, Bauteile des Fahrzeugs oder der Rampenanlage,
- Verletzen der Ferse bei Ameisen mit klappbaren Fahrerstandplattformen, wenn sich die Füße nicht vollständig auf der Plattform befinden.

Abbildung 106: Mitgänger-Flurförderzeug ohne Fahrerstandplattform („Ameise")

Gabelstapler

Ganz wichtig:
Steuern Sie Gabelstapler (Flurförderzeuge) nur, wenn Sie
- ausgebildet sind und Ihre Befähigung nachgewiesen haben[13] (der Lkw-Führerschein allein genügt nicht!),
- in örtliche Gegebenheiten sowie am speziellen Gerät eingewiesen sind und
- ausdrücklich befugt sind (schriftliche Beauftragung z. B. im Fahrausweis).

Anbieter für Staplerausbildung sind z. B.:
- Fahr- und Berufskraftfahrerschulen
- Gerätehersteller
- Ausbildungsorganisationen/Akademien

---

[13] Fahrer von Flurförderzeugen sind für diese Tätigkeit ausgebildet und befähigt, wenn sie nach dem berufsgenossenschaftlichen Grundsatz „Ausbildung und Beauftragung der Fahrer von Flurförderzeugen mit Fahrersitz und Fahrerstand" (BGG 925) geschult worden sind, eine Prüfung in Theorie und Praxis bestanden haben und darüber einen Nachweis vorlegen können.

**Beschleunigte Grundqualifikation
Spezialwissen Lkw**

Abbildung 107:
Gabelstapler mit Greifzange (Ballenklammer)

Generell gilt zum sicheren „Miteinander"

Halten Sie sich nicht im Gefahrbereich von Flurförderzeugen wie Staplern, Handhubwagen, „Ameisen" und auch Kranen auf. Das heißt: Nicht unmittelbar neben, vor oder hinter dem Gerät und auch nicht in Bereichen, in denen Lasten bewegt werden oder herabfallen können.

Abbildungen 108 und 109:
Sicherheitsabstand einhalten

Beim Einweisen Sicherheitsabstand zum Stapler und bewegten Lasten halten!

- Denken Sie daran, dass der Staplerfahrer durch Ladung und Hubmast eine erheblich eingeschränkte Sicht hat.

Ladungssicherung 1.9

- Beachten Sie, dass bei Ladevorgängen über die Fahrzeuglängsseiten die Gefahr besteht, dass Ladegüter beidseitig von der Ladefläche herunterfallen können.
- Achten Sie darauf, dass die Ladung vollständig auf der Gabel aufliegt.
- Verwenden Sie Gabelstapler mit ausreichend langen Gabelzinken oder besser: Gabelstapler mit Schubgabel.
- Beim Ablegen von Lasten Unterleghölzer so anfassen, dass Finger nicht gequetscht werden können.
- Verständigen Sie sich mit dem Verantwortlichen an der Ladestelle oder dem Lagerpersonal über den Arbeitsablauf der Be- und Entladung!

Das für den Stapler Gesagte gilt natürlich im übertragenen Sinn auch für den Umgang mit Kränen.

Mitnahmestapler

Mitnahmestapler sind in der Regel am Heck des Lkw mitgeführte Flurförderzeuge, mit deren Hilfe der Fahrer eigenständig palettierte Ware be- und entladen kann. Gabelstapler oder Kräne vor Ort sind dadurch nicht notwendig.

Außer den bekannten Gefährdungen wie beim „üblichen" Gabelstapler (vgl. Abschnitt „Flurförderzeuge") sind beim Mitnahmestapler zusätzlich noch folgende Faktoren besonders zu beachten:

- Besondere Absturzgefahr beim Besteigen und Verlassen des Mitnahmestaplers, wenn er am Trägerfahrzeug untergebracht ist
- Höhere Gefährdung durch den fließenden Verkehr beim Einsatz in öffentlichen Bereichen
- Nicht unerhebliche Veränderungen von Nutzlast und Fahrverhalten des Trägerfahrzeugs, je nachdem ob der Mitnahmestapler mitgeführt wird oder nicht und ob das Trägerfahrzeug leer oder beladen ist (vgl. Abschnitt „Lastverteilung")

Abbildung 110: Mitnahmestapler am Heck eines Sattelanhängers Quelle: PALFINGER GmbH

Beschleunigte Grundqualifikation
Spezialwissen Lkw

Außerdem ist unter anderem im Rahmen der Abfahrtkontrolle darauf zu achten, ob durch die erhöhten Korrosionseinflüsse die Aufhängung oder Teile des Mitnahmestaplers am Fahrzeugheck möglicherweise während des Aufnehmens oder Absenkens oder durch die dynamischen Beanspruchungen während des Transports brechen könnten.

Um das Unfallrisiko gering zu halten, muss der Fahrer beim Betrieb von Mitnahmestaplern Folgendes beachten:

1. Da Mitnahmestapler einen Fahrersitz oder Fahrerstand haben, dürfen sie selbstständig nur von solchen Personen gesteuert werden, die
   a. mindestens 18 Jahre alt sind,
   b. für diese Tätigkeit geeignet und ausgebildet sind,
   c. ihre Befähigung nachgewiesen haben und
   d. schriftlich dazu beauftragt sind
   (vgl. Abschnitt „Steuern Sie Gabelstapler...").

2. Die Betriebsanleitung des Mitnahmestaplers muss vorliegen und ist beim Betrieb zu beachten.

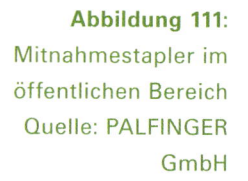

Abbildung 111: Mitnahmestapler im öffentlichen Bereich
Quelle: PALFINGER GmbH

3. Hat der Mitnahmestapler eine bauartbedingte Höchstgeschwindigkeit von mehr als 6 km/h und wird er im Geltungsbereich der StVO eingesetzt, benötigt er eine behördliche Betriebserlaubnis.
4. Bei ungünstigen Lichtverhältnissen ist die Beleuchtungseinrichtung einzuschalten (sollte der Mitnahmestapler keine derartige Einrichtung haben, darf er in dem Bereich nicht eingesetzt werden).
5. Die Sicherungseinrichtungen für den Mitnahmestapler während des Transports am Trägerfahrzeug dürfen keine augenfälligen Mängel (dies gilt auch für Zusatzeinrichtungen wie z. B. ausziehbare Stützen) aufweisen.
6. Zum Erreichen oder Verlassen des Mitnahmestaplers sind die vorhandenen Trittstufen und Halteeinrichtungen (Griffe) am Trägerfahrzeug oder am Stapler zu nutzen.
7. Fahrerrückhalteeinrichtungen wie z. B. Beckengurt oder Rückhaltebügel sind anzulegen bzw. zu benutzen.

Ladebrücken

Setzen Sie nur für den jeweiligen Zweck geeignete Ladebrücken ein. Achten Sie hierbei vor allem auf deren Abmessungen und Tragfähigkeit. Optimal ist eine Breite, die der Breite der Ladefläche entspricht. Die nutzbare Breite muss jedoch mindestens 1,25 m betragen (beim Einsatz von Handhubwagen oder Sackkarren).
Werden andere Transportgeräte bzw. Flurförderzeuge verwendet, müssen Ladebrücken in Abhängigkeit von der Art des Flurförderzeuges und deren Spurweiten breiter ausgeführt sein, um die Absturzgefahr zu minimieren. Bei kraftbetriebenen Flurförderzeugen mit einer Spurweite von mehr als 0,55 m wird zur Breite des Flurförderzeuges beispielsweise ein Sicherheitszuschlag von 0,70 m hinzugerechnet.
Die erforderliche Länge von Ladebrücken ist abhängig vom Höhenunterschied zwischen Laderampe und Ladefläche. Ladebrücken dürfen nicht mit einer Neigung von mehr als 7° eingesetzt werden. Somit darf das Verhältnis zwischen dem zu überwindenden Höhenunterschied und der Ladebrückenlänge nicht größer als 1:8 sein.
Übersteigen die Neigungen die zulässigen Werte, können die Transportmittel nicht mehr sicher geführt werden (es sind sehr hohe Kräfte zum Schieben bzw. Halten von Transportgeräten notwendig) und es lassen sich die Übergänge zwischen Ladefläche/Ladebrücke sowie La-

Beschleunigte Grundqualifikation
Spezialwissen Lkw

debrücke/Laderampe nicht mehr überwinden (Flurförderzeuge setzen auf bzw. bleiben „hängen").

Es ist darauf zu achten, dass sich während der Be- oder Entladung die Fahrzeugladefläche in Querrichtung (infolge der Ladungsmassenkräfte) neigen kann. Um die hierbei entstehenden Höhenunterschiede ausgleichen zu können, empfehlen sich Ladebrücken mit beweglichen Einzellippen.

Die maximal zulässige Tragfähigkeit von Ladebrücken entnehmen Sie deren Typen- bzw. Fabrikschild. Ebenfalls auf diesem Schild oder unmittelbar daneben finden Sie in der Regel eine Kurzbedienungsanleitung des Herstellers. Deren Kenntnis ist ebenso Pflicht wie die Einweisung im Umgang mit Ladebrücken durch den betrieblichen Vorgesetzten vor Ort.

Ladebrücken sind so auf die Ladefläche und Laderampe aufzulegen, dass sie beim Begehen und Befahren nicht abrutschen können. Achten Sie daher auf ausreichende Auflage und Wirksamkeit von Verschiebesicherungen bzw. korrekt anliegende Anschläge.

Nach dem Gebrauch müssen Sie die Ladebrücke vor dem Abziehen Ihres Fahrzeugs oder der Wechselbrücke erst wieder in die Ruhestellung bringen und gegen Herabschlagen oder Umfallen sichern. Ortsfeste, in Rampen oder Verkehrsflächen eingebaute, Ladebrücken müssen in Ruhestellung mit den seitlich angrenzenden Flächen eine Ebene bilden.

Abbildung 112: Bedienung der Ladebrücken nur bei vorheriger Einweisung!

Abbildung 113: Überfahrlippen müssen ausreichend auf der Fahrzeugladefläche aufliegen!

Ladungssicherung 1.9

Hubladebühnen

Hubladebühnen dienen vorwiegend zum Befördern von Ladegut vom Boden zur (Lkw-) Ladefläche und umgekehrt. Es sind daher praktische, an einem Fahrzeug angebrachte Hilfseinrichtungen zum Be- und/oder Entladen.

Abbildung 114:
Hubladebühne („Ladebordwand") an einem Getränke-Lkw
Quelle: MBB PALFINGER GmbH

Werden Sie mit dem Führen von Fahrzeugen mit Hubladebühnen beauftragt, müssen Sie sich mit dessen Betriebsanleitung vertraut machen und sich von Ihrem Vorgesetzten im Umgang mit dem Gerät unterweisen lassen. Eine wesentliche Gefährdung beim Be- oder Entladen von Fahrzeugen mittels Hubladebühnen ist die Absturzgefahr. Daher sollten Sie folgende Verhaltensregeln beachten:

- Das Fahrzeug standsicher (möglichst waagerecht) aufstellen und darauf achten, dass keine Quetsch- u. Scherstellen zwischen der Ladebordwand und Teile der Umgebung auftreten
- Beim Heben und Senken Lasten immer so auf der Hubladebühne abstellen, dass deren unbeabsichtigte Lageveränderung verhindert ist
- Die zulässige Tragfähigkeit von Hubladebühnen nicht überschreiten (Tragkraftdiagramm beachten!)
- Rückwärts laufen oder Rangieren von Lasten in Richtung der Absturzkanten vermeiden

**Beschleunigte Grundqualifikation
Spezialwissen Lkw**

- Eventuell vorhandene ausklappbare Abrollsicherungen (in Hubladebühne eingelassene Winkelschienen) bestimmungsgemäß verwenden

Ein weiterer kritischer Fall, der in der Praxis häufiger auftritt, ist das Be- und Entladen von Fahrzeugen mit Hubladebühnen an Laderampen. Dort können sich folgende besondere Gefährdungen ergeben:

⚠️
- Beim Überfahren der Hubladebühnen und Rangieren von Lasten auf der angehobenen Hubladebühne besteht die Gefahr des seitlichen Abstürzens.
- Werden an Rampen befindliche Ladebrücken auf Hubladebühnen aufgelegt, können diese infolge der Gewichtseinflüsse (z. B. Einfedern des Fahrzeuges) von der Hubladebühne abrutschen (siehe Abbildung). In diesen Fällen sind möglichst geeignete Unterlagen (Abstützungen) zu verwenden.

Abbildung 115:
Absturzgefahr von der Hubladebühne

⚠️
- Mögliche Überlastung der Hubladebühne vor allem bei zusätzlicher Belastung durch das Flurförderzeug (Handhubwagen, E-Ameise oder Stapler) und durch Absetzen zu schwerer Paletten (Bedienungsanleitung des Hubladebühnenherstellers bzw. Fahrzeugaufbauers und Tragkraftdiagramm beachten!).

Ladungssicherung 1.9

Abbildung 116:
Beispiel für ein Tragkraftdiagramm an einer BÄR-Hubladebühne („Ladebordwand")

Abbildung 117:
Vorsicht beim Absetzen von schweren Paletten auf einer Hubladebühne („Ladebordwand")
Quelle: Günter Heider (BG Verkehr)

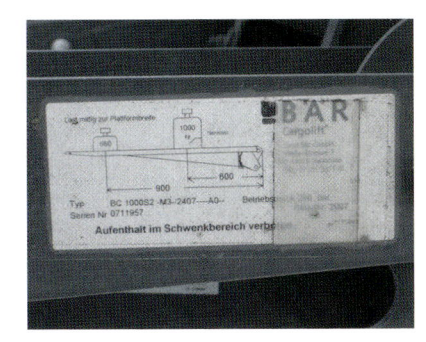

⚠️
- Stolpergefahr an der Vorderkante der Hubladebühne durch Ausfedern des Fahrzeuges beim Entladen.
- Stolpergefahr durch Schrägstehen des Fahrzeuges infolge Bodenunebenheiten, ungleicher Beladung bzw. im Bezug auf die Fahrzeugart unpassende Rampenhöhe (führt häufig auch zu unzulässigen Neigungen der Hubladebühne).

Sicherheitstechnisch besser ist es, beim Be- und Entladen an Laderampen auf das Verwenden von Hubladebühnen ganz zu verzichten. Dies ist natürlich nur möglich, wenn

- die Laderampe oder Ladebrücke mit der abgesenkten Hubladebühne unterfahren werden kann (dabei auf mögliches Überlasten der abgesenkten Hubladebühne durch Einfedern des Fahrzeuges beim Beladen achten, das Fahrzeug darf sich nicht auf der abgesenkten Hubladebühne „abstützen") oder
- unterzieh- oder faltbare Hubladebühnen zum Einsatz kommen.

**Beschleunigte Grundqualifikation
Spezialwissen Lkw**

Abbildung 118:
Faltbare
Hubladebühne
Quelle: MBB
PALFINGER GmbH

Im direkten Zusammenhang mit der Ladungssicherung ist noch Folgendes zu beachten:
Hubladebühnen sind als formschlüssige Ladungssicherungsmaßnahme selbst bei ausreichender Stabilität des übrigen Aufbaus nur unter bestimmten Voraussetzungen nutzbar. Teilweise ist dies an den zusätzlichen Verriegelungssystemen erkennbar, letzte Gewissheit bringt jedoch nur ein Blick in die Betriebsanleitung oder eine entsprechende Nachfrage beim Hubladebühnen-Hersteller oder -Aufbauer.

Ladekran

Lkw-Ladekrane sind anspruchsvolle technische Arbeitsmittel, die eine umsichtige und sachgerechte Bedienung erfordern. Das Führen eines solchen Kranes darf vom Betreiber daher nur entsprechend ausgebildeten Mitarbeitern übertragen werden. Für den unfallfreien Kranbetrieb sind ausgebildete Kranführer mindestens so wichtig wie eine sichere Krankonstruktion.

Gemäß § 29 UVV „Krane" (BGV D6) hat der Unternehmer die Verantwortung, Krane nur von solchen Mitarbeitern führen zu lassen,

- die das 18. Lebensjahr vollendet haben,
- die körperlich und geistig geeignet sind,
- die im Führen [...] des Kranes ausgebildet sind und dem Unternehmer ihre Befähigung hierzu nachgewiesen haben und
- von denen zu erwarten ist, dass sie die ihnen übertragenen Aufgaben zuverlässig erfüllen.

Ladungssicherung 1.9

Die Beauftragung zum selbstständigen Führen des Lkw-Ladekranes muss durch den Unternehmer schriftlich erfolgen. Die Inhalte der theoretischen und praktischen Ausbildung sind dem BG-Grundsatz „Auswahl, Unterweisung und Befähigungsnachweis von Kranführern" (BGG 921) zu entnehmen. Wird der Lkw-Ladekran nicht mit einem Lastaufnahmemittel, sondern im Hakenbetrieb eingesetzt, muss der Lkw-Ladekranführer auch über das sichere Verwenden von Anschlagmitteln geschult werden.

Abbildung 119:
Lkw-Ladekran
Quelle: Volvo Truck Center Alphen ad Rijn

Das Führen eines Lkw-Ladekranes im Straßenverkehr erfordert zusätzliche Aufmerksamkeit und Erfahrung. Vor Fahrtantritt muss der Kranführer den Lkw-Ladekran so herrichten, dass Teile des Kranaufbaus sowie Zubehörteile sich nicht unbeabsichtigt bewegen oder herabfallen können. Dazu zählt z. B.:

- Lkw-Ladekran einfalten und in der vom Hersteller für die Straßenfahrt vorgesehenen Transporthalterung ablegen. Muss der Ausleger auf der Ladung oder auf der Ladefläche abgelegt werden, ist er auf andere geeignete Weise gegen unbeabsichtigtes Bewegen zu sichern, z. B. durch Verzurren.
- Nebenantrieb ausschalten
- Sichern der Abstützungen gegen Herausrutschen oder Herabklappen

> Sichern von mitgeführtem Zubehör wie Lastaufnahmeeinrichtungen, Abstützhölzern und -platten gegen Verrutschen oder Herabfallen

Bei der Straßenfahrt sind die zulässigen Durchfahrtshöhen zu beachten!

Das Festklemmen von Lasten zwischen Ausleger und Fahrzeugaufbau stellt keine geeignete Ladungssicherungsmaßnahme dar.

Persönliche Schutzausrüstung

Bestimmte Gefährdungen lassen sich weder durch gute Sicherheitstechnik noch durch entsprechende organisatorische Maßnahmen vermeiden. Der Arbeitgeber ist dann verpflichtet, persönliche Schutzausrüstung (PSA) bereitzustellen.
Sie müssen deshalb zu Ihrem persönlichen Schutz zum Beispiel benutzen:

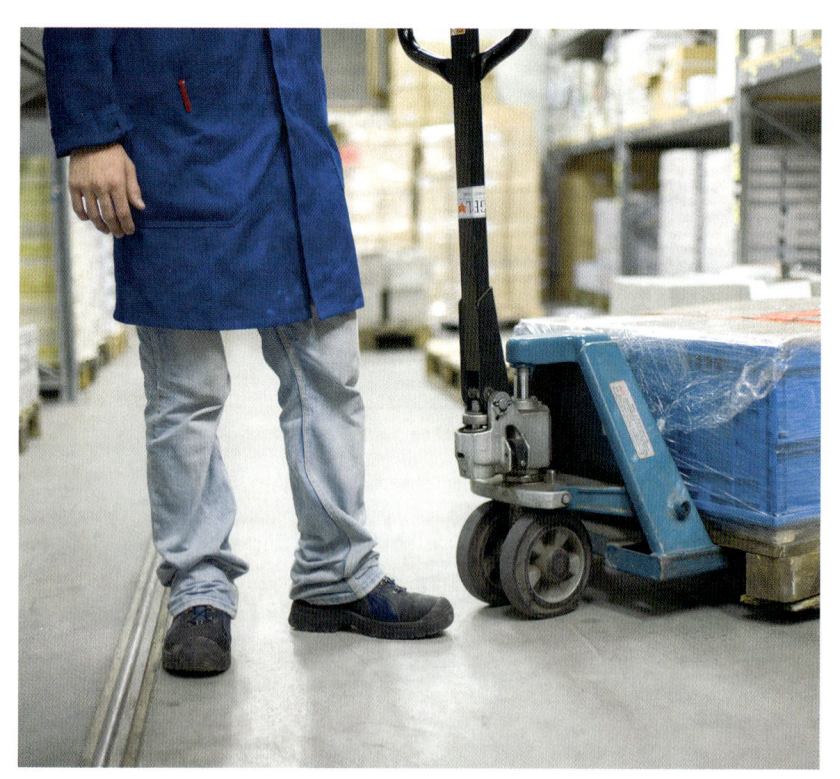

Abbildung 120: Profis tragen Sicherheitsschuhe

Ladungssicherung 1.9

Fußschutz: Beim Einsatz von Handhubwagen bzw. Mitgängerstapler („Ameisen") und immer dann, wenn Ladung zu heben und zu tragen ist, müssen Sie Sicherheitsschuhe tragen.

Abbildungen 121–126: Gebotszeichen zum Arbeitsschutz

Schutzhelm in Arbeitsbereichen von Kranen

Augenschutz (Schutzbrille) bei der Gefahr des Freiwerdens von staubförmigen Gütern

Gehörschutz in Lärmbereichen z. B. bei der Stahlverladung

Schutzhandschuhe beim Umgang mit u. a. spitzen und scharfen Gegenständen (z. B. Glas), Paletten, sägerauem Holz sowie heißen und kalten Gütern

Schutzkleidung, z. B. Kälteschutzkleidung bei Arbeiten in Kühlräumen

1.10 Weitere Einrichtungen und Hilfsmittel zur Ladungssicherung

▶ Die Teilnehmer sollen weitere Einrichtungen und Hilfsmittel zur Ladungssicherung kennen und wissen, wann und wie diese einzusetzen sind.

Lehrgespräch
— *Stellen Sie die einzelnen Einrichtungen vor und verdeutlichen Sie die Anwendung durch anschauliche Beispiele.*
— *Fragen Sie Ihre Teilnehmer, welche Erfahrungen sie bereits mit solchen Hilfsmitteln gemacht haben, und für welchen Einsatz sie welches System verwenden.*

Ca. 60 Minuten, ggf. mit praktischen Übungen

Führerschein: Fahren lernen Klasse C, Lektion 9
Weiterbildung: Modul 5, Ladungssicherung

Weitere Einrichtungen und Hilfsmittel zur Ladungssicherung unterstützen den Fahrer bzw. Verlader beim Sichern der Ladung und tragen dazu bei, das Ladegut formschlüssig zu sichern.

Diese Zubehörteile lassen sich unterteilen in:
— festlegende Hilfsmittel
— ausfüllende Hilfsmittel
— Netze und Planen
— sonstige Hilfsmittel

Festlegende Einrichtungen und Hilfsmittel

Festlegende Hilfsmittel fixieren die Ladung auf der Ladefläche oder am Fahrzeugaufbau. Sie sollen die Ladung gegen Verrutschen, Verrollen oder Kippen sichern. Der Fahrer muss dafür sorgen, dass während des Transports die festlegenden Systeme ausreichend mit dem Fahrzeugaufbau verbunden sind.

Ladungssicherung 1.10

Festlegende Einrichtungen und Hilfsmittel lassen sich unterteilen in:
- Lochschienen
- Ankerschienen
- Trennwände/Trenngitter/Trennnetze
- Festlegehölzer/Holzkeile/verschiedene Holzkonstruktionen
- Systemunabhängiges Zubehör

Abbildung 127:
Keile auf Lochschienen

Abbildung 128:
Ankerschiene mit Sperrbalken

Lochschienen
In Lochschienen werden verschiedene Hilfsmittel wie **Klötze** oder **Keile** eingesetzt. Ladung kann mit Klötzen oder Keilen formschlüssig gesichert werden, indem sie durch ein Spindelgewinde bis an das Ladegut gebracht werden.

Abbildung 129:
Beispiel „Trennnetz"

Ankerschienen
In Ankerschienen lassen sich z. B. Ladebalken oder Sperrbalken mit entsprechenden Zapfen einrasten. Es können auch Zurrmittel mit speziellen Verbindungselementen an den Schienen befestigt werden.
Je nach Ausführung der **Sperrbalken** bzw. **Ladebalken** können diese unterschiedlich große Kräfte aufnehmen. Die technische Spezifikation ist aus den Herstellerangaben zu entnehmen bzw. beim Hersteller zu erfragen.

Trennwände/Trenngitter/Trennnetze
Trennwände, Trenngitter und Trennnetze teilen den Laderaum in Abschnitte und ermöglichen formschlüssiges Stauen für gemischte und kleinere Ladungen. Sie können ebenfalls in Anker- oder Lochschienen befestigt werden. Vorteilhaft sind diese Hilfsmittel bei leichten und großvolumigen Gütern.

Festlegehölzer, Holzkeile oder Holzkonstruktionen
Festlegehölzer, Holzkeile oder verschiedene Holzkonstruktionen sichern Ladungen gegen Bewegungen ab, indem sie z. B. auf einem nagelfähigen Fahrzeugboden durch Vernageln fixiert werden. Für das ordnungsgemäße Vernageln von Holzkeilen und Festlegehölzern sind die Bestimmungen der Richtlinie VDI 2700 zu beachten.

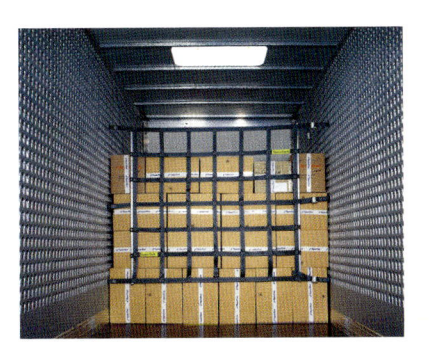

Beschleunigte Grundqualifikation
Spezialwissen Lkw

Systemunabhängiges Zubehör

Unter systemunabhängigem Zubehör versteht man:
- Klemmstangen
- Zwischenwandverschlüsse
- Transportgestelle

Abbildung 130:
Klemmstange

Klemmstangen werden zwischen Seitenwände oder zwischen Dach und Ladefläche geklemmt. Die Blockierkraft der Klemmstange ist sehr gering, da diese nur durch die Reibkraft gehalten wird.
ACHTUNG: Die Klemmstange kann sich während der Fahrt lockern.

Abbildung 131:
Kombination von Zwischenwandverschlüssen

Zwischenwandverschlüsse sind teleskopierbare Metallprofile, die an den Kopfseiten mit Spannverschlüssen versehen sind. Sie sollten nur bei sehr leichtem Ladegut eingesetzt werden, da sie keine definierten Kräfte übertragen können.

Abbildung 132:
Transportgestell für Gasflaschen

Transportgestelle sind abgestimmte Einrichtungen für Ladungen mit außergewöhnlichen Abmessungen.

Ausfüllende Hilfsmittel

Mithilfe von ausfüllenden Hilfsmitteln lassen sich Lücken nach dem Stauen von Stückgütern verschiedenster Art schließen. Der Fahrer muss während des Transports sicherstellen, dass die ausfüllenden Hilfsmittel ihre Position beibehalten. Bei den ausfüllenden Hilfsmitteln unterscheiden wir zwischen
- Leerpaletten/Abstandhalter und
- Luftsäcken

Mit **Leerpaletten** oder sonstige **Abstandhaltern** (z.B. Kanthölzer) lassen sich Zwischenräume ausfüllen, ohne diese dabei zu vernageln.

Ladungssicherung 1.10

Luftsäcke (auch Airbags oder Stausäcke genannt) haben den Vorteil, dass sie sich den Konturen der Ladung weitestgehend anpassen. Sie sind in den unterschiedlichsten Größen erhältlich und je nach Typ für den einmaligen oder mehrmaligen Gebrauch geeignet.

Abbildung 133:
Leerpalette als Füllmaterial

Abbildung 134:
Formschluss durch Staupolster/Airbag

⚠ Luftsäcke können sehr schnell reißen, z. B. durch scharfe Kanten.

Netze und Planen

Netze und Planen können die Ladung form- und kraftschlüssig absichern. Sie sind flexibel einsetzbar und werden je nach Ausführung nicht nur für leichte, sondern auch zur Sicherung schwerer Ladegüter oder Ladeeinheiten verwendet.

Abbildung 135:
Sichern der Ladung mithilfe eines Netzes

Abbildung 136:
Sicherung der Ladung gegen Herabwehen mittels Abdeckplane

**Beschleunigte Grundqualifikation
Spezialwissen Lkw**

Sonstige Hilfsmittel

Kantenschützer/Kantengleiter

Kantenschützer/Kantengleiter schützen Zurrmittel und Ladung. Sie bieten dem Zurrmittel häufig eine bessere Gleitfläche, sodass sich die Vorspannkraft beim Niederzurren gleichmäßiger verteilen kann. Es gibt verschiedene Kantenschützer für Zurrgurte, Zurrketten oder Zurrdrahtseile.

Arten
- Kantenschutzwinkel
- Schutzunterlage
- Schutzschlauch

Abbildung 137: Kantenschutzwinkel beim Papierrollentransport

Abbildung 138: Beispiel „Kantenschutzwinkel"

⚠️ Nicht alle Materialien sind auch als Schnittschutz geeignet! Viele Kantenschutzsysteme lassen sich lediglich als Scheuerschutz einsetzen.

1.11 Fazit

▶ Die Teilnehmer sollen die fünf wesentlichen Grundregeln kennen und diese im alltäglichen Berufsleben vorleben.

↻ **Lehrgespräch**
— Verdeutlichen Sie den Teilnehmer die fünf Sicherheitsregeln anhand von anschaulichen Beispielen.

🕒 Ca. 45 Minuten

🖥 Führerschein: Fahren lernen Klasse C, Lektion 9
Weiterbildung: Modul 5, Ladungssicherung

5 Grundregeln für mehr Sicherheit

Wie eingangs ausgeführt, ist ungenügende oder fehlende Ladungssicherung die Ursache vieler Unfälle. Um derartige Unfälle und auch Schäden zu vermeiden, sollten für jeden Transport folgende fünf Grundregeln gelten:

1. Je nach Ladegut ist ein **geeignetes Fahrzeug** erforderlich, das durch Aufbau und Ausrüstung die durch die Ladung auftretenden Kräfte sicher aufzunehmen vermag.
2. Der **Ladungsschwerpunkt** soll möglichst auf der Längsmittellinie des Fahrzeugs liegen und ist so niedrig wie möglich zu halten. Schweres Gut unten, leichtes Gut oben.
3. **Zulässiges Gesamtgewicht** bzw. zulässige Achslasten nicht überschreiten. Mindestachslast der Lenkachse nicht unterschreiten. Bei Teilbeladung für Gewichtsverteilung sorgen, damit jede Achse anteilmäßig belastet wird.
4. Ladung so verstauen oder durch **geeignete Hilfsmittel** sichern, dass sie unter üblichen Verkehrsbedingungen nicht verrutschen, verrollen, umfallen, herabfallen oder ein Kippen des Fahrzeugs verursachen kann. Vollbremsungen, scharfe Ausweichmanöver sowie unvorhersehbare schlechte Straßen- und Witterungsverhältnisse gehören zu den üblichen Verkehrsbedingungen und sind durch entsprechende Ladungssicherung zu berücksichtigen.
5. **Fahrgeschwindigkeit** je nach Ladegut auf Straßen- und Verkehrsverhältnisse sowie auf die Fahreigenschaften des Fahrzeugs abstimmen.

**Beschleunigte Grundqualifikation
Spezialwissen Lkw**

Die Reihenfolge ist nicht willkürlich gewählt. Die Auswahl eines geeigneten Fahrzeugs mit der Möglichkeit einer formschlüssigen Ladungssicherung sollte immer vor der Wahl des Zurrverfahrens bzw. der Zurrmittel stehen. Denn viele Ladungen lassen sich nicht ohne weiteres niederzurren, wie Kunststoffgranulat in Big-Bags. Außerdem benötigt eine aufbauseitige Ladungssicherung weniger Zeit als eine über Zurrmittel.

Wer seine Ladung sichert, nimmt seine Verantwortung wahr und schützt sich und andere vor Gefahren!

1.12 Basis-Checkliste „Ladung"

▶ Die Teilnehmer sollen die Beispiel-Checkliste kennenlernen.

↻ **Lehrgespräch**
– *Gehen Sie die Liste gemeinsam mit den Teilnehmern durch.*

🕒 Ca. 45 Minuten

☕ Führerschein: Fahren lernen Klasse C, Lektion 9
Weiterbildung: Modul 5, Ladungssicherung

Gemäß § 23 (1) StVO hat der Fahrzeugführer unter anderem dafür zu sorgen, dass das Fahrzeug, der Zug, das Gespann sowie die Ladung vorschriftsmäßig sind und dass die Verkehrssicherheit des Fahrzeugs durch die Ladung nicht leidet. Es geht in diesem Paragraphen also nicht nur um das vorschriftsmäßige Fahrzeug, sondern konkret auch um Einflüsse auf das Fahrverhalten und die Verkehrssicherheit durch die Ladung.

Als Hilfe zur Erfüllung dieser Bestimmung kann dabei eine Checkliste dienen, die wie im folgenden Beispiel aussehen kann:

Beispiel für eine Basis-Checkliste „Ladung"

Kontrollpunkt	i. O.	Maßnahmen
1. Das Fahrzeug ist für das Ladegut geeignet und kann über seinen Aufbau und die Ausrüstung die durch die Ladung auftretenden Kräfte sicher aufnehmen.	☐	

Beschleunigte Grundqualifikation
Spezialwissen Lkw

2. Der Aufbau einschließlich der Zurrpunkte und Rungen weist keine Beschädigungen auf, die die Betriebs- und Verkehrssicherheit gefährden und eine ordnungsgemäße Ladungssicherung verhindern.	☐	
3. Ein Besen zum Reinigen der Ladefläche ist vorhanden und nutzbar.	☐	
4. Ein vorhandenes Umschlaggerät zum Umsetzen der Ladung wie z.B. Handhubwagen oder Mitnahmestapler ist einsatzfähig, ohne äußerlich erkennbare Schäden und kann während des Transports gesichert werden.	☐	
5. Die für den Transport benötigten Hilfsmittel zur Ladungssicherung, wie z.B. Zurrmittel, Ladehölzer, Antirutschmatten, Füllmittel, Sperrbalken sind vorhanden, geeignet und ohne augenfällige Mängel.	☐	
6. Die Ladung („Ware") ist unbeschädigt und beförderungssicher (sicherungsfähig).	☐	
7. Ladungsverteilung: Die zulässige Gesamtmasse bzw. zulässigen Achslasten des Fahrzeuges sind nicht überschritten, die Mindestachslast der Lenkachse ist nicht unterschritten.		

Ladungssicherung 1.12

Der Ladungsschwerpunkt liegt soweit wie möglich auf der Längsmittellinie des Fahrzeugs und ist so niedrig wie möglich gehalten (schweres Gut unten, leichtes Gut oben). Bei Teilbeladung ist für Gewichtsverteilung gesorgt, damit jede Achse anteilmäßig belastet wird.	☐	
8. Abmessungen: Fahrzeug und Ladung sind zusammen nicht breiter als 2,55 m und nicht höher als 4 m. Die Ladung ragt nicht mehr als 1,5 m nach hinten hinaus. Bei Beförderung über eine Wegstrecke bis zu einer Entfernung von 100 km nicht mehr als 3 m. Das äußerste Ende der Ladung, das mehr als 1 m über die Rückstrahler des Fahrzeugs nach hinten hinaus ragt, ist durch Sicherungsmittel kenntlich gemacht.	☐	
9. Die Ladung ist so verstaut oder durch geeignete Hilfsmittel gesichert, dass sie unter üblichen Verkehrsbedingungen wie Vollbremsungen, scharfe Ausweichmanöver sowie Unebenheiten der Fahrbahn nicht verrutschen, verrollen, umfallen, herabfallen oder ein Kippen des Fahrzeugs verursachen kann.	☐	

**Beschleunigte Grundqualifikation
Spezialwissen Lkw**

10. Austauschbare(r) Ladungsträger (Wechselbrücken, Container, Kipp- und Absetzbehälter) ist/sind ordnungsgemäß gesichert bzw. verriegelt.	☐
11. Türen, Bordwände, Planen sind ordnungsgemäß verschlossen bzw. verriegelt.	☐
12. Wechselbrückenstützen sind zweifach gesichert.	☐
13. Unterlegkeile sind entfernt und ordnungsgemäß verstaut.	☐

Abbildung 139:
„LaSi-Check"
Quelle:
W. Bellwinkel/DGUV

1.13 Praktische Übungen

> Hier finden Sie Hinweise zur Durchführung der praktischen Übungen. Sinnvollerweise sollten Sie diese an geeigneter Stelle in den laufenden Kurs einbauen. Je nach Art und Größe der Gruppe sind unterschiedliche Zeitansätze und Abläufe geeignet, weswegen hier kein pauschaler Zeitplan vorgegeben werden kann.

Praxisübung 1

▶ **Übungen am stehendem Fahrzeug**
Die Teilnehmer sollen das Verbinden von Festenden und Losenden von verschiedenen Zurrmitteln einüben. Ebenso sollen sie das Verzurren des Ladeguts am Fahrzeug beherrschen.

↻ Übungen am stehenden Fahrzeug
- **Formschlüssige Sicherung**: Die Teilnehmer sollen:
    – die Kennzeichnungen überprüfen,
    – Zwischenräume vermeiden,
    – leichte Ladegüter nach oben stapeln.
- **Diagonalzurren**: Die Teilnehmer sollen:
    – eigenständig die Zurrmittel anlegen,
    – Zurrverfahren am Ladegut durchführen,
    – wenn nötig Kantenschutz verwenden.
- **Niederzurren**: Die Teilnehmer sollen:
    – eigenständig die Zurrmittel unter Verwendung von Kantenschützer anlegen,
    – die Vorspannkräfte messen (Normalratsche, Langhebelratsche).

Am Ende der Übungen sollen die Teilnehmer die Vor- und Nachteile der einzelnen Verzurrtechniken erläutern sowie die jeweiligen angemessenen Einsatzbereiche darlegen.
Beachten Sie, dass das Verzurren unter den Rahmenlängsträgern nur eine Ersatzmaßnahme mit vielen Nachteilen und von einigen Fahrzeugherstellern nicht zugelassen ist.

Beschleunigte Grundqualifikation
Spezialwissen Lkw

Praxisübung 2

▶ **Fahrübungen mit beladenem Fahrzeug**
Die Teilnehmer sollen mit mithilfe von rutschhemmenden Materialen die Ladung sichern können. Ebenso sollen sie in der Lage sein, die Ladung unter Formschluss sichern zu können.

↻
- Die Teilnehmer sollen zwei Paletten auf der Ladefläche im Abstand von mindestens 2,5 m von der Stirnwand abstellen.
- Dabei sollen sie eine Palette auf eine Antirutschmatte legen.
- Durch Bremsversuche sollen sie erkennen, dass die Palette mit Antirutschmatte sich weniger bewegt.
- Klären Sie, welche physikalische Begründung (Veränderung des Gleitreibwerts μ_D) hinter diesem Verhalten steckt.
- Fragen Sie, wie man die Ladung weiter sichert.
- Lösung: mit Formschluss nach vorn, mithilfe von Holzmaterialien, aufblasbaren Luftsäcken oder Schaumstoffpolstern.
- Lassen Sie die Teilnehmer anschließend die Ladung unter Formschluss sichern.

Praxisübung 3

Übung am stehenden Fahrzeug
- Die Teilnehmer sollen vorhandene Ladungsteile unter Berücksichtigung des für diesen Lkw vorliegenden Lastverteilungsplans auf der Ladefläche sichern, Formschluss ist dabei zu bevorzugen.

Praxisübung 4

Übung am stehenden Fahrzeug
- Die Teilnehmer sollen anhand von gebrauchten Ladungssicherungshilfsmitteln deren Ablegereife erkennen und erläutern.

Praxisübung 5

Übung am stehenden Fahrzeug
- Die Teilnehmer sollen den sicheren Umgang mit Handhubwagen und Hubladebühne unter Berücksichtigung der Betriebsanleitungen und des Tragkraftdiagramms üben. Dabei sind Sicherheitsschuhe und Schutzhandschuhe zu benutzen.

Ladungssicherung 1.13

⚠ Sicherheitsregeln

- Die Übungen nicht auf öffentlichen Straßen durchführen.
- Sichern bzw. sperren Sie den Übungsbereich ab.
- Die Bremsungen mit einer geringen Geschwindigkeit durchführen und dabei kurze Entfernungen zurücklegen.
- Die Teilnehmer müssen einen ausreichenden Abstand zum Fahrzeug einhalten.
- Verwenden Sie nur Ladungen, die geringfügig beschädigt werden können.
- Treffen Sie ausreichende Vorsorge, dass es zu keinen Beschädigungen des Fahrzeugs bzw. des Aufbaus kommt.
- Klären Sie die mögliche Schadensabwicklung im Vorfeld mit Ihrem Versicherer.

Beschleunigte Grundqualifikation
Spezialwissen Lkw

2 Kenntnis der Vorschriften für den Güterverkehr

> Dieses Kapitel behandelt Nr. 2.2 der Anlage 1 der BKrFQV

2.1 Kenntnisse der allgemeinen Vorschriften im Güterkraftverkehrsrecht

▶ Die Teilnehmer sollen einen Überblick über die wichtigsten im gewerblichen Güterkraftverkehr geltenden Rechtsvorschriften bekommen.

↻ Erläutern Sie die nachfolgend dargestellten Rechtsvorschriften mit den wesentlichen Regelungsinhalten zum Güterkraftverkehr.

🕒 Ca. 60 Minuten

💻 Führerschein: Fahren lernen Klasse C, Lektion 9
Weiterbildung: Modul 2, (Sozial)Vorschriften für den Güterverkehr

Unser Rechtssystem regelt unser aller Zusammenleben und hat zum verfassungsgemäßen Ziel, ein friedliches Miteinander und in gewissem Maße Chancengleichheit herzustellen. Dazu wird grundsätzlich nach zwei Rechtsbereichen unterschieden – dem öffentlichen Recht und dem Zivilrecht. Während beim öffentlichen Recht der Staat dem Bürger übergeordnet ist, sind die Parteien im Zivilrecht grundsätzlich gleichberechtigt. Dass es sich bei einer Rechtsvorschrift um öffentliches Recht handelt, erkennt man häufig daran, dass ein Verstoß dagegen mit Strafe oder Geldbuße bedroht ist.

Öffentliches Recht

Das **Gü**ter**k**raftverkehr**g**esetz – GüKG – zählt beispielsweise zum öffentlichen Recht. Damit wacht der Staat über den Zugang zum Transportgewerbe, weil nur rechtstreue, vertrauenswürdige und wirtschaftlich leistungsfähige Unternehmer ihre Dienstleistung erbringen sollen. Verstöße gegen Pflichten aus diesem Regelwerk stellen in der Regel eine Ordnungswidrigkeit dar und werden mit einer Geldbuße geahndet.

**Beschleunigte Grundqualifikation
Spezialwissen Lkw**

AUFGABE/LÖSUNG

Nennen Sie Verkehrsvorschriften, die dem öffentlichen Recht zuzuordnen sind und begründen Sie, warum es sich um öffentliches Recht handelt!

- Straßenverkehrsgesetz
- Straßenverkehrsordnung
- Straßenverkehrszulassungsverordnung
- Sozialvorschriften

Begründung:
Der Verkehrsteilnehmer muss sich diesen Regeln unterordnen und Verstöße gegen die Vorschriften werden als Ordnungswidrigkeit oder auch als Straftat geahndet.

Zivilrecht

Das **B**ürgerliche **G**esetz**b**uch – BGB – und das **H**andels**g**esetz**b**uch – HGB – hingegen sind zivilrechtliche Regelungen. Mit solchen Gesetzen soll die Wahrung der guten Sitten im Geschäfts- und Zusammenleben erreicht werden. Die Geschäftspartner sind vor diesen Regelwerken gleichberechtigt. Sie können untereinander Verträge aushandeln und müssen diese auch einhalten. Werden Verstöße gegen diese Regel-

Kenntnis der Vorschriften für den Güterverkehr 2.1

werke begangen, so haftet derjenige, der seine Vertragspflicht verletzt hat, gegenüber dem Verletzten und er muss den Schaden ersetzen oder eine Vertragsstrafe bezahlen. Einem Gericht kommt hier im Streitfall eigentlich die Rolle einer Schiedsstelle zu.

> **Hintergrundwissen → Gesetze** sind Rechtsvorschriften, die vom Parlament (der Volksvertretung) beschlossen und erlassen werden.
> **Verordnungen** sind Regierungserlasse, die von den zuständigen Ministerien ausgegeben werden. Dazu ist allerdings eine Ermächtigung durch ein Gesetz erforderlich.
> **Verwaltungsvorschriften** richten sich an Behörden, die Rechtsvorschriften vollziehen müssen, um eine Gleichbehandlung der Bürger zu gewährleisten.
> **Richtlinien und Normen** haben dann Gesetzes- oder Verordnungscharakter, wenn in einer Rechtsvorschrift direkt darauf verwiesen wird. Ansonsten sind diese Teil der anerkannten Regeln der Technik.
> **EG-Verordnungen** sind unmittelbar geltendes EU-Recht.
> **EG-Richtlinien** sind Richtlinien der EU, die erst in den Mitgliedsstaaten mit entsprechenden nationalen Gesetzen oder Verordnungen umgesetzt werden müssen.

**Beschleunigte Grundqualifikation
Spezialwissen Lkw**

Öffentliches Recht im Güterverkehr und zugehörige Regelungsbereiche

Güterkraftverkehrsgesetz – GüKG

Wer gewerblichen Güterkraftverkehr betreibt, für den gelten die Vorschriften des Güterkraftverkehrsgesetzes. Dieses regelt insbesondere Folgendes:

- Berufszugang, Genehmigungsvoraussetzungen und Erteilung der Genehmigung
- Erforderliche Begleitpapiere und deren Mitführpflichten
- Verhalten des Fahrers gegenüber Kontrollorganen (z. B. BAG und Polizei)
- Aufgaben und Befugnisse der Kontrollorgane
- Ordnungswidrigkeiten (mit Geldbuße bedrohte Handlungen)

Gesetz über die Beförderung gefährlicher Güter (GGBefG) mit Gefahrgutverordnung Straße, Eisenbahn und Binnenschifffahrt (GGVSEB) und ADR

Vor- und Nachbereitungshandlungen zum Transport von Gefahrgut und insbesondere der Transport dieser Güter selbst, sind auf europäischer Ebene einheitlich geregelt. Das „Europäische Übereinkommen über die internationale Beförderung gefährlicher Güter auf der Straße – ADR" gibt hier die einzuhaltenden Standards vor. Innerhalb der Europäischen Union sind diese Vorschriften auch im innerstaatlichen Verkehr zwingend anzuwenden.

Die Gefahrgutvorschriften regeln insbesondere Folgendes:

- Verpackung und Kennzeichnung von Gefahrgut und Gefahrgutfahrzeugen
- Schulungspflicht für Fahrzeugführer und andere Transportbeteiligte
- Mitzuführende Begleitpapiere
- Mitzuführende Ausrüstungsgegenstände
- Alkoholverbot vor und während der Beförderung
- Ladungssicherung und sonstige Be-/Entladevorschriften
- Beschaffenheit des Fahrzeugs
- Streckenverbote und einzuhaltende Fahrwege
- Verhalten des Fahrers gegenüber Kontrollorganen
- Ordnungswidrigkeiten (mit Geldbuße bedrohte Handlungen)

Kenntnis der Vorschriften für den Güterverkehr

Kreislaufwirtschafts- und Abfallgesetz – Krw-/AbfG

Abfall soll aus Gründen des Umweltschutzes nur dort entsorgt werden, wo dies erlaubt ist und wo es nach umweltverträglichen Gesichtspunkten geschieht. Besonders gilt dies für gefährliche Abfälle, welche die Bezeichnung „Sondermüll" verdienen. Dazu werden im Kreislaufwirtschafts- und Abfallgesetz Regeln aufgestellt, die für den Transport solcher Abfälle gelten. Die wichtigsten Regelungen sind folgende:

- Zuordnung von gefährlichen Abfällen, deren Verbringung besonders überwacht wird
- Transportgenehmigung für gefährliche Abfälle
- Mitzuführende Begleitpapiere
- Kennzeichnungspflicht für Fahrzeuge mit dem „A"-Schild
- Ordnungswidrigkeiten (mit Geldbuße bedrohte Handlungen)

Abbildung 140:
Entsorgungsfahrzeug
Quelle: Daimler AG

Die Missachtung von **Unfallverhütungsvorschriften** der Berufsgenossenschaften ist über das Sozialgesetzbuch VII sanktioniert. Die Berufsgenossenschaft für Transport und Verkehrswirtschaft hat beispielsweise Unfallverhütungsvorschriften zur Ladungssicherung und zur Lastverteilung auf Fahrzeugen erlassen.

Weitere Güter oder Situationen, bei denen besondere Rechtsvorschriften zu beachten sind:

- Die **Beförderung von Sprengstoff** unterliegt neben den Gefahrgutvorschriften auch dem Sprengstoffgesetz (Befähigungsschein).
- Beim **Transport von Lebensmitteln und Fleischerzeugnissen** sind verschiedene Hygiene- und Kühlvorschriften zu beachten.
- Der **Transport von lebenden Tieren** unterliegt tierschutzrechtlichen Regeln, unter anderem der VO (EG) 5/2005 und der Tierschutztransportverordnung.
- Das Zollrecht ist bei der **Ein- und Ausfuhr von Waren außerhalb der Europäischen Union** zu beachten.

**Beschleunigte Grundqualifikation
Spezialwissen Lkw**

Zivilrecht im Güterverkehr

Das Handelsgesetzbuch – HGB – regelt in Ergänzung zum Bürgerlichen Gesetzbuch das Vertragsverhältnis von Kaufleuten zu ihren Geschäftspartnern und anderen Unternehmern. Regelungsbereiche des Handelsrechts für das Transportgewerbe sind beispielsweise Folgende:

- Vertragsrecht
- Pflichten der Vertragspartner
- Pflichten beim Gefahrgutversand
- Haftung bei Transportschäden und -verzögerungen
- Stellenwert und Behandlung von Begleitpapieren

2.2 Beteiligte im Güterverkehr

▶ Die Teilnehmer sollen einen Überblick über die Partner im Güterkraftverkehr erhalten und den Unterschied zwischen einem Spediteur, einem Spediteur im Selbsteintritt und einem Frachtführer (Transportunternehmer) kennenlernen. Weiterhin sollen sie lernen, zwischen einem Speditions- und einem Frachtvertrag zu unterscheiden. Sie sollen die Rechte und Pflichten kennen, die aus diesen Vertragsarten für den Fahrer erwachsen.

↻ Erläutern Sie die für den gewerblichen Gütertransport maßgeblichen Rechtsvorschriften aus dem Vierten Buch des Handelsgesetzbuches und die für den Fahrer wesentlichen Inhalte der Abschnitte „Vier – Frachtgeschäft", „Fünf – Speditionsgeschäft" und „Sechs – Lagergeschäft". Darüber hinaus sind die entsprechenden, für den internationalen Straßengüterverkehr maßgeblichen Bestimmungen des „Übereinkommens über den Beförderungsvertrag im internationalen Straßengüterverkehr (CMR)" anzusprechen.

🕓 Ca. 150 Minuten

💻 Führerschein: Fahren lernen Klasse C, Lektion 9
Weiterbildung: Modul 2, (Sozial)Vorschriften für den Güterverkehr

Bis ein Gut vom Versender zum Empfänger gelangt, durchläuft es viele Stationen und eine Reihe von Personen beschäftigt sich damit. Eine der wichtigsten Personen ist hierbei der Fahrer. Er muss dafür sorgen, dass das Gut unbeschädigt und termingerecht beim Empfänger ankommt. Seine Partner im Transportgewerbe sind

- Der Frachtführer (in der Regel der Arbeitgeber des Fahrers)
- Der Spediteur, auch im Selbsteintritt (in dem Fall der Arbeitgeber des Fahrers)
- Der Absender oder Versender
- Der Verlader
- Der Empfänger

Die rechtlichen Verpflichtungen, die sich für diese Personen aus dem Fracht- und Speditionsvertrag ergeben, sind im Handelsgesetzbuch – HGB – geregelt. Für die internationale Güterbeförderung gilt das Übereinkommen über den Beförderungsvertrag im internationalen Straßengüterverkehr (CMR). Die Regelungen des HGB für das Frachtgeschäft und die des CMR weisen in ihren wesentlichen Inhalten überwiegende Übereinstimmung auf.

Frachtführer

Frachtführer ist ein Unternehmer, der gewerblich Güter befördert. Landläufig wird dieser mit „Transportunternehmer" oder nach GüKG mit „Güterkraftverkehrsunternehmer" bezeichnet. Der Frachtführer erhält vom Absender des Gutes einen Frachtvertrag (im Gefahrgutrecht als „Beförderungsvertrag" bezeichnet). Er verpflichtet sich damit, das Gut zum Bestimmungsort zu befördern und beim Empfänger unbeschädigt und termingerecht abzuliefern.

Äußeres Kennzeichen des Frachtvertrages ist ein Frachtbrief, der in dreifacher Ausfertigung grundsätzlich vom Absender erstellt wird. Der Frachtbrief ist vom Absender zu unterzeichnen und auf Verlangen vom Frachtführer gegenzuzeichnen. Hierfür genügt allerdings auch ein entsprechender Stempelaufdruck. Die erste Ausfertigung des Frachtbriefes behält der Absender, die zweite behält der Fahrer und führt sie während der Beförderung mit und die dritte behält der Frachtführer. In der Regel führt aber der Fahrer auch die dritte Ausfertigung mit sich und gibt sie nach Beendigung der Tour bei seinem Unternehmen ab. Ein ausgefüllter CMR-Frachtbrief, der auch für den innerstaatlichen Straßengüterverkehr verwendet werden kann, ist nachfolgend in Kapitel 2.4 enthalten.

Inhalt eines Frachtbriefes nach HGB beziehungsweise CMR:

Inhalt	nach:	
	HGB	CMR
Ort und Tag der Ausstellung	X	X
Name und Anschrift des Absenders	X	X
Name und Anschrift des Frachtführers	X	X
Stelle und Tag der Übernahme des Gutes sowie die für die Ablieferung vorgesehene Stelle	X	X
Name und Anschrift des Empfängers und eine etwaige Meldeadresse	X X	X –

Kenntnis der Vorschriften für den Güterverkehr 2.2

Die übliche Bezeichnung der Art des Gutes und die Art der Verpackung, bei gefährlichen Gütern ihre nach den Gefahrgutvorschriften vorgesehene, sonst ihre allgemein anerkannte Bezeichnung	X	X
Anzahl, Zeichen und Nummern der Frachtstücke	X	X
Das Rohgewicht oder die anders angegebene Menge des Gutes	X	X
Die vereinbarte Fracht und die bis zur Ablieferung anfallenden Kosten sowie ein Vermerk über die Frachtzahlung	X X	X –
Den Betrag einer bei Ablieferung des Gutes einzuziehenden Nachnahme	X	X
Weisungen für die Zoll- und sonstige amtliche Behandlung des Gutes	X	X
Eine Vereinbarung über die Beförderung in offenem, nicht mit Planen gedecktem Fahrzeug oder auf Deck	X	–
Die Angabe, dass die Beförderung trotz einer gegenteiligen Abmachung den Bestimmungen dieses Übereinkommens unterliegt	–	X
Das Verbot, umzuladen	–	X
Die Kosten, die der Absender übernimmt	–	X
Die Angabe des Wertes des Gutes und des Betrages des besonderen Interesses an der Lieferung	–	X
Weisungen des Absenders an den Frachtführer über die Versicherung des Gutes	–	X
Die vereinbarte Frist, in der die Beförderung beendet sein muss	–	X
Ein Verzeichnis der dem Frachtführer übergebenen Urkunden	–	X
Ggf. weitere Angaben	X	X

⚠️ Anmerkung: Gemäß § 7 GüKG sind im Beförderungspapier jedoch nur folgende Angaben erforderlich:
- Das beförderte Gut
- Der Belade- und Entladeort sowie
- Der Auftraggeber

(vgl. nachfolgend K. 2.4: „Vorschriften über das Mitführen und Erstellen von Beförderungsdokumenten")

**Beschleunigte Grundqualifikation
Spezialwissen Lkw**

> ➕ **Hintergrundwissen** → Mit dem Transportrechtsreformgesetz – TRG – wurde zum 1. Juli 1998 das HGB hinsichtlich des Fracht- und Speditionsgeschäfts geändert und die Kraftverkehrsordnung – KVO – wurde mit Artikel 9 dieses Gesetzes aufgehoben.
> Welchen Inhalt ein Frachtbrief, der vom Frachtführer verlangt werden kann, haben sollte, ist in § 408 HGB geregelt.
> Das CMR vom 19. Mai 1956 bestimmt größtenteils gleich lautende Inhalte eines CMR-Frachtbriefes für den internationalen Straßengüterverkehr in Artikel 6.

Wichtige Rechte und Pflichten, die sich aus dem Frachtvertrag ergeben:

Der Absender
- Teilt dem Frachtführer rechtzeitig Art der Gefahr und gegebenenfalls notwendige Vorsichtsmaßnahmen mit, wenn es sich um Gefahrgut handelt
- Verpackt das Transportgut so, dass es vor Verlust oder Beschädigung geschützt ist
- Kennzeichnet das Transportgut, wenn dies erforderlich ist (z. B. Schwerpunktlage, Anschlagpunkte für Sicherungsmittel, „Vorsicht zerbrechlich", etc.)
- Verlädt, staut und befestigt das Transportgut beförderungssicher
- Verlädt das Transportgut innerhalb einer angemessenen Frist und vermeidet unnötige Standzeiten
- Zahlt eine Entschädigung für unangemessene Standzeiten
- Erstellt Zollpapiere sowie die sonst für die amtliche Behandlung erforderlichen Begleitpapiere und stellt die erforderlichen Urkunden zur Verfügung
- Kann Weisungen zur Behandlung des Gutes erteilen

Kenntnis der Vorschriften für den Güterverkehr

2.2

AUFGABE/LÖSUNG

Welche Kennzeichnungen auf Transportgütern kennen Sie und wie ist die Ware demnach zu behandeln, worauf achten Sie?

| Oben | Vor Nässe schützen | Schwerpunkt | Anschlagen hier |

| Zerbrech-lich | Stapellast | Vor Hitze/Sonne schützen |

Der Frachtführer (und sein verlängerter Arm, der Fahrer)
- Verlädt das Transportgut betriebssicher
- Stellt die notwendigen Hilfsmittel zur Ladungssicherung und das für den Transport geeignete Fahrzeug zur Verfügung
- Beachtet die Weisungen des Absenders zum Transport des Gutes

Abbildung 141: Pflicht des Frachtführers: Betriebssichere Verladung

**Beschleunigte Grundqualifikation
Spezialwissen Lkw**

- Liefert das Transportgut termingerecht und unbeschädigt beim Empfänger ab
- Darf die Annahme von Gefahrgut, das ihm nicht vorher vom Absender mitgeteilt wurde, verweigern beziehungsweise dieses ausladen, einlagern, zurückbefördern oder gegebenenfalls vernichten oder unschädlich machen
- Hat bei Verweigerung der Annahme durch den Empfänger oder bei sonstigen Ablieferungshemmnissen Weisungen des Absenders einzuholen (der Fahrer hat dies über sein Unternehmen einzuholen)
- Zieht die vereinbarte Nachnahme ein und übergibt das Gut erst nach Bezahlung dieses Betrages an den Empfänger

Abbildung 142:
Ablauf über
Frachtführer

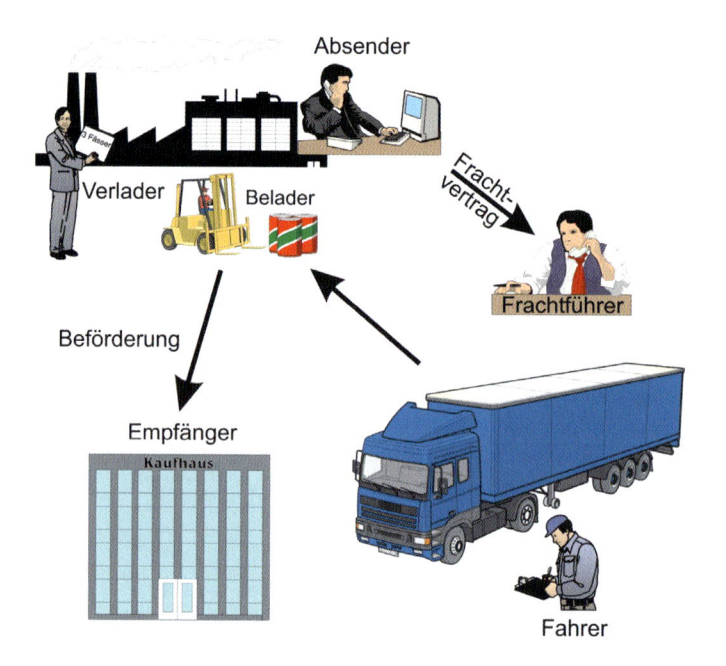

Bei **Beförderung von Umzugsgut** gelten für den Frachtführer besondere Regeln.

Der Frachtführer
- Baut Möbel auf und ab und ver- beziehungsweise entlädt das Umzugsgut
- Verpackt und kennzeichnet das Umzugsgut
- Unterrichtet den Absender, wenn dieser ein Verbraucher (eine Privatperson) ist, über Zoll- und Verwaltungsvorschriften

- Muss vom Absender nur allgemein über die Gefahren von Umzugsgut in Kenntnis gesetzt werden, wenn es sich um Gefahrgut handelt und der Absender ein Verbraucher (eine Privatperson) ist

Spediteur

Der Spediteur besorgt die Versendung von Gütern, so steht es jedenfalls im HGB. Das bedeutet, dass der Versender als Auftraggeber den Spediteur verpflichtet, die Güterbeförderung zu organisieren. Dies bedeutet:

- Der Spediteur bestimmt das Beförderungsmittel (Lkw, Eisenbahn und/oder Schiff) und die Beförderungswege
- Er schließt grundsätzlich die notwendigen Frachtverträge mit Transportunternehmern in eigenem Namen, kann aber auch die Beförderung im Selbsteintritt vornehmen
- Er gibt den Speditionsauftrag unter Umständen ganz oder teilweise an andere Spediteure weiter
- Er kann Lagerverträge abschließen
- Er gibt die Weisungen und Informationen weiter, die die Behandlung des Gutes betreffen, ist seinerseits aber an die Weisungen des Versenders gebunden
- Er sichert gegebenenfalls die Schadensersatzansprüche des Versenders

Darüber hinaus können Versender und Spediteur noch weitere Leistungen vereinbaren. Zum Beispiel, dass der Spediteur die Ware versichert, verpackt, kennzeichnet oder die Zollbehandlung regelt.
Werden diese Leistungen nicht auf den Spediteur übertragen, so bleibt dies die Pflicht des Versenders. Darüber hinaus muss der Versender erforderliche Urkunden zur Verfügung stellen und alle Auskünfte erteilen, die der Spediteur zur Erfüllung seiner Aufgaben benötigt. Handelt es sich bei der Ware um Gefahrgut, so hat der Versender dem Spediteur die erforderlichen Angaben nach Gefahrgutrecht rechtzeitig schriftlich mitzuteilen.

Durch Speditionsvertrag wird der Spediteur zum Absender und hat dieselben Pflichten, die für den Absender oben beschrieben sind.
Dies ist insbesondere bei der Erstellung eines Frachtbriefes von Bedeutung, da in die Rubrik „Absender" nicht der Versender, sondern der

**Beschleunigte Grundqualifikation
Spezialwissen Lkw**

Spediteur einzutragen ist. Das ist nicht nur nach HGB oder CMR von Bedeutung, sondern auch bei der Beförderung von Gefahrgut; in diesem Fall spricht man dann nicht von Versender, sondern vom Auftraggeber des Absenders.

Abbildung 143:
Ablauf mit Spediteur

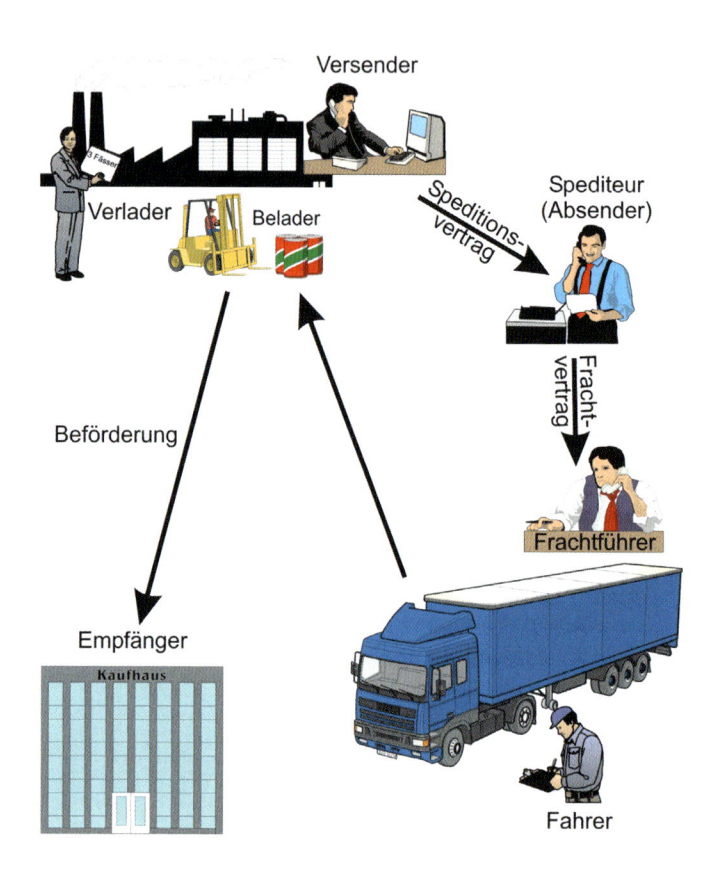

Absender oder Versender

Der Absender hat mit dem Frachtführer einen Frachtvertrag (oder Beförderungsvertrag im Sinne des Gefahrgutrechts) geschlossen. Die Verpflichtungen, die sich für den Absender gegenüber dem Frachtführer ergeben, wurden oben erläutert.

Der Absender haftet für Transport- oder Verzögerungsschäden, die ihm zuzurechnen sind, beispielsweise bei ungenügender Verpackung und Kennzeichnung der Ware. Er haftet weiterhin für Schäden, die auf fehlenden, falschen oder unvollständigen Angaben im Frachtbrief oder in sonstigen Dokumenten beruhen.

Kenntnis der Vorschriften für den Güterverkehr

Der Versender hat mit einem Spediteur einen Speditionsvertrag geschlossen und überlässt diesem die Transportabwicklung. Der Frachtvertrag wird durch den Spediteur mit dem Frachtführer geschlossen, wobei der Spediteur die Güterbeförderung allerdings auch im Selbsteintritt ausführen kann. Die Verpflichtungen, die sich für den Versender ergeben, wurden oben erläutert.

Verlader

Verlader ist, wer als unmittelbarer Besitzer das Gut zur Beförderung übergibt. Allerdings handelt es sich beim Verlader nicht um den Logistiker, der mit dem Gabelstapler die Ware auf den Lkw verlädt, sondern um dessen Vorgesetzten, der zur eigenständigen Leitung des Verladebetriebes bestellt ist und der entsprechende Entscheidungsbefugnisse hat. Eine derartige Befugnis ist zum Beispiel, ein Fahrzeug zur Beladung abzulehnen, wenn er der Ansicht ist, dass die Ladung darauf nicht ordnungsgemäß gesichert werden kann, obwohl die Ware beförderungssicher verpackt ist.
Dies ist für die Verkehrssicherheit insoweit von Bedeutung, da der Verlader ebenso für die Ladungssicherung verantwortlich ist wie der Fahrer.

> ⚠️ Ist der Fahrer der Ansicht, dass die Ladung nicht ordnungsgemäß gesichert werden kann, so ist er gehalten, Kontakt mit seinem Unternehmen aufzunehmen, um weitere Weisungen einzuholen.

Bei der Übergabe von Gefahrgut hat der Verlader weitere Pflichten nach ADR und GGVSEB. Er muss den Fahrer beispielsweise auf das Gefahrgut hinweisen und darf dieses nicht übergeben, wenn die Verpackung beschädigt oder ungenügend verschlossen ist.
Trotz dieser Hinweispflicht sollte der Fahrer auf Kennzeichnungen nach Gefahrgutrecht auf der übergebenen Ware achten, da sich für ihn dann weitere Pflichten ergeben. Eine Pflicht kann zum Beispiel sein, dass er im Besitz einer ADR-Schulungsbescheinigung sein und diese auch mitführen muss.

Beschleunigte Grundqualifikation
Spezialwissen Lkw

Bei der Übernahme der Güter überprüft der Fahrer Folgendes:

- **Vollzähligkeit/Übereinstimmung** der Güter mit den Angaben im Lieferschein bzw. sonstigen Dokumenten
- Gibt es besondere **Weisungen zur Behandlung der Ware** (z. B. vor Nässe, Frost, Sonne schützen, Stapelungsverbot etc.)?
- Die Ware beziehungsweise Verpackung ist **unbeschädigt**
- Handelt es sich um **Gefahrgut?**
- Die **Begleitpapiere** wurden vollständig übergeben und die Übernahme wurde quittiert
- Der **Frachtbrief** ist erstellt und die erforderlichen Angaben sind enthalten
- Die **Adresse des Empfängers** ist vollständig und die **Adresse der Entladestelle** ist angegeben, sofern diese eine andere ist
- Das **Ladungsgewicht** überschreitet nicht die höchstzulässige Nutzlast beziehungsweise das zulässige Gesamtgewicht
- Die **Last** ist auf dem Fahrzeug **richtig verteilt** und die **Ladung** vorschriftsmäßig **gesichert**
- Ist bei Ablieferung des Gutes eine **Nachnahmegebühr** einzuziehen?
- Sind die **Paletten** zu **tauschen**?

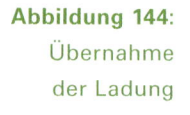

Abbildung 144: Übernahme der Ladung

Sollte der Fahrer bei seinen Überprüfungen Unregelmäßigkeiten feststellen, so trägt er einen entsprechenden Vermerk in den Frachtbrief ein. Gleiches gilt, wenn der Fahrer aufgrund sonstiger Umstände die Überprüfungen auf Vollzähligkeit und Schadensfreiheit nicht vornehmen konnte. Ein Beispiel hierfür wäre, wenn eine verplombte Wechselbrücke zur Beförderung übernommen wird und er deshalb keinen Blick auf die Ladefläche werfen konnte.

Empfänger

Empfänger ist, wer nach den Weisungen des Absenders das Transportgut in Besitz nimmt.
Sollte der Empfänger die Annahme wegen Beschädigung, verspäteter Lieferung oder Unvollständigkeit verweigern, so sollte der Fahrer unverzüglich Kontakt mit seinem Unternehmen aufnehmen, um weitere Weisungen zu erhalten. Andernfalls hat der Empfänger die Ware unverzüglich zu entladen, um unnötige Standzeiten zu vermeiden.

Die Entladestelle kann eine andere sein als die Anschrift des Empfängers. Dies geht aus dem Lieferschein hervor oder kann eine Weisung des Absenders sein. Im CMR-Frachtbrief ist dies zum Beispiel in Ziffer 3 aufgeführt.

AUFGABE/LÖSUNG

Was sollten Sie als Fahrer bei der Übergabe der Ware an den Empfänger beachten und überprüfen?

- Die Güter sind vollzählig übergeben und die Übernahme durch den Empfänger bestätigt
- Alle Versandstücke beziehungsweise Ladungsteile sind unbeschädigt
- Für den Fall, dass Beschädigungen vorhanden sind, wurde ein Protokoll gefertigt
- Alle zusätzlichen Dokumente und Begleitpapiere wurden übergeben
- Die ggf. zu erhebende Nachnahmegebühr wurde vollständig bezahlt und quittiert
- Tauschpaletten wurden in der geforderten Anzahl übernommen

Beschleunigte Grundqualifikation
Spezialwissen Lkw

2.3 Grundlagen der Güterbeförderung

▶ Die Teilnehmer sollen wissen, welche Genehmigungsvarianten zum Güterkraftverkehr berechtigen. Darüber hinaus sollen sie die Unterscheidung zwischen gewerblichem Güterverkehr und Werkverkehr treffen können.

↻ Erläutern Sie die Vorschriften des Güterkraftverkehrsgesetzes, die die Voraussetzung für die Betätigung im Güterkraftverkehrsgewerbe darstellen. Zeigen Sie den Unterschied zum Werkverkehr auf.

⏱ Ca. 150 Minuten

🖥 Führerschein: Fahren lernen Klasse C, Lektion 9
Weiterbildung: Modul 2, (Sozial)Vorschriften für den Güterverkehr

Erscheinungsformen des Güterkraftverkehrs

↻ Erarbeiten Sie auf einem Flipchart oder anhand der Präsentationsmedien folgende Übersicht!

AUFGABE/LÖSUNG

Füllen Sie die folgende Übersicht aus:

Gewerblicher Güterkraftverkehr	Werkverkehr
Fuhrunternehmen (Frachtführer)	— Herstellerbetriebe (früher häufig z. B. Möbelhersteller)
— Umzugsverkehr	
— Abfalltransporte	
— Lebensmitteltransporte im Kühlfahrzeug	— Handelsketten
	— Chemikalienhandel
— Gefahrguttransporte	— Baugewerbe mit dem Baustellenverkehr
— Tank- und Silotransporte	
— Nah- und Verteilerverkehr	— Weitere
— Containerbeförderung im Kombiverkehr	
— Wechselbrücken	
— Kurierdienste	
— ...	
Spedition im Selbsteintritt	**Private Transporte**

Kenntnis der Vorschriften für den Güterverkehr

Erlaubnis für den gewerblichen Güterkraftverkehr

Wer gewerblichen Güterverkehr mit einem Kraftfahrzeug (gegebenenfalls mit Anhänger) mit einem zulässigen Gesamtgewicht von mehr als 3,5 t betreiben will, braucht eine Erlaubnis (Abbildung siehe nächste Seite). Diese berechtigt aber ausschließlich zum innerstaatlichen Güterkraftverkehr. Die Erlaubnis gilt zunächst für fünf Jahre. Nach Ablauf dieser fünf Jahre wird die Erlaubnis jedoch unbefristet erteilt, sofern der Unternehmer weiterhin die Berufszugangsvoraussetzungen erfüllt. Leerfahrten sind nicht erlaubnispflichtig.

Die Voraussetzungen für die erstmalige und die erneute Erteilung einer Erlaubnis sind:

- Die **Zuverlässigkeit** des Unternehmers oder Geschäftsführers – er muss die geltenden Rechtsvorschriften eingehalten haben und weiterhin einhalten
- Die **finanzielle Leistungsfähigkeit** des Unternehmens muss gewährleistet sein, so dass über entsprechendes Eigenkapital verfügt werden kann
- Der Unternehmer oder Geschäftsführer muss über die **fachliche Qualifikation** zur Führung des Transportunternehmens verfügen
- Es ist eine **Haftpflichtversicherung** für Güterschäden abzuschließen

Voraussetzungen zum Berufszugang Güterkraftverkehrsunternehmer

- Der Unternehmer muss über ausreichende Fachkenntnisse verfügen
- Der Unternehmer darf keine einschlägigen Eintragungen im Gewerbezentralregister haben
- Der Unternehmer darf nicht gegen die Sozialvorschriften verstoßen haben
- Der Unternehmer darf in Bezug auf seine Steuerschulden nicht wiederholt säumig sein
- Der Unternehmer muss die Fahrzeuge rechtskonform ausrüsten
- Der Unternehmer muss über genügend Geldmittel verfügen, dass er notwendige Reparaturen an seinen Fahrzeugen ausführen kann
- … (siehe auch Berufszugangsverordnung)

Beschleunigte Grundqualifikation
Spezialwissen Lkw

Abbildung 145:
Erlaubnis nach dem GüKG

Erlaubnisurkunde
für den gewerblichen Güterkraftverkehr

Nummer | Land | Bezeichnung der zuständigen Behörde

Dem Unternehmer
Name, Rechtsform und Anschrift

wird auf Grund des § 3 des Güterkraftverkehrsgesetzes (GüKG) die Erlaubnis für den gewerblichen Güterkraftverkehr erteilt.

Besonderheiten

Diese Urkunde ist bei allen Beförderungen mitzuführen und Kontrollberechtigten auf Verlangen zur Prüfung auszuhändigen. Sie ist nicht übertragbar.

Ändern sich Unternehmerbezogene Angaben, die in der Erlaubnisurkunde genannt sind, so sind das Original und die Ausfertigung der Erlaubnisbehörde zur Berechtigung vorzulegen.

Diese Erlaubnis gilt ☐ **unbefristet**
☐ **befristet vom** _____ **bis zum** _____

Erteilt in _____ am _____

Unterschrift der Erlaubnisbehörde und Dienstsiegel

⚠️ Nach § 7 Abs. 1 GüKG darf die erforderliche Berechtigung für den gewerblichen Güterkraftverkehr (Erlaubnis, Genehmigung) weder in Folie eingeschweißt, noch in ähnlicher Weise mit einer Schutzschicht überzogen sein (Bußgeld droht): Berechtigungen sind im Original mitzuführen. Durch Ablichtungen wird die Mitführungspflicht **nicht** erfüllt.

Kenntnis der Vorschriften für den Güterverkehr 2.3

> ➕ **Hintergrundwissen** → Die Erlaubnispflicht für den gewerblichen Güterkraftverkehr im Inland ergibt sich aus § 3 Güterkraftverkehrsgesetz – GüKG.
>
> Dort sind auch die Voraussetzungen genannt, die vorliegen müssen, damit die Erlaubnis erteilt, wiederholt erteilt oder nicht widerrufen wird. Bei gravierenden Rechtsverstößen und Unzuverlässigkeit des Unternehmers ist auch ein Widerruf der Erlaubnis möglich.
>
> In der EG-Richtlinie 96/26 vom 29. April 1996 sind die Zugangsvoraussetzungen zum Beruf des Kraftverkehrsunternehmers eingehend geregelt. Diese wurde in der Berufszugangsverordnung für den Güterkraftverkehr – GBZugV – in deutsches Recht umgesetzt.
>
> Ein Unternehmer muss danach über mindestens 9.000,– Euro Eigenkapital für das erste und 5.000,– Euro für jedes weitere Fahrzeug verfügen (siehe § 2 GBZugV).

Nutzt ein Unternehmer mehrere Kraftfahrzeuge beziehungsweise Fahrzeugkombinationen im erlaubnispflichtigen Güterverkehr, benötigt er für jedes dieser Fahrzeuge eine Ausfertigung seiner Erlaubnis. Diese ist beim Gütertransport in dem jeweiligen Kraftfahrzeug mitzuführen. Bevor er die Erlaubnisausfertigungen bekommt, muss er nachweisen, dass er sich die entsprechende Anzahl von Fahrzeugen leisten und für deren Betrieb aufkommen kann.

Gemeinschaftslizenz (EU-Lizenz)

Da die Erlaubnis nur zum innerstaatlichen Güterkraftverkehr berechtigt, ist für den grenzüberschreitenden Verkehr innerhalb der EU/des EWR eine Gemeinschaftslizenz erforderlich. Diese berechtigt nicht nur zum grenzüberschreitenden Güterkraftverkehr, sondern sie ersetzt auch die oben genannte Erlaubnis für den innerstaatlichen Verkehr. Sie gilt fünf Jahre.

Die Gemeinschaftslizenz berechtigt auch zu Beförderungen zwischen Deutschland und der Schweiz. Umgekehrt gilt eine Genehmigung aus der Schweiz für Güterbeförderungen innerhalb der EU/des EWR. Die Gemeinschaftslizenz gilt nicht für den Güterkraftverkehr mit Drittstaaten, wenn die EU keine entsprechenden Abkommen geschlossen hat.

Beschleunigte Grundqualifikation
Spezialwissen Lkw

Abbildung 146:
Gemeinschaftslizenz/EU-Lizenz

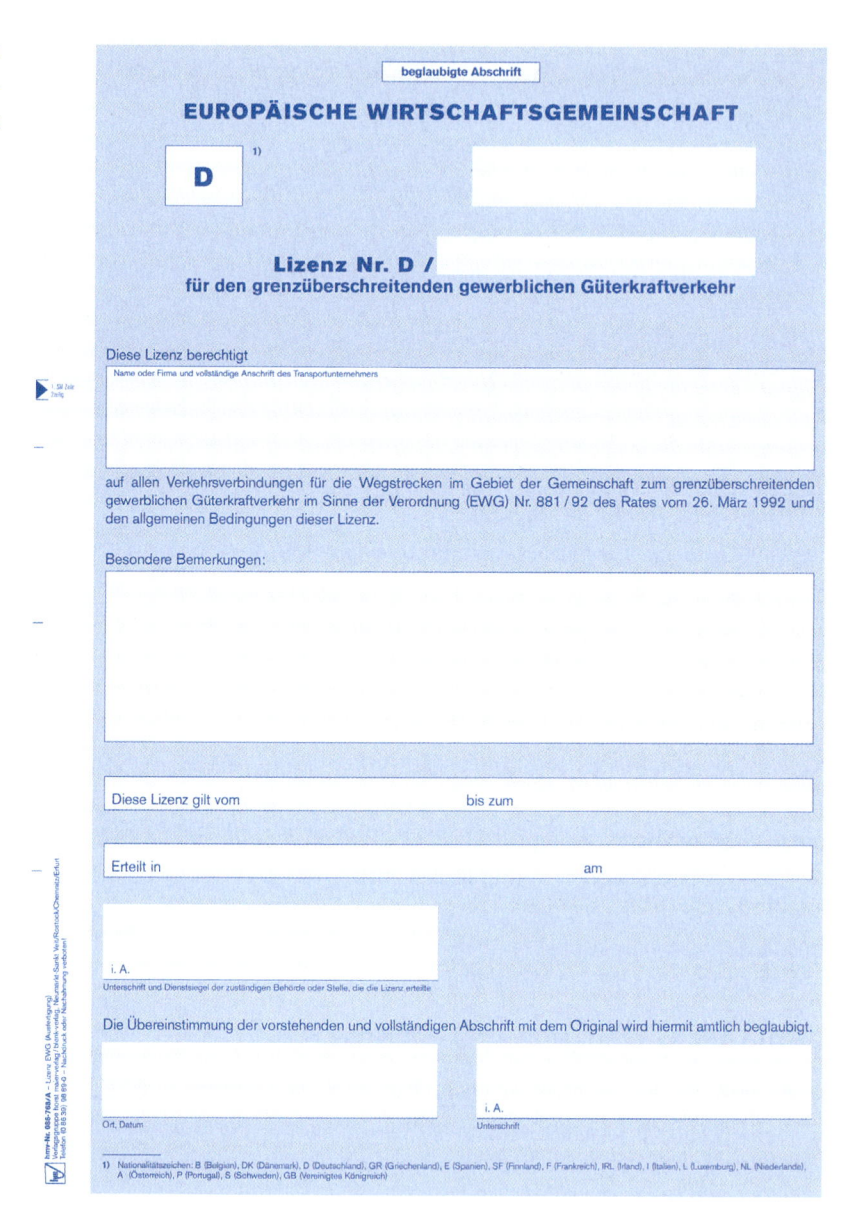

⚠️ Das Original der Gemeinschaftslizenz muss im Transportunternehmen aufbewahrt werden. Mitgeführt und vorgelegt werden darf nur eine beglaubigte Abschrift (siehe Rückseite der Lizenz), sonst droht ein Bußgeld.

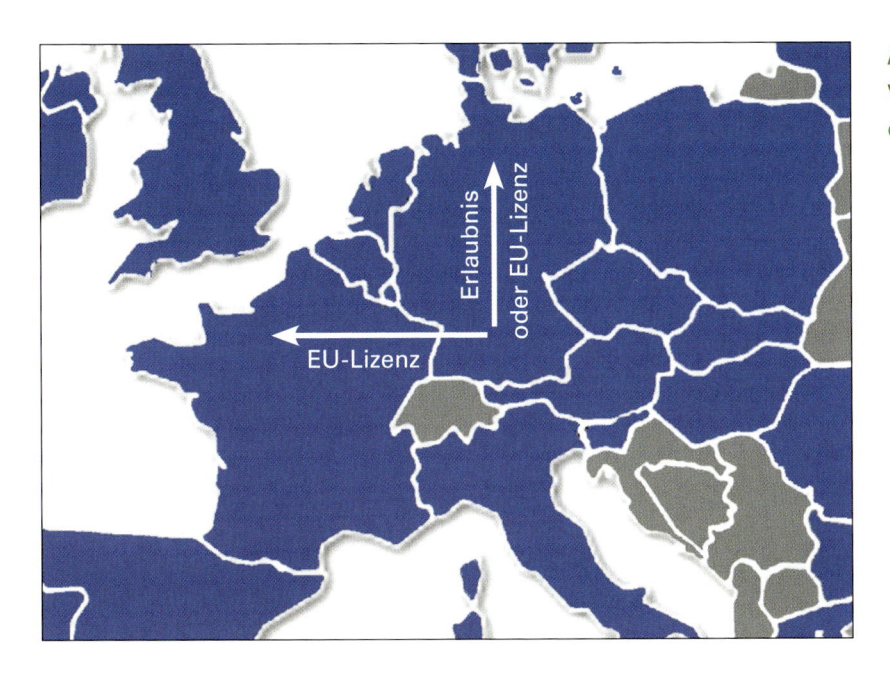

Kenntnis der Vorschriften für den Güterverkehr 2.3

Abbildung 147: Verwendung der EU-Lizenz

AUFGABE/LÖSUNG

Nennen Sie die EU- und die EWR-Staaten!

- EU-Staaten: Belgien, Bulgarien, Dänemark, Deutschland, Estland, Finnland, Frankreich, Griechenland, Großbritannien und Nordirland, Irland, Italien, Lettland, Litauen, Luxemburg, Malta, Niederlande, Österreich, Polen, Portugal, Rumänien, Schweden, Slowakei, Slowenien, Spanien, Tschechien, Ungarn, Zypern
- EWR-Staaten: Island, Liechtenstein und Norwegen

Die Voraussetzungen, die der Unternehmer für die Erteilung der Gemeinschaftslizenz erfüllen muss, sind dieselben wie die für die Erteilung der Erlaubnis zum Güterkraftverkehr.
Als Unternehmer erhält man für jedes eingesetzte Fahrzeug eine amtlich beglaubigte Kopie dieser auf das Unternehmen bezogenen Gemeinschaftslizenz.
Es dürfen auch Miet- oder Ersatzfahrzeuge, die in einem EU-/EWR-Staat zugelassen sind, zum Gütertransport eingesetzt werden. Der Mietvertrag muss dabei nicht mitgeführt werden.

Beschleunigte Grundqualifikation
Spezialwissen Lkw

Auch Gebietsfremde (aus EU-Mitgliedstaaten) dürfen innerstaatlichen Verkehr durchführen, sofern sie im Besitz einer Gemeinschaftslizenz sind; man nennt dies **Kabotageverkehr**.

Unternehmen aus Drittstaaten dürfen grundsätzlich keine Kabotageverkehre in Deutschland beziehungsweise in anderen EU-/EWR-Staaten durchführen. Mit einer CEMT-Genehmigung ist dies jedoch im Rahmen der „2+3-Regelung" möglich (siehe S. 161 unten).

> **Hintergrundwissen** → Die Gemeinschaftslizenz wird auf der Grundlage des § 5 GÜKG in Verbindung mit Artikel 3 VO (EWG) 881/92 erteilt. Sie berechtigt zum innerstaatlichen und grenzüberschreitenden Güterkraftverkehr von und nach EU-Staaten, EWR-Staaten und der Schweiz.
>
> Die Verordnung über den grenzüberschreitenden Güterkraftverkehr und den Kabotageverkehr – GüKGrKabotageV – regelt die Einzelheiten zum grenzüberschreitenden Verkehr. Der Kabotageverkehr wurde seit 2006 durch diese Verordnung deutlich eingeschränkt. Die vormalige zeitliche Beschränkung von 6 Wochen wurde in eine zahlenmäßige Beschränkung umgewandelt.
>
> Mit dem Beitritt der 10 neuen Länder zur Europäischen Union am 01.05.2004 wurde jedoch die Möglichkeit der Kabotage eingeschränkt. Für die Staaten Estland, Lettland, Litauen, Slowakei und Tschechien wurde eine insgesamt vierjährige Verbotsfrist festgelegt. Für die Staaten Polen und Ungarn wurde die Übergangsfrist bis zur Freigabe der Kabotage bis zum 30.04.2009 verlängert. Für Bulgarien und Rumänien, beigetreten zum 01.01.2007, gilt das Kabotageverbot noch bis zum 31.12.2011. Lediglich mit den Beitrittstaaten Malta, Slowenien und Zypern (griechischer Teil) wurde zum Beitrittstermin die sofortige Kabotagefreiheit vereinbart.

CEMT-Genehmigung

Anstatt der Gemeinschaftslizenz darf im grenzüberschreitenden Güterkraftverkehr mit den CEMT-Staaten auch die CEMT-Genehmigung verwendet werden.

Kenntnis der Vorschriften für den Güterverkehr 2.3

Die CEMT-Staaten, in denen die CEMT-Genehmigungen gelten, sind:

Albanien,	Mazedonien,
Armenien,	Moldau,
Aserbaidschan,	Montenegro,
Belarus,	Niederlande,
Belgien,	Norwegen,
Bosnien-Herzegowina,	Österreich,
Bulgarien,	Polen,
Dänemark,	Portugal,
Deutschland,	Rumänien,
Estland,	Russische Förderation,
Finnland,	Schweden,
Frankreich,	Schweiz,
Georgien,	Serbien,
Griechenland,	Slowakische Republik,
Irland,	Slowenien,
Italien,	Spanien,
Kroatien,	Tschechische Republik,
Lettland,	Türkei,
Liechtenstein,	Ukraine,
Litauen,	Ungarn
Luxemburg,	und Vereinigtes Königreich.
Malta,	

Die CEMT-Genehmigung berechtigt aber nicht zu innerstaatlichen Güterbeförderungen.
Mit der CEMT-Genehmigung dürfen auch Beförderungen außerhalb des Niederlassungsstaates durchgeführt werden. Diese sind aber zahlenmäßig beschränkt. So dürfen nach einer Beförderung in einen anderen CEMT-Staat insgesamt drei Beförderungen zwischen anderen Staaten durchgeführt werden. Leerfahrten zählen hier aber nicht dazu. Danach muss aber eine Beförderung oder auch Leerfahrt in oder durch den Niederlassungsstaat durchgeführt werden. Man nennt dies „2+3-Regelung".
Sämtliche Beförderungen müssen in das Fahrtenberichtsheft eingetragen werden. Das Fahrtenberichtsheft wird zusammen mit der Genehmigung ausgehändigt.

Beschleunigte Grundqualifikation
Spezialwissen Lkw

Abbildung 148:
Fahrtenberichtsheft,
1. Seite

WICHTIGE INFORMATION

1. Dieses Fahrtenberichtheft und die entsprechende CEMT-Genehmigung sind im Fahrzeug (Kraftfahrzeug) mitzuführen. Pro Genehmigung darf nur ein Fahrtenberichtheft geführt werden.

2. Fahrtenberichthefte sollten die gleiche Nummer wie die zugehörigen Genehmigungen haben; gegebenenfalls ist eine Unternummerierung erforderlich, da ein neues Fahrtenberichtheft erst dann ausgegeben werden darf, wenn das erste voll ist. Falls diese Übereinstimmung nicht besteht, kann die Genehmigung als ungültig angesehen werden.

3. Die Aufzeichnung der durchgeführten Beförderungen ist zu erstellen, um in chronologischer Reihenfolge jede beladene Fahrt zwischen der Beladestelle und der Entladestelle und darüber hinaus jede unbeladene Fahrt, bei der ein Grenzübertritt stattfindet, zu dokumentieren. Transitstellen können auch vermerkt werden; dies ist jedoch nicht zwingend erforderlich.

4. Das Fahrtenberichtheft ist vor der Abfahrt jeder beladenen Beförderung zwischen jedem Be- und Entladepunkt und auch für jede Leerfahrt auszufüllen.

5. Wird die Ladung an einem Sammelpunkt aufgenommen, sollte nur die Strecke mit der vollständigen Ladung verzeichnet werden; Sammel- und Verteilungsfahrten sind nicht zu berücksichtigen.

6. Korrekturen sind so durchzuführen, dass der ursprüngliche Wortlaut oder die ursprünglichen Zahlen weiterhin lesbar sind.

7. Die ausgefüllten Nachweisblätter müssen bis Ablauf der in der Genehmigung angegebenen Gültigkeitsdauer im Fahrtenbuch verbleiben. Die Kopien der Nachweisblätter sind herauszunehmen und innerhalb von 20 Tagen nach Ende des jeweiligen Kalendermonats bei einer Jahresgenehmigung oder innerhalb von 20 Tagen nach Ende der Gültigkeitsdauer bei Kurzzeitgenehmigungen der zuständigen Behörde oder Stelle zuzuschicken.

Kenntnis der Vorschriften für den Güterverkehr — 2.3

Abbildung 149:
Fahrtenberichtsheft, Deckblatt

D

Fahrtenberichtheft Nr.: ....

cemt   ecmt

FAHRTENBERICHTHEFT

für den
internationalen Straßengüterverkehr

in Verbindung mit der **CEMT-Genehmigung** Nr.: **D-**................

Unternehmer..
(Name)

....
(Anschrift des Wohnortes oder Firmensitzes)

Stempel

05803 Ausgegeben in **Köln**............ am ....
(Ort und Tag der Ausgabe)

Beschleunigte Grundqualifikation
Spezialwissen Lkw

Abbildung 150: Beispiel eines ausgefüllten Fahrtenberichtshefts

05803

CEMT-Genehmigung Nr.: D-00054 **Blatt Nr. 01**

	1	2	3	4	5	6	7
	a. Abfahrtsdatum b. Ankunftsdatum	a. Beladeort b. Entladeort	a. Beladeland b. Entladeland	Amtl. KFZ-Kennzeichen und Nationalitätszeichen des Zugfahrzeuges	Bruttogewicht der Ladung in t. (mit einer Dezimalstelle)	a. km-Stand bei Abfahrt b. km-Stand bei Ankunft	Anmerkungen
	a. 05.01.2009 b. 8.01.2009 + 11.01.2009	a. Hannover b. Lemberg + Istanbul	a. D b. UA + TR	K – XX – 11 D	10,0 + 10,3	a. 11.528 b. 12.705 + 14.176	2 Abladestellen
	a. 11.01.2009 b. 12.01.2009	a. Istanbul b. Ankara	a. TR b. TR	K – XX – 11 D	leer	a. 14.176 b. 14.628	
	a. 13.01.2009 b. 18.01.2009	a. Ankara b. Gent	a. TR b. B	K – yy – 22 D	15,0	a. 14.628 b. 17.890	T: Passau 17.01.2009
	a. 21.01.2009 b. 22.01.2009	a. Pullach b. Zagreb	a. D b. HR	K – yy – 22 D	10,0	a. 10.100 b. 10.694	
	a. 22.01.2009 b. 25.01.2009	a. Zagreb b. Athen	a. HR b. GR	K – yy – 22 D	12,5	a. 10.694 b. 12.260	
	a. 26.01.2009 b. 27.01.2009	a. Athen b. Tirana	a. GR b. AL	K – yy – 22 D	10,1	a. 12.260 b. 13.063	

Kenntnis der Vorschriften für den Güterverkehr 2.3

Abbildung 151: CEMT-Genehmigung

Beschleunigte Grundqualifikation
Spezialwissen Lkw

AUFGABE/LÖSUNG

Bringen Sie ein Beispiel für die „2+3-Regelung" für ein in Deutschland ansässiges Unternehmen!

Die erste Beförderung geht von Deutschland nach Kroatien. Dann wird in Kroatien Ladung aufgenommen und nach Ungarn befördert. Von Ungarn erfolgt eine Beförderung nach Rumänien und eine weitere von Rumänien zurück nach Ungarn. Nun muss man aber zumindest eine Leerfahrt zurück nach Deutschland durchführen. An Stelle dieser Leerfahrt wäre aber auch ein Gütertransport von Ungarn in die Niederlande möglich, wobei diese aber durch Deutschland hindurch vorgenommen werden muss.

(Hinweis: Dieses Beispiel kann auch in der Art abgewandelt werden, dass Leerfahrten mit in die Beispielskette aufgenommen werden. Leerfahrten zählen nicht zu den höchstens drei Fahrten zwischen anderen Mitgliedsstaaten.)

Abbildung 152: Sog. „grüne" Genehmigung (EURO 1)

Die CEMT-Genehmigung hat eine Gültigkeit vom Ausstellungsdatum bis zum Ende des Kalenderjahres beziehungsweise für ein ganzes Kalenderjahr. Es sind aber auch Kurzzeitgenehmigungen mit einer Gültigkeit von 30 Tagen möglich.
Die CEMT-Genehmigung ist nicht auf andere Unternehmer übertragbar, sie darf aber auch für Beförderungen mit Mietfahrzeugen verwendet werden. Diese Mietfahrzeuge müssen jedoch in einem EU-/EWR-Staat zugelassen sein.

Abbildung 153: Sog. „supergrüne" Genehmigung (EURO 2)

CEMT-Genehmigungen, die mit einem grünen Lastkraftwagen auf der ersten Seite gekennzeichnet sind, dürfen nur mit Kraftfahrzeugen eingesetzt werden, die weniger umweltbelastend sind. Dies ist mit einer zusätzlichen Bescheinigung nachzuweisen.

Ist zusätzlich ein „S" aufgedruckt, so müssen diese Kraftfahrzeuge lärm- und schadstoffarm sein und zusätzlich technischen Sicherheitsnormen entsprechen. Auch dies ist durch zusätzliche Bescheinigungen nachzuweisen.

Kenntnis der Vorschriften für den Güterverkehr 2.3

Ist in dem grünen Lastkraftwagen eine „3" abgedruckt so muss das Kraftfahrzeug zusätzlich zu den Anforderungen für „S" der Norm EURO-3 entsprechen. Auch dies ist durch insgesamt drei Bescheinigungen nachzuweisen.

⚠️ Die oben dargestellten Stempelaufdrucke dürfen nur noch bei bilateralen Genehmigungen auf Zeit oder für Einzelfahrten verwendet werden.

Abbildung 154:
Sog. „EURO3-sichere" Genehmigung

Seit Herbst 2006 werden EURO-4-Bescheinigungen ausgegeben. Seit Anfang 2009 gibt es auch EURO-5-Bescheinigungen. Für sie gelten entsprechende Nachweispflichten.

In einigen Ländern (Griechenland, Italien, Österreich, Ungarn) gilt nur eine beschränkte Anzahl von erteilten CEMT-Genehmigungen. Diese Genehmigungen sind durch Stempel mit den entsprechenden Länderkürzeln gekennzeichnet.

Abbildung 155:
Länderstempel Österreich

Bilaterale Genehmigung im grenzüberschreitenden Verkehr

Für Fälle, in denen die Gemeinschaftslizenz oder die CEMT-Genehmigung im grenzüberschreitenden Güterkraftverkehr nicht gilt, ist eine bilaterale Genehmigung erforderlich. Deshalb ist es notwendig, vor dem Transport von und nach Staaten, die nicht EU-/EWR- oder CEMT-Staaten sind, Kontakt mit den zuständigen Behörden aufzunehmen. Zweck dieser Kontaktaufnahme ist die Klärung der Genehmigungsvoraussetzungen, um dorthin oder von dort Gütertransporte vorzunehmen.
Für den Streckenteil in Deutschland können hier ansässige Transportunternehmer entweder eine Erlaubnis nach Güterkraftverkehrsgesetz oder eine entsprechende bilaterale Genehmigung verwenden.

Da die CEMT-Genehmigungen kontingentiert sind, ist es unter Umständen erforderlich, für notwendige Güterbeförderungen mit CEMT-Staaten eine bilaterale Genehmigung einzuholen.

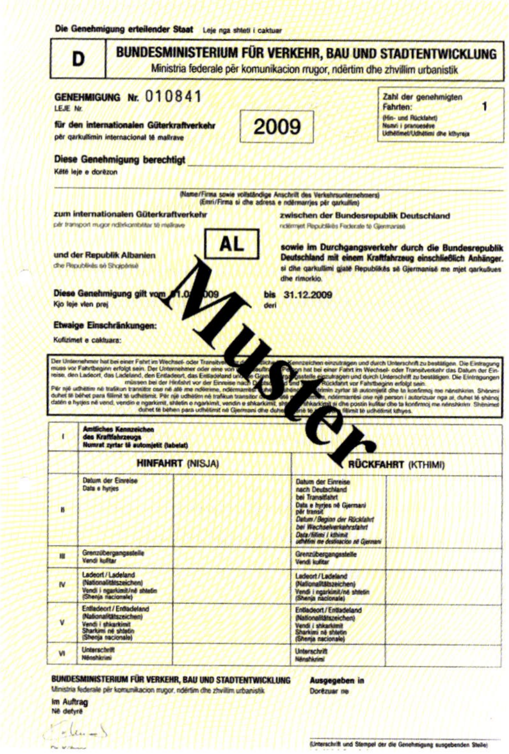

Beschleunigte Grundqualifikation
Spezialwissen Lkw

Abbildung 156: Bilaterale Genehmigung für Einzelfahrt für Fahrzeuge, bei denen lediglich die Mindestprofiltiefe von 1,6 mm vorgeschrieben ist (Vorder- und Rückseite)

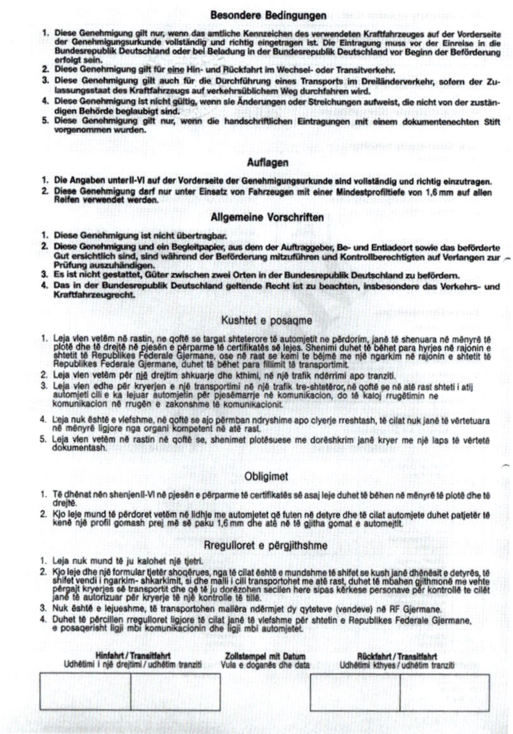

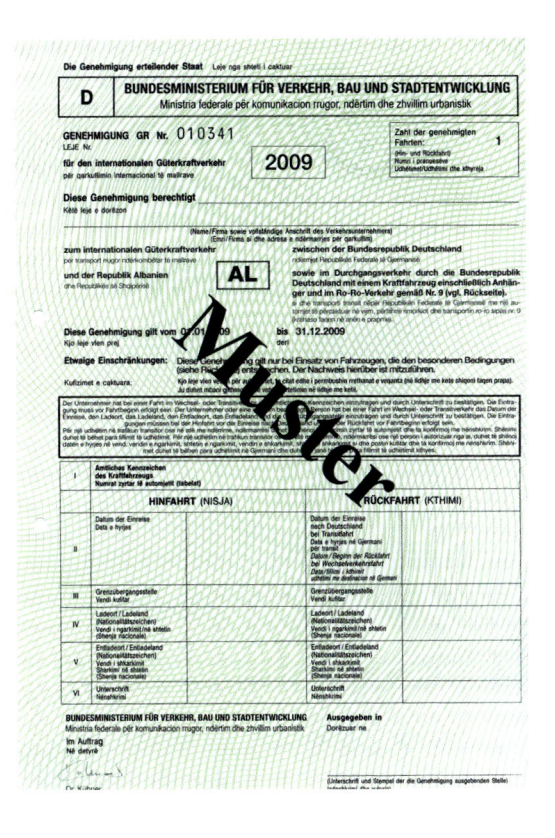

Kenntnis der Vorschriften für den Güterverkehr 2.3

Abbildung 157: Bilaterale Genehmigung für Einzelfahrt sicheres Fahrzeug (EURO 1) (Vorder- und Rückseite) mit Techniknachweis

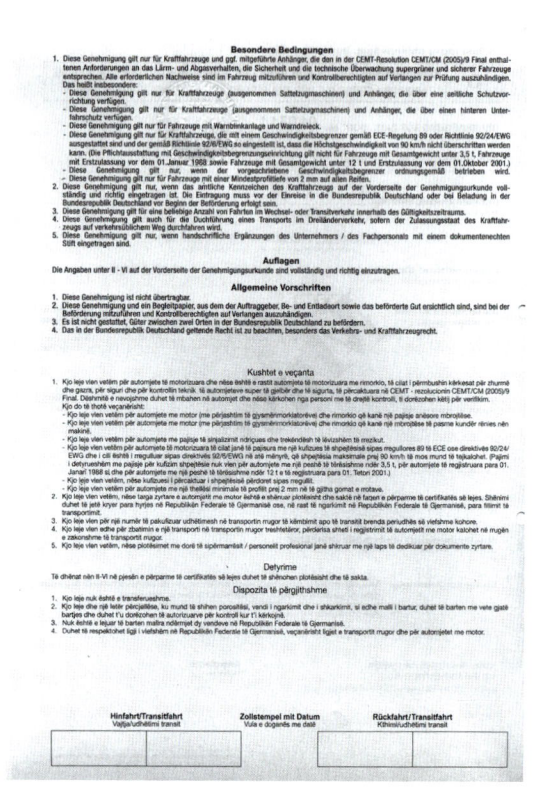

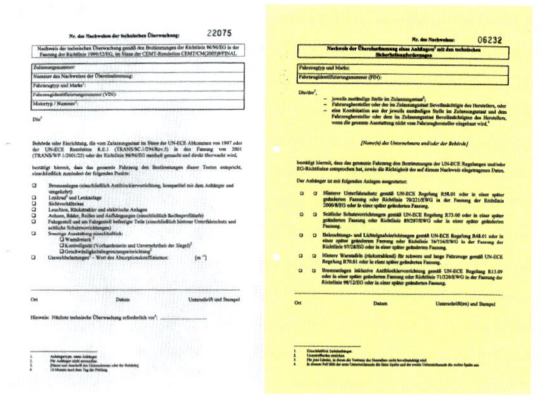

Beschleunigte Grundqualifikation
Spezialwissen Lkw

Abbildung 158:

Bilaterale Genehmigung auf Zeit (in der Regel ein Jahr), supergrün (EURO 2) (Vorder- und Rückseite), sowie Techniknachweise, TÜV-Bescheinigung und Dokument für Anhänger

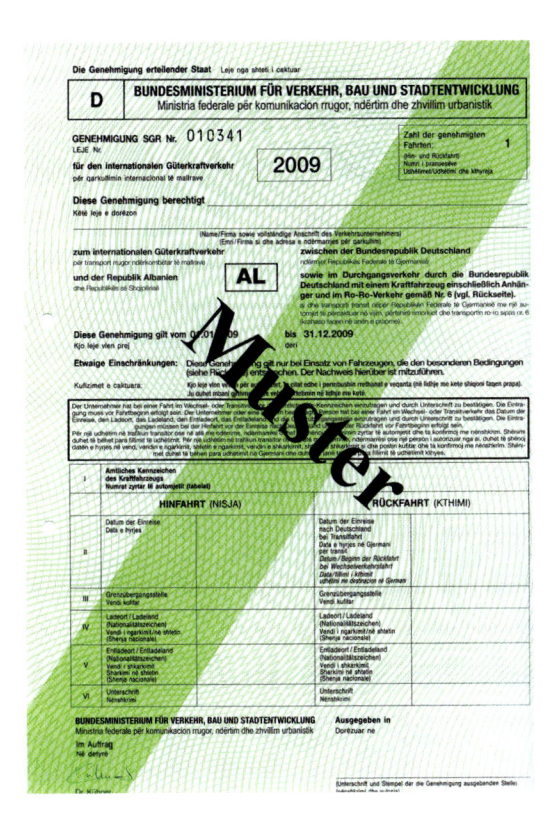

Kenntnis der Vorschriften für den Güterverkehr

Abbildung 159:

Bilaterale Genehmigung für Einzelfahrt, supergrün (Vorder- und Rückseite)

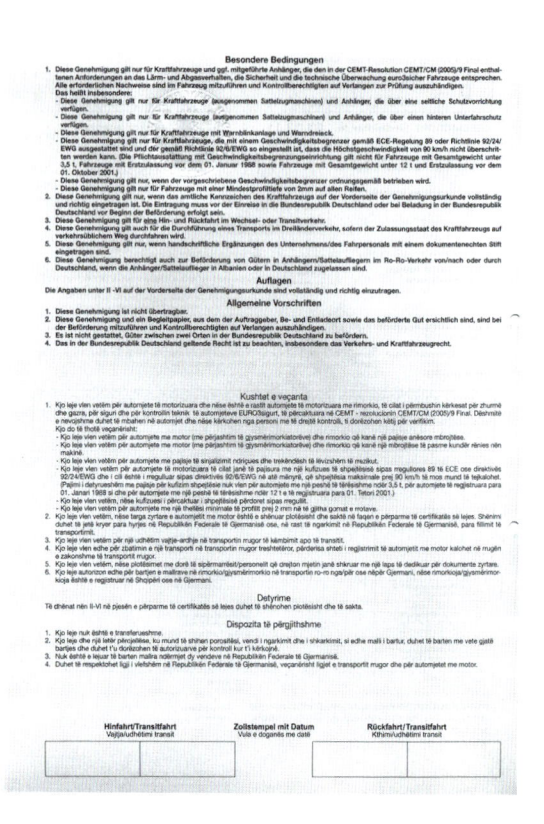

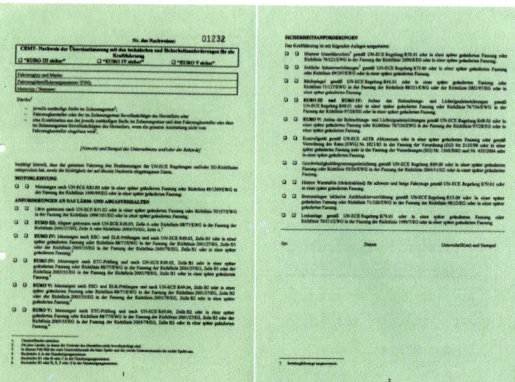

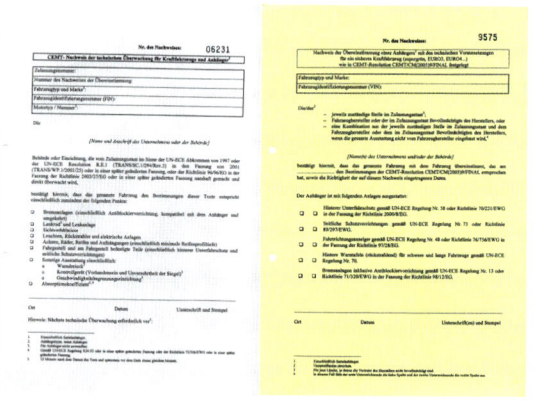

Beschleunigte Grundqualifikation
Spezialwissen Lkw

Abbildung 160:

Bilaterale Genehmigung für Einzelfahrt EURO-3-sichere Fahrzeuge (Vorder- und Rückseite) sowie Techniknachweise, TÜV-Bescheinigung und Dokument für Anhänger

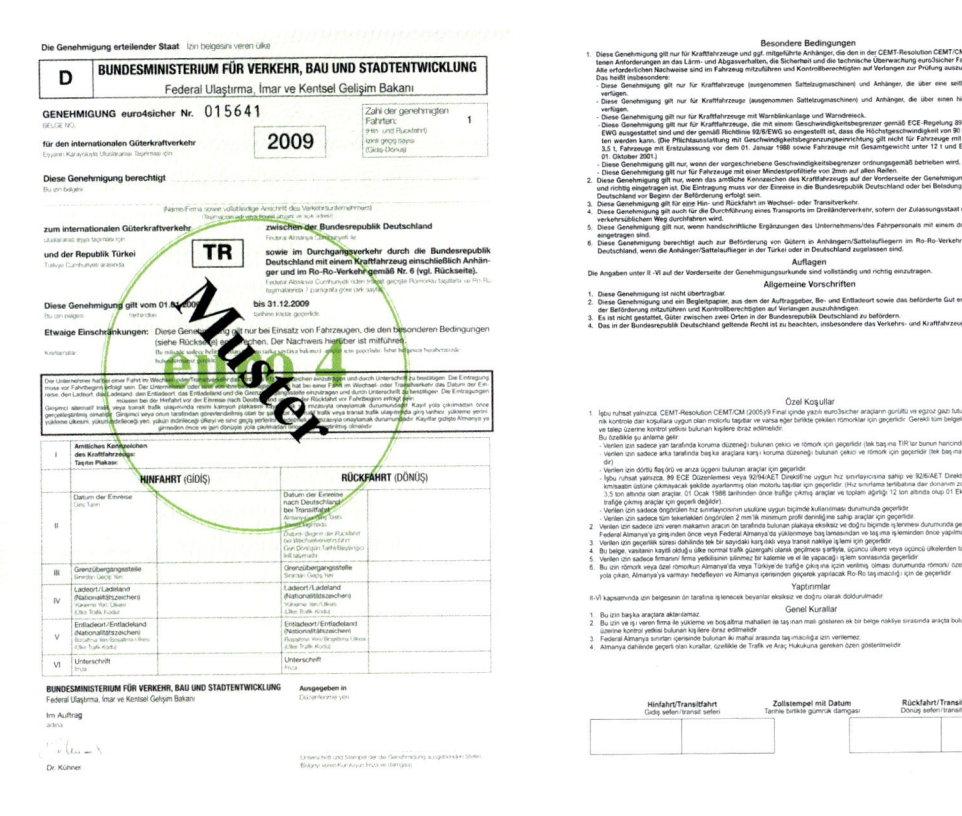

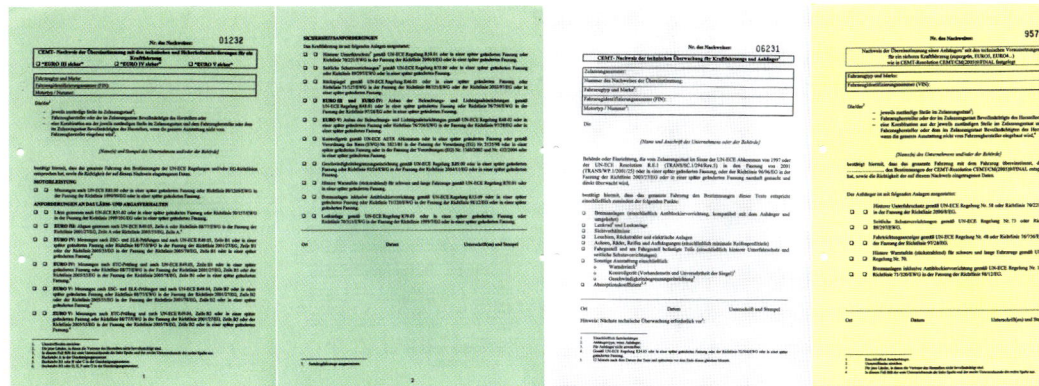

Kenntnis der Vorschriften für den Güterverkehr

2.3

Abbildung 161:

Bilaterale Genehmigung für Einzelfahrt EURO 4 sichere Fahrzeuge (Vorder- und Rückseite) sowie Techniknachweise, TÜV-Bescheinigung und Dokument für Anhänger

**Beschleunigte Grundqualifikation
Spezialwissen Lkw**

Grenzüberschreitender Kombiverkehr

Für den grenzüberschreitenden kombinierten Verkehr (Kombiverkehr) durch Unternehmer aus einem EU-/EWR-Staat ist weder eine Erlaubnis noch eine Gemeinschaftslizenz erforderlich.

Kombiverkehr liegt vor, wenn

- das Kraftfahrzeug, der Anhänger, der Wechselbehälter oder der Container mindestens sechs Meter lang ist,
- ein Teil der Strecke grenzüberschreitend auf der Straße und ein Teil mit der Eisenbahn, einem Binnenschiff oder einem Seeschiff durchgeführt wird,
- bei Kombiverkehr Straße – Schiene nur der nächstgelegene, geeignete Bahnhof angefahren wird,
- bei Kombiverkehr Straße – Binnen-/Seeschiff die Luftlinie zwischen Hafen und Ladestelle nicht mehr als 150 km beträgt.

Beim Kombiverkehr ist allerdings ein Nachweis über die Voraussetzungen des Zugangs zum Beruf des Güterkraftverkehrsunternehmers zu erbringen und auch mitzuführen. Ein solcher Nachweis kann zum Beispiel eine amtlich beglaubigte Kopie der Erlaubnisurkunde oder EU-Lizenz sein.

Abbildung 162:
Verladeterminal
Quelle: Hupac

Anzeige des Werkverkehrs

Wer Werkverkehr betreibt, muss dies beim Bundesamt für Güterverkehr anzeigen. Was unter Werkverkehr zu verstehen ist, ist im Güterkraftverkehrsgesetz geregelt. Hier der betreffende Auszug aus dem Güterkraftverkehrsgesetz:

Werkverkehr ist Güterkraftverkehr für eigene Zwecke eines Unternehmens, wenn folgende Voraussetzungen erfüllt sind:

§ 1 (2) GüKG
1. Die beförderten Güter müssen Eigentum des Unternehmens oder von ihm verkauft, gekauft, vermietet, gemietet, hergestellt, erzeugt, gewonnen, bearbeitet oder instand gesetzt worden sein.
2. Die Beförderung muss der Anlieferung der Güter zum Unternehmen, ihrem Versand vom Unternehmen, ihrer Verbringung innerhalb oder – zum Eigengebrauch – außerhalb dessen Unternehmens dienen.

Kenntnis der Vorschriften für den Güterverkehr 2.3

3. Die für die Beförderung verwendeten Kraftfahrzeuge müssen vom eigenen Personal des Unternehmens geführt werden. Im Krankheitsfall ist es dem Unternehmen gestattet, sich für einen Zeitraum von bis zu vier Wochen anderer Personen zu bedienen.
4. Die Beförderung darf nur eine Hilfstätigkeit im Rahmen der gesamten Tätigkeit des Unternehmens darstellen.

§ 1 (3) GüKG
Den Bestimmungen über den Werkverkehr unterliegt auch die Beförderung von Gütern durch Handelsvertreter, Handelsmakler und Kommissionäre, soweit
1. deren geschäftliche Tätigkeit sich auf diese Güter bezieht,
2. die Voraussetzungen nach Absatz 2 Nr. 2 bis 4 vorliegen und
3. ein Kraftfahrzeug verwendet wird, dessen Nutzlast einschließlich der Nutzlast eines Anhängers 4 Tonnen nicht überschreiten darf.

Werkverkehr spielt im Gütertransport nicht mehr die Rolle, die er früher einmal gespielt hat. Zum überwiegenden Teil wurde die Transportdienstleistung an Transportunternehmen vergeben.

AUFGABE/LÖSUNG

Nennen Sie die Voraussetzungen, unter denen Werkverkehr gegeben ist!
- Der Gütertransport darf nicht die Haupttätigkeit des Unternehmens sein.
- Die Fahrer müssen bei dem Unternehmen beschäftigt sein.
- Die Güter müssen Eigentum des transportierenden Unternehmens sein.
- Die Fahrzeuge müssen Eigentum des transportierenden Unternehmens sein.

Nennen Sie Beispiele für Werkverkehr!
- Ein Chemikaliengroßhandel, der seine Kunden mit eigenen Fahrzeugen und eigenem Personal beliefert.
- Ein Baustoffhändler, der seine Kunden mit eigenen Fahrzeugen und eigenem Personal beliefert.
- Ein Tiefbauunternehmen, das Erdaushub selbst abtransportiert.

Beschleunigte Grundqualifikation
Spezialwissen Lkw

Ausnahmen von der Genehmigungspflicht

Folgende Transportleistungen sind genehmigungsfrei:
- Wenn Vereine gelegentlich für ihre Mitglieder oder für gemeinnützige Zwecke Güter befördern. Ein Selbstkostenbeitrag ohne Gewinn darf dabei erhoben werden.
- Wenn eine Körperschaft, Anstalt oder Stiftung des öffentlichen Rechts im Rahmen des öffentlichen Auftrages Güter befördert – zum Beispiel THW, Feuerwehr oder Polizei im Rahmen der Katastrophenhilfe
- Wenn ein Abschleppdienst ein Fahrzeug von der Unfallstelle oder nach einer Panne abtransportiert
- Wenn ein Busunternehmen im Rahmen einer Busreise das Gepäck der Reisenden befördert – die Personenbeförderung muss natürlich genehmigt sein
- Die Notfallbeförderung von Medikamenten, medizinischen Geräten und Ausrüstungen sowie anderen dringend benötigten Gütern
- Die Beförderung von Milch und Milcherzeugnissen zwischen Landwirten und Molkereien durch landwirtschaftliche Unternehmer
- Güterbeförderungen im Rahmen von landwirtschaftlichen Betrieben für eigene Zwecke und im Rahmen der Nachbarschaftshilfe
- Güterbeförderungen im Rahmen eines Maschinenringes in einem Umkreis von 75 km Luftlinie um den Standort
- Wenn ein Gewerbebetrieb Betriebseinrichtungen für eigene Zwecke befördert

Abbildung 163: Von der Genehmigungspflicht ausgenommen, auch wenn sie Güter befördert: die Feuerwehr

Zusätzlich ist im **grenzüberschreitenden Güterverkehr** mit EU-/EWR-Staaten keine Gemeinschaftslizenz erforderlich, wenn folgende Beförderungen durchgeführt werden:
- Postsendungen durch öffentliche Versorgungsdienste
- Güterbeförderungen mit Kraftfahrzeugen, deren zulässiges Gesamtgewicht einschließlich Anhänger 6 Tonnen nicht übersteigt
- Güterbeförderungen mit Kraftfahrzeugen, deren Nutzlast einschließlich Anhänger 3,5 Tonnen nicht übersteigt
- Güterbeförderungen im Werkverkehr

Kenntnis der Vorschriften für den Güterverkehr 2.4

2.4 Vorschriften über das Mitführen und Erstellen von Beförderungsdokumenten

▶ Die Teilnehmer sollen einen Überblick über die wichtigsten Begleitpapiere im Güterverkehr bekommen.

↻ Erläutern Sie anhand von Bildmaterial und Musterformularen, welche Begleitdokumente es gibt.
Füllen Sie zusammen mit den Teilnehmern exemplarisch einen Frachtbrief aus.

🕒 Ca. 150 Minuten

🖥 In der Führerschein-Ausbildung wird dieses Thema nicht oder nur ansatzweise behandelt.
Weiterbildung: Modul 2, (Sozial)Vorschriften für den Güterverkehr

Begleitdokumente allgemein im Gütertransport

Güterverkehr mit:	Erforderliche Begleitdokumente
Erlaubnis für den innerstaatlichen Güterverkehr	Erlaubnisurkunde
	Beförderungsdokument (Frachtbrief)
Gemeinschaftslizenz für den innerstaatlichen oder grenzüberschreitenden Verkehr (EU/EWR)	Kopie der Gemeinschaftslizenz
	Beförderungsdokument (Frachtbrief)
CEMT-Genehmigung	Genehmigungsurkunde
	Fahrtenberichtsheft
	Beförderungsdokument (Frachtbrief)
CEMT-Genehmigung „grün"	Genehmigungsurkunde
	Fahrtenberichtsheft
	Beförderungsdokument (Frachtbrief)
	Bescheinigung über lärm- und schadstoffarmes Fahrzeug

Beschleunigte Grundqualifikation
Spezialwissen Lkw

CEMT-Genehmigung „S"	Genehmigungsurkunde
	Fahrtenberichtsheft
	Bescheinigung über lärm- und schadstoffarmes Fahrzeug sowie Nachweis über Sicherheitsüberprüfung
	Beförderungsdokument (Frachtbrief)
CEMT-Genehmigung „EURO 3"	Genehmigungsurkunde
	Fahrtenberichtsheft
	Bescheinigung über lärm- und schadstoffarmes Fahrzeug sowie Nachweis über Sicherheitsüberprüfung (Blatt 1 bis 3), je für Kraftfahrzeug und Anhänger/Sattelanhänger; zusätzlich Übersetzungshilfe in englischer und französischer Sprache
	Beförderungsdokument (Frachtbrief)
CEMT-Genehmigung „EURO 4"	Genehmigungsurkunde
	Fahrtenberichtsheft
	Bescheinigung über lärm- und schadstoffarmes Fahrzeug sowie Nachweis über Sicherheitsüberprüfung (Blatt 1 bis 3), je für Kraftfahrzeug und Anhänger/Sattelanhänger; zusätzlich Übersetzungshilfe in englischer und französischer Sprache
	Beförderungsdokument (Frachtbrief)

Kenntnis der Vorschriften für den Güterverkehr 2.4

CEMT-Genehmigung „EURO 5"	Genehmigungsurkunde	
	Fahrtenberichtsheft	
	Bescheinigung über lärm- und schadstoffarmes Fahrzeug sowie Nachweis über Sicherheitsüberprüfung (Blatt 1 bis 3), je für Kraftfahrzeug und Anhänger/Sattelanhänger; zusätzlich Übersetzungshilfe in englischer und französischer Sprache	
	Beförderungsdokument (Frachtbrief)	
CEMT-Genehmigung Umzugsverkehr	Genehmigungsurkunde (CEMT-Umzugsverkehr)	
	Beförderungsdokument (Frachtbrief)	
Kombiverkehr	Nachweis der Berufs- und Marktzugangsvoraussetzungen	
	Reservierungsbestätigung der Bahn für den Kombiverkehr oder entsprechende Bestätigung für den Schiffsverkehr	
	Beförderungsdokument (Frachtbrief)	**Abbildung 164**: Genehmigungsurkunde CEMT-Umzugsverkehr
Werkverkehr	Kein Begleitdokument erforderlich	
Landwirtschaftlicher Verkehr mit nicht steuerbefreiten Fahrzeugen	Begleitdokument über befördertes Gut, Be- und Entladeort sowie landwirtschaftlichen Betrieb, für den die Beförderung erfolgt	

⚠ Achtung: Die Erlaubnisurkunde, die Gemeinschaftslizenz und die CEMT-Genehmigung dürfen nicht in Folie eingeschweißt (laminiert) oder sonstwie oberflächenbehandelt werden.

Im Binnenverkehr (Be- und Entladeort in Deutschland) ist zusätzlich eine gültige Bestätigung über den Abschluss einer Güterschaden-Haftpflichtversicherung mitzuführen.

Beschleunigte Grundqualifikation
Spezialwissen Lkw

Abbildung 165: Bestätigung über den Abschluss einer Güterschaden-Haftpflichtversicherung

Beförderung von Gefahrgut

Begleitpapier	Hinweis
Beförderungspapier	Im gewerblichen Güterverkehr immer erforderlich, bei Stückgutbeförderung beachte aber Ausnahme 18 (S) GGAV
Schulungsbescheinigung	Im Stückgutverkehr nur erforderlich, wenn Mengengrenzen nach 1.1.3.6 ADR überschritten sind
Besondere Zulassung	Im Stückgutverkehr nur für EX II und EX III Beförderungseinheiten und nur erforderlich, wenn Mengengrenzen nach 1.1.3.6 ADR überschritten sind

Kenntnis der Vorschriften für den Güterverkehr 2.4

Schriftliche Weisungen	Im Stückgutverkehr nur erforderlich, wenn Mengengrenzen nach 1.1.3.6 ADR überschritten sind.
Sprengstoffrechtlicher Befähigungsschein	Werden Sprengstoffe im Sinne des Sprengstoffgesetzes befördert (Gefahrgut Kl. 1), so ist zusätzlich zur Schulungsbescheinigung ein Befähigungsschein nach SprengG erforderlich.

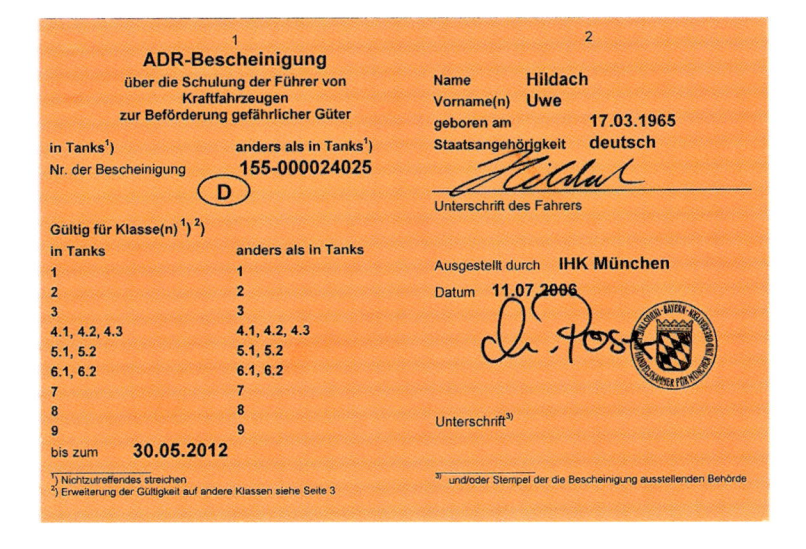

Abbildung 166: ADR-Bescheinigung

Abfall

Bei der Beförderung von Abfällen ist zusätzlich zur Erlaubnis nach Güterkraftverkehrsgesetz (außer beim Transport von nicht gefährlichen Abfällen zur Verwertung) eine Transportgenehmigung nach Abfallrecht erforderlich. Seit 1. April 2010 gilt im innerstaatlichen Verkehr dabei das elektronische Abfallnachweisverfahren – eANV. Dazu teilen Abfallerzeuger, Abfallbeförderer und das Entsorgungsunternehmen den zuständigen Behörden die Behandlung des Abfalls auf elektronischem Weg mit. Seit 1. Februar 2011 muss der elektronische Abfallnachweis zusätzlich elektronisch signiert werden. Im grenzüberschreitenden Verkehr bleibt allerdings die papiermäßige Abwicklung des Nachweisverfahrens mit dem Durchschreibesatz, der aus sechs Blättern besteht, erhalten.

Beschleunigte Grundqualifikation
Spezialwissen Lkw

Art des Transports	Begleitpapiere
Gefährliche Abfälle zur Beseitigung – innerstaatlicher Verkehr (elektronisches Abfallnachweisverfahren – eANV sei 1. April 2010, seit 1. Feb. 2011 mit elektronischer Signatur)	Transportgenehmigung
	Begleitschein in elektronischer Form oder als Schwarz-weiß-Kopie
	Fahrzeugkennzeichnung mit A-Schild
Gefährliche Abfälle zur Beseitigung – grenzüberschreitender Verkehr	Transportgenehmigung
	Entsorgungsnachweis bzw. Sammelentsorgungsnachweis
	Begleitschein/Übernahmeschein
	Fahrzeugkennzeichnung mit A-Schild
Nicht gefährliche Abfälle zur Beseitigung	Transportgenehmigung
	Fahrzeugkennzeichnung mit A-Schild
Gefährliche Abfälle zur Verwertung – innerstaatlicher Verkehr (elektronisches Abfallnachweisverfahren – eANV sei 1. April 2010, seit 1. Feb. 2011 mit elektronischer Signatur)	Transportgenehmigung
	Begleitschein in elektronischer Form oder als Schwarz-weiß-Kopie
	Keine Fahrzeugkennzeichnung mit A-Schild
Gefährliche Abfälle zur Verwertung - grenzüberschreitender Verkehr	Transportgenehmigung
	Entsorgungsnachweis bzw. Sammelentsorgungsnachweis
	Begleitschein/Übernahmeschein
	Keine Fahrzeugkennzeichnung mit A-Schild
Nicht gefährliche Abfälle zur Verwertung	Keine Transportgenehmigung
	Keine Fahrzeugkennzeichnung mit A-Schild

2.4 Kenntnis der Vorschriften für den Güterverkehr

Tiertransporte

Bei der Beförderung von lebenden Tieren sind besondere Begleitpapiere erforderlich. Hierbei ist zu unterscheiden, ob es sich um einen Transport innerhalb Deutschlands, grenzüberschreitend innerhalb der EU oder grenzüberschreitend mit Drittstaaten handelt.

Beförderungsstrecke	Begleitpapiere
Innerhalb Deutschlands	Transportkontrollbuch
	Desinfektionskontrollbuch
	Sachkundebescheinigung
	Transporterklärung
Grenzüberschreitend in EU	Transportkontrollbuch
	Desinfektionskontrollbuch
	Sachkundebescheinigung
	Transportplan bei mehr als 8 Stunden Transportdauer
	Gesundheitsbescheinigung
	Verpflichtungserklärung
Grenzüberschreitend von/nach Drittstaaten	Transportkontrollbuch
	Desinfektionskontrollbuch
	Sachkundebescheinigung
	Transportplan bei mehr als 8 Stunden Transportdauer
	Internationale Transportbescheinigung
	Gesundheitsbescheinigung
	Verpflichtungserklärung
	Grenzübertrittsbescheinigung bei der Einfuhr

Abbildung 167:
Für Tiertransporte sind besondere Begleitpapiere erforderlich

Beschleunigte Grundqualifikation
Spezialwissen Lkw

Abbildung 168: Muster eines internationalen CMR-Frachtbriefes

1 Absender (Name, Anschrift, Land)	Rudolf Ratlos, Hauptstraße 35, D-33452 Mäuseburg
2 Empfänger (Name, Anschrift, Land)	Pasquale Odetta, Via Aquila 12, I-68000 Pizzerbolo
3 Auslieferungsort	Ort: Pizzerbolo, Land: Italien
4 Ort und Tag der Übernahme des Gutes	Ort: Mäuseburg, Land: Deutschland, Datum: 17.02.2009
16 Frachtführer	Friedrich Fahreschon, Industriepark 4 – 8, D-45310 Wagenberg

INTERNATIONALER FRACHTBRIEF
Diese Beförderung unterliegt trotz einer gegenteiligen Abmachung den Bestimmungen des Übereinkommens über den Beförderungsvertrag im internationalen Straßengüterverkehr (CMR).

6 Kennzeichen u. Nummern	7 Anzahl der Packstücke	8 Art der Verpackung	9 Bezeichnung des Gutes	10 Statistiknummer	11 Bruttogewicht kg	12 Umfang in m³
14833	16	Kanister	Rollfixierer		480	
32814	32	Karton	Schnellpaste		320	
29300	8	Kanister	Fixlack		250	

Bez. s. Nr. 9: **3** | UN-Nummer: **UN 1263** | Verp.-Gruppe: **II**

19 zu zahlen vom: Währung EUR

21 Ausfertigung in Mäuseburg am: 17.02.2009

25 Paletten-Absender: Euro-Palette Anzahl 3, Kein Tausch X

EG: X

Ausfüllanleitung für einen CMR-Frachtbrief

1. Name und Postanschrift des Absenders (nicht der Versender!)
2. Name und Postanschrift des Empfängers
3. Name und Postanschrift des Frachtführers oder Spediteurs im Selbsteintritt
4. Achtung: Hier kann eine andere Anschrift als die des Empfängers angegeben sein!
5. Hier Ort und Datum der Übernahme der Güter dokumentieren
6. Unter dieser Rubrik werden die zu befördernden Güter und das Bruttogewicht (Rohgewicht) eingetragen
7. Achtung: Hier sind Angaben zu Gefahrgut gemacht, es sind die zusätzlichen Vorschriften des ADR und der GGVSEB zu beachten! Das hier abgebildete Formular ist gebräuchlich, die Reihenfolge der Kästchen entspricht jedoch nicht den Anforderungen für eine Gefahrgutbeförderung nach ADR. Hierzu sind weitere Angaben oder ein ordnungsgemäßes Beförderungspapier nach ADR zusätzlich erforderlich und mitzuführen.
8. Hier sind Angaben des Absenders zur Zollabfertigung enthalten
9. Ausstellungsdatum des Frachtbriefes
10. Achtung: Hier können besondere Weisungen des Absenders zur Behandlung der Güter enthalten sein
11. Stempel und/oder Unterschrift des Absenders
12. Stempel und/oder Unterschrift des Frachtführers
13. Hier quittiert der Empfänger den ordnungsgemäßen Erhalt der Güter
14. Hier bestätigt der Empfänger den Erhalt von eventuell zu tauschenden Paletten
15. Hier bestätigt der Fahrer den Erhalt von eventuell zurück zu nehmenden Tauschpaletten
16. Es ist anzukreuzen, welche Art von Genehmigung nach GüKG für die Beförderung zum Einsatz kommt

Die Eintragungen unter Nr. 1 bis 6 sind die Eintragungen im Frachtbrief, die der Fahrer vornehmen muss, wenn er beispielsweise aufgrund eines Lieferscheines diesen erstellt.
Außerdem sollte er auf die Eintragungen unter Nr. 7 beachten, wenn ihm Gefahrgut übergeben wird. Weitere Angaben bzw. ein zusätzliches Beförderungspapier nach ADR ist dann erforderlich.

Beschleunigte Grundqualifikation
Spezialwissen Lkw

AUFGABE/LÖSUNG

Erstellen Sie einen CMR-Frachtbrief auf Grundlage dieses Lieferscheines!

Abbildung 169:
Lieferschein
(als Grundlage zur Erstellung eines CMR-Frachtbriefes)

29334 Ladestadt   Ladestadt 17.02.2009
Robert Spedispezi
Industriestraße 33

Lieferschein-Nr. 39047

Empfänger: **Spediteur:**
Sandro Latini   Hans Dampf
Via Rosso 2   Bergstraße 16 – 18
I-65000 Larissa Therme D-52310 Pfefferhausen

Art.-Nr.	Anzahl	Kolli	Bezeichnung	Bruttogewicht in kg	Bemerkungen
56832	12	Fässer	Trennöl	1480,000	
32814	40	Karton	Waschpaste	360,000	
	5		Europaletten		Tauschpaletten

Abbildung 170:
Auf Grundlage des Lieferscheins (Abb. 169) erstellter Frachtbrief

Amtl. Kennzeichen Zugfahrzeug: LAD-RS-1, Nutzlast: 9.400 kg
Amtl. Kennzeichen Anhänger: LAD-RS-2, Nutzlast: 15.450 kg
Die Spedition Dampf fährt im Selbsteintritt und für die Beförderung nach Italien wird eine EU-Lizenz D/007/NRW eingesetzt.
Die Übernahme des Gutes erfolgt am 17.2.09.
Der Absender übergibt die fünf EURO-Paletten als Tauschpaletten.

Kenntnis der Vorschriften für den Güterverkehr

2.4

Schnelltrennsatz – Selbstdurchschreibend
Bitte kräftig aufdrücken bzw. mit Schreibmaschine beschriften.

1 Absender (Name, Anschrift, Land) Robert Spedispezi Industriestraße 33 29334 Ladestadt Deutschland	**INTERNATIONALER FRACHTBRIEF** **LETTRE DE VOITURE INTERNATIONALE**
2 Empfänger (Name, Anschrift, Land) Sandro Latini Via Rosso 2 I-65000 Larissa Therme Italien	**16** Frachtführer (Name, Anschrift, Land) Hans Dampf Bergstraße 16–18 52310 Pfefferhausen Deutschland
3 Auslieferungsort des Gutes Ort/Lieu: Larissa Therme Land/Pays: Italien	**17** Nachfolgende Frachtführer
4 Ort und Tag der Übernahme des Gutes Ort/Lieu: Ladestadt Land/Pays: Deutschland Datum/Date: 17.02.2009	**18** Vorbehalte und Bemerkungen der Frachtführer
5 Beigefügte Dokumente	

6 Kennzeichen und Nummern	**7** Anzahl der Packstücke	**8** Art der Verpackung	**9** Bezeichnung des Gutes	**10** Statistiknummer	**11** Bruttogewicht in kg	**12** Umfang in m³
56832	12	Fässer	Trennöl		1480	
32814	40	Karton	Waschpaste		360	

CMR

19 Zu zahlen vom:	Absender	Währung	Empfänger
Fracht		EUR	
Ermäßigungen			
Zwischensumme			
Zuschläge			
Nebengebühren			
Sonstiges			
Zu zahlende Gesamtsumme			

13 Anweisungen des Absenders

14 Rückerstattung

15 Frachtzahlungsanweisungen
☒ Frei / Franco
☐ Unfrei / Non Franco

20 Besondere Vereinbarungen
5 Tauschpaletten

21 Ausgefertigt in: Ladestadt am 17.02.2009
22
23

24 Gut empfangen am / le

Stempel des Absenders | Stempel des Frachtführers | Stempel des Empfängers

25 Unterschrift des Absenders | **26** Unterschrift des Frachtführers | **27** Unterschrift des Empfängers

28 Angaben zur Ermittlung der Gesamtentfernung
von | bis | km

30 Berechnung des Beförderungsentgelts

29	Amtl. Kennzeichen	Nutzlast in kg
Kfz	LAD-RS-1	9.400
Anhänger	LAD-RS-2	15.450

Summe Beförderungsentgelt

Benutzte Gen.-Nr. D/007/NRW   ☐ National ☐ Bilateral ☒ EU ☐ CEMT

**Beschleunigte Grundqualifikation
Spezialwissen Lkw**

Verkehrsträger See und Luft

Im kombinierten Verkehr, der auch intermodaler oder multimodaler Verkehr genannt wird, kommt dem Transport mit dem Lkw die Rolle des Vor- oder Nachlaufes zum Haupttransport zu. Der Haupttransport kann zum Beispiel mit einem Schiff auf See oder mit einem Frachtflugzeug erfolgen. Andere Schnittstellen für den inter- oder multimodalen Verkehr sind die Eisenbahn oder das Binnenschiff. Wie oben bereits erwähnt, liegt kein Kombiverkehr im Sinne des GüKG vor, wenn der Vor- und Nachlauf mit dem Lkw lediglich zur Hauptbeförderung mit dem Flugzeug erfolgt.

Die Güterbeförderung mit Seeschiffen und mit Flugzeugen hat besonders im weltweiten Warenverkehr Bedeutung. Deshalb sind hier die zollrechtlichen Bestimmungen von Bedeutung, auch für den Fahrer des Vor- und Nachlaufverkehrs. Es findet quasi ein grenzüberschreitender Güterverkehr statt, obwohl sich die Ware noch oder schon auf dem Territorium der Bundesrepublik Deutschland befindet. Möglich wird dies durch die Erklärung von bestimmten Gebieten zu Freizonen oder auch Freilagern, die dem Außenhandel und der Lagerung solcher Waren dienen.

Der Freihafen Hamburg ist zum Beispiel eine solche Freizone. Die Waren, die dort angeliefert oder von dort geholt werden, müssen zoll-

Abbildung 171:
Containerhafen
Quelle: Rainer Sturm/pixelio.de

rechtlich behandelt werden. Das gilt auch für die internationalen Frachtflughäfen, soweit es sich nicht um Warenverkehr handelt, der ausschließlich innerhalb der EU stattfindet. Hierzu müssen die vom Absender zu diesem Zweck ausgefertigten Papiere dem Zoll übergeben werden. In der Regel ist dies auch mit entsprechenden Weisungen des Absenders zur Zollabfertigung verbunden.

Beförderung von Containern mit Gefahrgut im Vorlauf zum Seetransport

Wird ein Container mit Gefahrgut im Vorlauf zum Seetransport befördert, so ist ein Container-Packzertifikat erforderlich, das der Verlader ausstellen und unterschreiben muss. Es reicht aus, wenn dazu folgender Text im Beförderungspapier nach Gefahrgutvorschriften enthalten und vom Verlader unterschrieben ist:

„Container-/Fahrzeug-Packzertifikat
Hiermit erkläre ich, dass die oben beschriebenen Güter in den oben angegebenen Container/in das oben angegebene Fahrzeug gemäß den geltenden Vorschriften verpackt/verladen wurden."

Wenn gefährliche Güter zum See- oder Lufttransport übergeben oder von dort abgeholt werden, muss das Gefahrgutrecht beachtet werden. Hier wirken sich bestimmte Vorschriften des IMDG-Code (International Maritime Dangerous Goods Code) oder der IATA-DGR (International Air Transport Association Dangerous Goods Regulations) auf die Straßenbeförderung aus.

Vorschriften des IMDG-Code für den Vor- und Nachlauf zum Seeverkehr, die für den Fahrer von Bedeutung sind:

- Das Beförderungspapier für die Straßenbeförderung darf durch das Beförderungspapier nach IMDG-Code ersetzt werden. Zusätzliche Angaben, die nur nach ADR erforderlich sind, müssen aber zusätzlich enthalten sein.
- Im Container- und im Fährverkehr ist ein Container-Packzertifikat während der Vorlaufbeförderung mitzuführen.

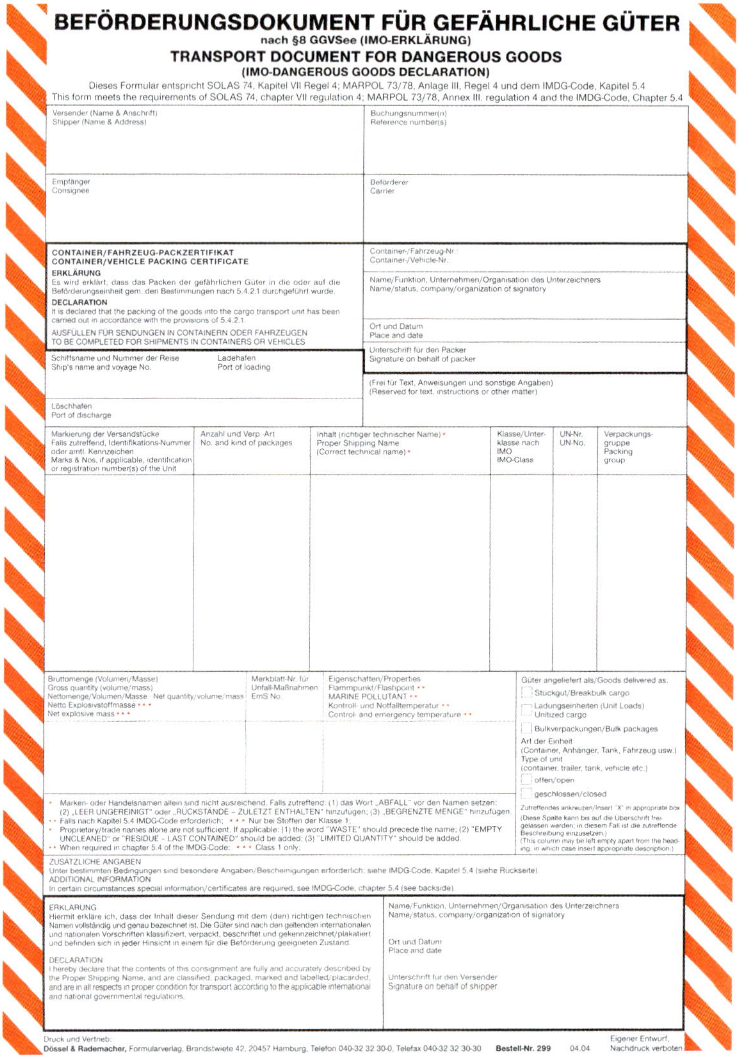

Beschleunigte Grundqualifikation
Spezialwissen Lkw

Abbildung 172:
Beförderungspapier für gefährliche Güter nach IMDG-Code (IMO-Erklärung)

Vorschriften der IATA-DGR, die für den Fahrer im Vor- oder Nachlauf zum Luftverkehr von Bedeutung sind:
- Das Beförderungspapier für die Straßenbeförderung darf durch das Beförderungspapier nach IATA-DGR ersetzt werden. Zusätzliche Angaben, die nur nach ADR erforderlich sind, müssen aber zusätzlich enthalten sein.
- Versandstücke dürfen nach IATA-DGR verpackt und gekennzeichnet sein. Auch hier gibt es unterschiedliche LQ-Regelungen in IATA-DGR und ADR.

2.5 Besonderheiten im grenzüberschreitenden Verkehr – Zoll und Carnet-TIR

▶ Die Teilnehmer sollen das Zoll- und Carnet-TIR-Verfahren kennenlernen. Sie sollen wissen,
- wie mit dem Carnet beim Grenzübertritt und nach Ablieferung der Ware zu verfahren ist,
- welche baulichen Anforderungen das Fahrzeug erfüllen muss,
- welche Maßnahmen zu treffen sind, wenn es zu einem Unfall oder Zwischenfall kommt, bei dem der Zollverschluss (die Plombe) oder der Verschluss des Fahrzeugs zerstört wird oder geöffnet werden muss.

↪ Erklären Sie das Carnet-TIR-Verfahren anhand des Schaubildes und erläutern Sie die Vorgehensweise beim Grenzübertritt mittels eines Muster-Carnet TIR.

Die Ausfüllanleitung für ein Carnet TIR und entsprechende Musterformulare können unter www.iru.org, Bookshop, als PDF-Datei kostenlos heruntergeladen werden.

Erläutern Sie die Vorgehensweise bei einem Unfall oder Zwischenfall, wenn der Zollverschluss geöffnet werden muss und besprechen Sie das Unfallprotokoll aus dem Carnet TIR.

🕒 Ca. 60 Minuten

💻 Dieses Thema wird in der Führerschein-Ausbildung und in der Weiterbildung nicht oder nur ansatzweise behandelt.

Warenbeförderung innerhalb der EU

Innerhalb der Europäischen Union gibt es keine Zollschranken mehr. Es wird nur noch die Einfuhr von Waren zollamtlich überwacht, für die Verbrauchsteuern zu bezahlen sind. Dazu zählen alkoholische Getränke, Kaffee, Tabakerzeugnisse und Mineralöle (Kraftstoffe). Der Zigarettenschmuggel mit Lkw zum Beispiel zieht die besondere Aufmerksamkeit des Zollkontrolldienstes auf sich und die Schmuggler werden häufig ertappt.

**Beschleunigte Grundqualifikation
Spezialwissen Lkw**

Zollamtlich überwacht wird auch der Warenverkehr mit den drei EFTA-Staaten Island, Norwegen und Schweiz (inklusive Liechtenstein), auf den Ein- und Ausfuhrabgaben erhoben werden.

Werden Waren in Drittländer versendet oder aus Drittländern eingeführt, so unterliegt dieser Ex- oder Import der Zollüberwachung und kann jederzeit von den Zollbehörden kontrolliert werden. Beim Import müssen die eingeführten Waren auf den vorgeschriebenen Zollstraßen unverzüglich dem Zoll vorgestellt und dazu auf den Amtsplatz gebracht werden. Der Absender erteilt hierzu in der Regel die entsprechenden Weisungen an den Frachtführer beziehungsweise an den Fahrer und gibt die erforderlichen Zollpapiere der Sendung mit. Bei Unfällen oder sonstigen Zwischenfällen sind die Zollbehörden zu verständigen.

Abbildung 173:
Warenbeförderung innerhalb der EU und in Drittstaaten

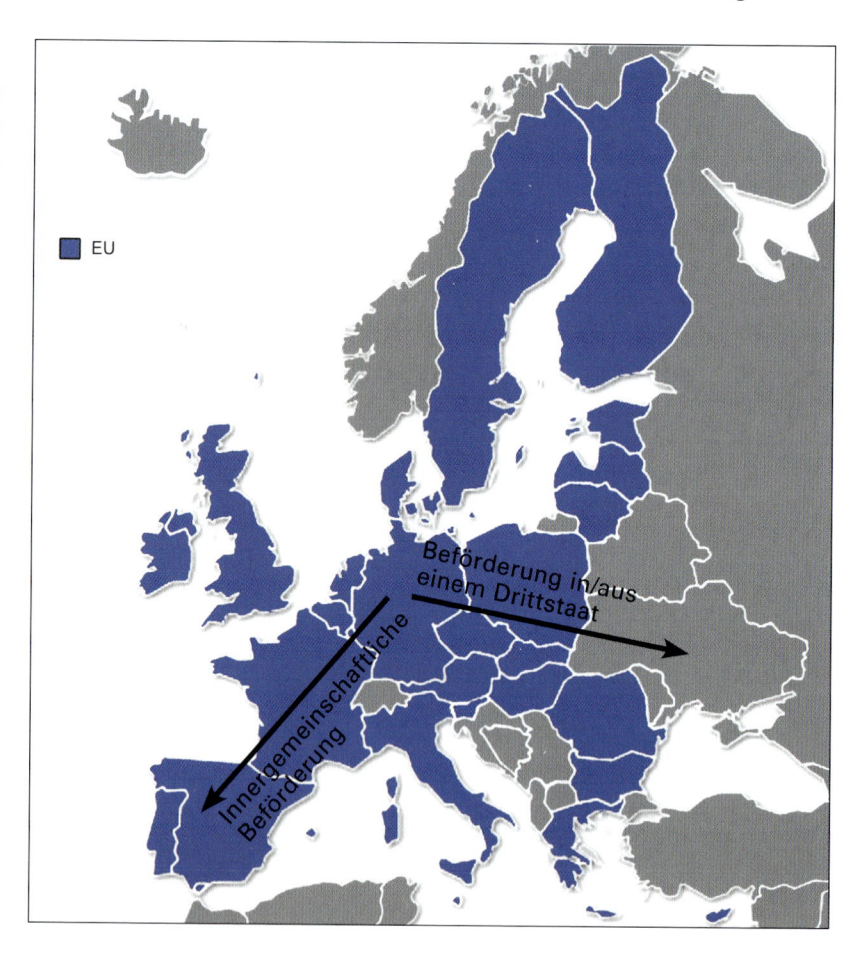

Carnet TIR – Allgemeines

Eine Sonderform des Zollverfahrens ist das Carnet-TIR-Verfahren, das nur für den Warentransport mit Straßenfahrzeugen gilt. TIR steht dabei für „Transports Internationaux Routiers".

Mithilfe dieses Verfahrens soll die Zollabfertigung im grenzüberschreitenden Güterverkehr vereinfacht und beschleunigt werden.

Vertragsparteien des TIR-Übereinkommens:

Afghanistan*	Indonesien*	Marokko	Syrien
Albanien	Iran	Mazedonien	Tadschikistan
Algerien*	Irland	Moldawien	Tschechische Republik
Armenien	Israel	Mongolei	Türkei
Aserbaidschan	Italien	Montenegro*	Tunesien
Belgien	Jordanien	Niederlande	Turkmenistan
Bosnien-Herzegowina*	Kanada*	Norwegen	Ukraine
Bulgarien	Kasachstan	Österreich	Ungarn
Deutschland	Kirgistan	Polen	Uruguay*
Chile*	Korea (Republik)*	Portugal	USA*
Dänemark (mit Färöer)	Kroatien	Rumänien	Usbekistan
Estland	Kuwait	Russische Föderation	Vereinigte Arabische Emirate*
Europäische Gemeinschaft*	Lettland	Schweden	Weißrussland
Finnland	Libanon	Schweiz (mit Liechtenstein)	Zypern

Abbildung 174: Zollstelle

Beschleunigte Grundqualifikation
Spezialwissen Lkw

Frankreich	Liberia*	Serbien	Japan**
Georgien	Litauen	Slowakische Republik	
Griechenland	Luxemburg	Slowenien	
Großbritannien und Nordirland	Malta	Spanien	

* Mit diesen Staaten ist das TIR-Verfahren derzeit nicht möglich
** Für Japan gilt nur das TIR-Verfahren in der Fassung von 1959, für die übrigen Staaten auch das Übereinkommen von 1975
(Quelle: www.zoll.de)

Um am TIR-Verfahren teilnehmen zu können, muss zunächst das Fahrzeug oder der Behälter (Wechselbrücke oder Container) so hergerichtet werden, dass ein ordnungsgemäßer Zollverschluss möglich ist. Dabei muss sofort erkennbar werden, wenn nach dem Zollverschluss mit einer Plombe in den Laderaum eingedrungen wurde und Güter entweder hinzugegeben oder herausgenommen wurden.

Leitfäden, wie entsprechende Fahrzeuge herzurichten sind, können auf der Internetseite des Zoll heruntergeladen werden. Nach dem Umbau muss das Fahrzeug/der Behälter bei dem jeweils zuständigen Hauptzollamt vorgeführt werden. Bei positiver Prüfung durch den Zoll wird für das Fahrzeug ein Verschlussanerkenntnis ausgestellt. Diese Zulassungsbescheinigung (certificat d'agrément) für Fahrzeuge ist während der Beförderung im TIR-Verfahren mitzuführen. An Behältern wird ein entsprechendes Zulassungsschild angebracht.

Abbildung 175:
Lkw mit TIR-Schild

Darüber hinaus sind die Fahrzeuge vorne und hinten gut sichtbar mit dem blauen TIR-Schild zu kennzeichnen, wenn Waren im TIR-Verfahren befördert werden. Andernfalls ist das TIR-Schild abzunehmen oder zu verdecken.

Besonders schwere oder große Waren, wie zum Beispiel Maschinen oder Anlagenteile, dürfen im TIR-Verfahren auch ohne Zollverschluss befördert werden. Dies ist im Begleitpapier, dem Carnet TIR, dann jedoch in französischer oder englischer Sprache entsprechend zu vermerken. Man spricht dann von einem „offenen Carnet TIR".

Vom TIR-Verfahren derzeit ausgeschlossen sind Alkohol und Zigaretten, obwohl dies grundsätzlich möglich wäre. Der Zoll lehnt für diese Art Waren die Anwendung des TIR-Verfahrens ab.

Ablauf des Carnet-TIR-Verfahrens

Das Carnet TIR wird nur von der IRU (International Road Transport Union, Sitz in Genf) ausgestellt und von einem anerkannten nationalen Mitgliedsverband ausgegeben. In Deutschland sind dies der BGL (Bundesverband Güterkraftverkehr Logistik und Entsorgung) und die AIST e.V. (Arbeitsgemeinschaft zur Förderung und Entwicklung des internationalen Straßenverkehrs). Das Carnet TIR hat eine Gültigkeit von längstens 60 Tagen ab Ausgabedatum. Innerhalb dieser Zeit muss der betreffende Warentransport begonnen werden. Die Beendigung des Transports kann allerdings auch nach diesen 60 Tagen bzw. dem Ablaufdatum liegen.

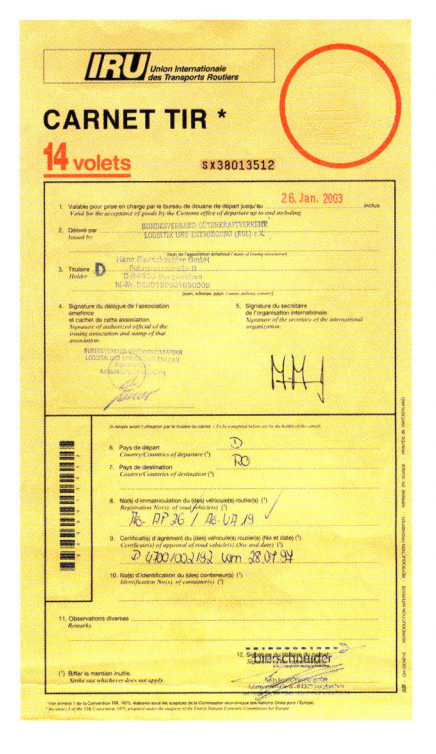

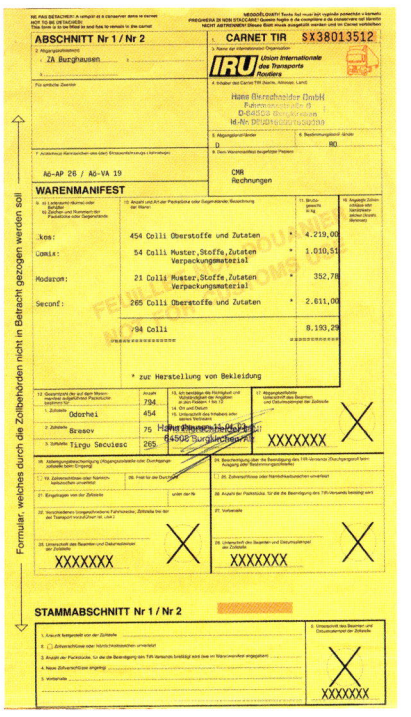

Abbildung 176:
Carnet TIR

Beschleunigte Grundqualifikation
Spezialwissen Lkw

Das Carnet besteht aus folgenden Seiten:
- Deckblatt
- Gelbes Warenmanifest (nicht für Zollzwecke)
- Stammblattpaaren weiß und grün mit Kontrollabschnitten
- Protokoll für Zwischenfälle und Unfälle
- Deckblattrückseite mit Abreißschein

Das Carnet TIR gibt es mit 4, 6, 14 und 20 Stammblättern, wobei immer ein weißes und ein grünes zusammengehören. Es werden so viele Stammblattpaare benötigt, wie es Be- und Entladestationen gibt und wie Grenzübergänge (nicht innergemeinschaftliche Grenzübergänge) befahren werden.

Anhand des nachfolgenden Beispieles wird das Verfahren Schritt für Schritt beschrieben:

Abbildung 177: Das TIR-Verfahren

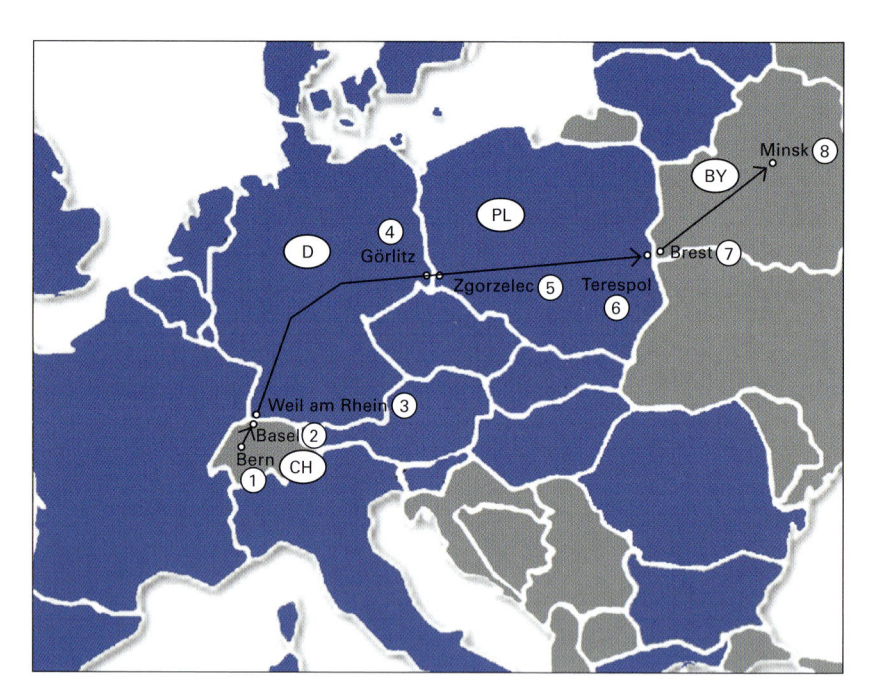

① In Bern in der Schweiz wird ein Sattelzug mit zollpflichtigen Waren für Minsk, die Hauptstadt Weißrusslands, beladen.

In Bern wird das Carnet TIR ausgefüllt und das Fahrzeug vom Zoll überprüft und verplombt.

Kenntnis der Vorschriften für den Güterverkehr

Dabei wird kontrolliert,
- ob die im Warenmanifest eingetragenen Güter vollständig geladen sind,
- ob das Fahrzeug der Verschlussanerkenntnis entspricht und
- ob die blauen TIR-Schilder vorne und hinten angebracht sind.

Danach werden sämtliche Blätter gestempelt und der Zoll in Bern entnimmt das erste weiße Stammblatt. Im Carnet bleibt der Kontrollabschnitt dieses Stammblattes zurück. Der Fahrer bekommt danach das Carnet TIR übergeben.

Zusätzlich zum Carnet TIR führt der Fahrer folgende Papiere mit:
- Fahrzeugpapiere (inklusive Verschlussanerkenntnis)
- Frachtbrief
- Handelsdokumente für die Waren (Packliste, Warenrechnungen, etc.)
- Ggf. Ein-/Ausfuhrgenehmigungen
- Transportgenehmigung und erforderliche transportrechtliche Begleitpapiere

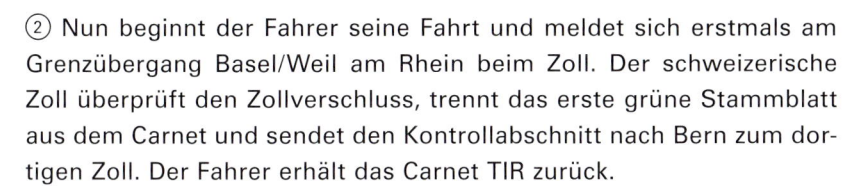

② Nun beginnt der Fahrer seine Fahrt und meldet sich erstmals am Grenzübergang Basel/Weil am Rhein beim Zoll. Der schweizerische Zoll überprüft den Zollverschluss, trennt das erste grüne Stammblatt aus dem Carnet und sendet den Kontrollabschnitt nach Bern zum dortigen Zoll. Der Fahrer erhält das Carnet TIR zurück.

③ Der deutsche Zoll entnimmt gegebenenfalls nach entsprechender Zollverschlussüberprüfung das zweite weiße Stammblatt und heftet es ab. Der Fahrer erhält das Carnet TIR zurück.

④+⑤ Nun setzt der Fahrer seine Fahrt in Richtung Polen und Weißrussland fort. Am Grenzübergang Görlitz/Zgorzelec ist keine Überprüfung durch den Zoll erforderlich, da es sich hier um einen innergemeinschaftlichen Übergang handelt. Trotzdem kann der Zoll jederzeit entsprechende Kontrollen durchführen.

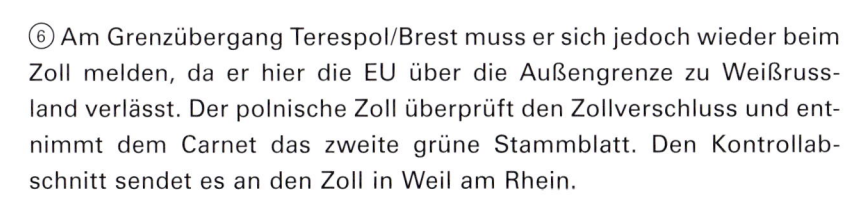

⑥ Am Grenzübergang Terespol/Brest muss er sich jedoch wieder beim Zoll melden, da er hier die EU über die Außengrenze zu Weißrussland verlässt. Der polnische Zoll überprüft den Zollverschluss und entnimmt dem Carnet das zweite grüne Stammblatt. Den Kontrollabschnitt sendet es an den Zoll in Weil am Rhein.

Beschleunigte Grundqualifikation
Spezialwissen Lkw

⑦ Der weißrussische Zoll in Brest entnimmt das dritte weiße Stammblatt und heftet es ab.

⑧ Am Bestimmungsort in Minsk wird der Zollverschluss unter Aufsicht des Zoll geöffnet und das dritte grüne Stammblatt entfernt. Der Kontrollabschnitt wird dem Zoll in Brest übersandt. Das TIR-Verfahren wird beendet und das Carnet TIR wird dem Fahrer wieder ausgehändigt. Das Carnet ist nach Abschluss der Beförderung unverzüglich der Ausgabestelle zurückzuleiten. Diese wiederum leitet es der IRU zum Abschluss des Vorganges zu.

Trotz des TIR-Abkommens besteht die Möglichkeit, dass die Unterzeichnerstaaten einen zusätzlichen Zollkodex erlassen. Weißrussland beispielsweise fordert, dass die Waren an der Eingangszollstelle nur während der Bürozeiten zu gestellen sind. Dazu muss er diese in die Zollkontrollzone fahren und die notwendigen Dokumente innerhalb von 30 Minuten nach Grenzübertritt vorlegen. Die Waren sind innerhalb von 1 Stunde zu gestellen. Darüber hinaus gelten noch weitere Restriktionen zur Behandlung von Zollware.
Aus diesem Grund ist es erforderlich, dass sich der Fahrer vor Fahrtantritt über etwaige Zollformalitäten und Vorgehensweisen informiert.

Was passiert bei einem Zwischenfall oder Unfall?

Bei einem Unfall oder Zwischenfall, bei dem der Zollverschluss oder die Plombe beschädigt oder entfernt wird, hat der Fahrer unverzüglich die zuständige Zolldienststelle zu verständigen. Ist die Zollbehörde nicht erreichbar, so kann auch eine andere zuständige Behörde verständigt werden. Dies kann zum Beispiel die Polizei sein.

Wird es notwendig, aufgrund eines Unfalls die Ware umzuladen, so darf dies auch nur in Gegenwart der Zollbehörde oder einer sonst zuständigen Behörde erfolgen. Das Ersatzfahrzeug oder der Ersatzbehälter muss ebenfalls für das TIR-Verfahren zugelassen sein. Nach dem Umladen sind die Zollverschlüsse wieder anzubringen.
Bei derartigen Zwischenfällen ist das im Carnet TIR enthaltene Protokoll von behördlicher Seite zu fertigen. Dieses Protokoll verbleibt im Carnet.
Sind allerdings Maßnahmen zur Abwehr einer unmittelbar drohenden

Kenntnis der Vorschriften für den Güterverkehr

2.5

Gefahr für Fahrzeug oder Ladung erforderlich und kann die Zollbehörde oder sonst zuständige Behörde nicht sofort erreicht werden, so kann der Fahrer diese notwendigen Maßnahmen ergreifen. Er muss danach aber unverzüglich die Zollbehörde verständigen und die Dringlichkeit seiner Maßnahmen stichhaltig begründen.

⚠️ In allen anderen Fällen darf der Fahrer den Zollverschluss beziehungsweise die Zollplombe weder beschädigen noch entfernen.

**Beschleunigte Grundqualifikation
Spezialwissen Lkw**

2.6 Lkw-Maut

▶ Die Teilnehmer sollen die Hintergründe für die Erhebung der Autobahnmaut in Deutschland erfahren und wissen, für welche Fahrzeuge Maut zu entrichten ist und welche von der Mautpflicht befreit sind. Darüber hinaus sollen sie die Verfahrensweisen kennenlernen, nach denen die Maut zu entrichten ist.
Da auch in den anderen europäischen Staaten Autobahnmaut zu entrichten ist, sollten die Teilnehmer auch darüber informiert werden.

↪ Erläutern Sie die für den Fahrer wesentlichen Inhalte des Autobahnmautgesetzes für schwere Nutzfahrzeuge (ABMG), die von Toll Collect zur Verfügung gestellten Hinweise zu den drei verschiedenen Bezahlverfahren (OBU, Interneteinbuchung und Terminaleinbuchung) sowie die behördliche Kontrolle durch BAG und Zoll. Weisen Sie ferner auf die Rechtsfolgen bei Verstößen gegen die Mautpflicht hin.

🕓 Ca. 30 Minuten

☕ Führerschein: Fahren lernen Klasse C, Lektion 3
Dieses Thema wird in der Weiterbildung nicht oder nur ansatzweise behandelt.

Mautpflicht und Befreiungen von der Maut

Autobahnmaut wird in Deutschland seit dem 1. Januar 2005 erhoben. Sie ist zweckgebunden und fließt in den Verkehrshaushalt, insbesondere für den Erhalt und Ausbau der Bundesfernstraßen. Die notwendigen Verwaltungskosten, also Betrieb und Überwachung, werden hiervon allerdings ebenfalls bestritten.

Die Autobahnmaut enthält allerdings auch eine Umweltkomponente, da die Mauthöhe umso geringer ist, je schadstoffärmer das mautpflichtige Kraftfahrzeug ist. Der Mautpflichtige, also der Güterkraftverkehrsunternehmer, ist verpflichtet, die richtige Schadstoffklasse einzugeben, damit er nicht eine zu hohe oder zu geringe Maut bezahlt. Dies trifft natürlich auch den Fahrer, der an einem der Mautterminals die Angaben zur Mauterhebung eingibt.
Die Maut ist seither für jeden Autobahnkilometer zu entrichten und hat die vormals pauschale Autobahnbenutzungsgebühr abgelöst.

Kenntnis der Vorschriften für den Güterverkehr 2.6

Abbildung 178:
Maut-Hinweisschild an der Grenze
Quelle: Fabian Matzerath/ddp

Mautpflichtig sind:
alle Kraftfahrzeuge und Fahrzeugkombinationen, die ausschließlich für den Güterkraftverkehr eingesetzt sind und deren zulässiges Gesamtgewicht mindestens 12 Tonnen beträgt.

Ausgenommen von der Mautpflicht sind:
- Kraftomnibusse
- Fahrzeuge der Streitkräfte, der Polizeibehörden, des Zivil- und Katastrophenschutzes, der Feuerwehr und anderer Notdienste sowie Fahrzeuge des Bundes
- Fahrzeuge, die ausschließlich für den Straßenunterhaltungs- und Straßenbetriebsdienst einschließlich Straßenreinigung und Winterdienst genutzt werden
- Fahrzeuge, die ausschließlich für Zwecke des Schausteller- und Zirkusgewerbes eingesetzt werden
- Fahrzeuge, die von gemeinnützigen oder mildtätigen Organisationen für den Transport von humanitären Hilfsgütern, die zur Linderung einer Notlage dienen, eingesetzt werden

**Beschleunigte Grundqualifikation
Spezialwissen Lkw**

Darüber hinaus sind folgende Autobahnabschnitte von der Mautpflicht befreit:

- Die Bundesautobahn A 6 von der deutsch-französischen Grenze bis zur Anschlussstelle Saarbrücken-Fechingen in beiden Fahrtrichtungen
- Die Bundesautobahn A 5 von der deutsch-schweizerischen Grenze und der deutsch-französischen Grenze bis zur Anschlussstelle Müllheim/Neuenburg in beiden Fahrtrichtungen
- Die Bundesautobahnabschnitte, für deren Benutzung eine Maut nach § 2 des Fernstraßenbauprivatfinanzierungsgesetzes vom 30. August 1994 (BGBl. I S. 2243) in der jeweils geltenden Fassung erhoben wird
- Die Abschnitte von Bundesautobahnen, die mit nur einem Fahrstreifen je Fahrtrichtung ausgebaut und nicht unmittelbar an das Bundesautobahnnetz angebunden sind

> ➕ **Hintergrundwissen** → Mautpflicht, Ausnahmen und nicht mautpflichtige Autobahnteilstücke sind in § 1 ABMG genannt. Der Verwendungszweck der Autobahnmaut steht in § 11 ABMG.
> Die Höhe der Maut ergibt sich aus § 1 Mauthöheverordnung in der ab dem 01.01.2009 gültigen Fassung.

Schadstoffklassen und Höhe der Maut je Kilometer:

Schadstoffklassen gemäß Mauterhöhungsverordnung und -Anlage XIV zur StVZO	
Kategorie A	EEV Klasse 1 und S5
Kategorie B	S4 und S3 mit Partikelminderungsfilter Klasse 2, 3 oder 4
Kategorie C	S3 und S2 mit Partikelminderungsfilter Klasse 1, 2, 3 oder 4
Kategorie D	S3 und S1 und Fahrzeuge, die keiner Schadstoffklasse angehören

Kenntnis der Vorschriften für den Güterverkehr — 2.6

Mauttarife für:	Fahrzeuge oder Fahrzeugkombinationen mit bis zu drei Achsen in €	Fahrzeuge oder Fahrzeugkombinationen mit vier oder mehr Achsen in €
ab 1. Januar 2009		
Kategorie A	0,141	0,155
Kategorie B	0,169	0,183
Kategorie C	0,190	0,204
Kategorie D	0,274	0,288
ab 1. Januar 2011		
Kategorie A	0,140	0,154
Kategorie B	0,168	0,182
Kategorie C	0,210	0,224
Kategorie D	0,273	0,287

Wie wird die Maut erhoben?

Es gibt grundsätzlich zwei unterschiedliche Verfahren, die Maut zu erheben und auf dieser Grundlage abzurechnen.

Eine Möglichkeit ist die automatische Einbuchung in das TollCollect-System. Hierzu muss allerdings eine so genannte On Board Unit, kurz OBU, in das Fahrzeug eingebaut werden. Darin müssen zunächst die Fahrzeugdaten eingegeben werden. Alles weitere erfolgt dann automatisch. Sobald der Lkw auf die Autobahn einfährt, registriert dies die OBU mittels GPS-Signal. Nach Verlassen der Autobahn wird die in der OBU berechnete mautpflichtige Strecke per GSM an das Rechenzentrum von Toll Collect weitergemeldet. Die Gebührenfestsetzung und Rechnungsstellung erfolgt dann von dort.

Die OBU wird übrigens von Toll Collect kostenlos zur Verfügung gestellt. Der Nutzer muss nur den Einbau bezahlen.

Abbildung 179: Einbau einer On-Board Unit (OBU)
Quelle: Kai-Uwe Knoth/ddp

Beschleunigte Grundqualifikation
Spezialwissen Lkw

Wer keine OBU besitzt, muss sich über das manuelle Verfahren einbuchen. Hierzu gibt es wiederum zwei Möglichkeiten: Zum einen die Einbuchung per Internet und zum anderen die Einbuchung an einem der Terminals, die zum Beispiel bei Autobahnraststätten aufgestellt sind. In beiden Fällen müssen die notwendigen Angaben in die Erfassungsmaske eingegeben werden, das sind:
- Die Daten zum Lkw/zur Fahrzeugkombination
- Die Emissionsklasse des Lkw
- Die Startzeit
- Das Fahrziel

Auf Grundlage dieser Angaben werden dann die kürzeste Strecke und die Höhe der Maut berechnet. Man muss diese vorgeschlagene Strecke natürlich nicht benutzen, sondern kann eine alternative Strecke als Berechnungsgrundlage eingeben.

Nachdem alle Eingaben gemacht und die Maut berechnet ist, kann man am Terminal in bar, mit Tank-, EC- oder Kreditkarte bezahlen. Darüber hinaus gibt es noch weitere Bezahlsysteme, die mit Toll Collect vereinbart werden können. Nach Bezahlung erhält der Fahrer einen Beleg, den er während der Fahrt mitführen und zuständigen Kontrollpersonen aushändigen muss.

Über das Internet können sich nur Nutzer einbuchen, die sich vorher bei Toll Collect angemeldet haben. Ansonsten gestaltet sich die Buchung so wie an einem der Mautterminals. Nach Abschluss der Einbuchung erhält man eine Einbuchungsnummer, die ebenso wie der Buchungsbeleg am Terminal während der Fahrt bereitgehalten werden muss.

Hat man eine Fahrt trotz manueller Buchung nicht angetreten, so kann diese wieder storniert werden.

Abbildung 180: Manuelle Einbuchung über Mautterminal

Kenntnis der Vorschriften für den Güterverkehr 2.6

> ➕ **Hintergrundwissen** → Eingehende Informationen und vor allen Dingen E-Learning-Anwendungen zur manuellen Mautbuchung können unter folgender Internet-Adresse bezogen werden: http://www.toll-collect.de
> Unter dieser Internet-Adresse können auch Mautstellen online gesucht werden.

Wer kontrolliert?

Es wird selbstverständlich auch kontrolliert, ob für einen mautpflichtigen Lkw die Maut bezahlt wurde.
Neben dem automatisierten Verfahren mithilfe von etwa 300 Kontrollbrücken gibt es in nahezu gleicher Anzahl Kontrollteams des Bundesamtes für Güterverkehr (BAG), die rund um die Uhr Mautkontrollen teils stationär, teils mobil durchführen.

Im automatisierten Verfahren werden alle Lkw zunächst mit Infrarotsensoren daraufhin gescannt, ob sie mautpflichtig sind. Danach werden die Fahrzeugdaten beziehungsweise Daten aus der OBU ausgewertet und mit den in der Rechenzentrale gemeldeten und gespeicherten Daten verglichen. Ergibt sich der Verdacht auf einen Mautverstoß, wird von der Kontrollbrücke eine entsprechende Information an ein Kontrollteam des BAG gesendet und dieses führt die Kontrolle durch.

Abbildung 181:
Mautbrücken
Quelle:
Torsten Silz/ddp

> **Beschleunigte Grundqualifikation**
> **Spezialwissen Lkw**

Darüber hinaus halten die Teams des BAG auch Lkw aus dem fließenden Verkehr an und führen Mautkontrollen durch. Auch hierbei erfolgt ein Abgleich mit dem Rechenzentrum von Toll Collect, ob das angehaltene Fahrzeug und die notwendigen Angaben zu Achsenzahl und Schadstoffklasse richtig erfasst wurden. Bei unzulässigen Abweichungen beziehungsweise einem Mautverstoß wird ein Ordnungswidrigkeitenverfahren eingeleitet und unmittelbar die Geldbuße erhoben.

Als Ordnungswidrigkeit werden folgende Tatbestände geahndet:
- Nichtzahlen der Maut
- Falschzahlen der Maut (falsche Achszahl oder falsche Emissionsklasse), unterschieden nach automatischer Buchung mit OBU oder manueller Buchung
- Zeitfensterverstoß
- Abweichung von der gebuchten Strecke
- Verwechslung von Start- und Zielpunkt
- Kennzeichenfehler
- Nichtbefolgung einer Anordnung
- Nichtmitführen oder nicht rechtzeitige Aushändigung des Mautbeleges oder Nachweises
- Anordnen oder Zulassen, dass der Mautbeleg oder Nachweis nicht mitgeführt oder nicht ausgehändigt wird
- Verletzung der Auskunftspflicht

Abbildung 182:
Mobile Kontrolle durch das BAG
Quelle: Peter Roggenthin/ddp

Die Verwarnungs- beziehungsweise Bußgelder für diese Verstöße betragen zwischen 35,– und 400,– Euro. Die höchste Geldbuße, die verhängt werden kann, beträgt 20.000,– Euro.

Neben dem BAG ist auch der Zoll zur Mautkontrolle befugt.

Kenntnis der Vorschriften für den Güterverkehr

Maut in anderen Ländern

In fast allen europäischen Ländern muss für die Straßen- beziehungsweise Autobahnbenutzung Maut bezahlt werden. Teilweise geschieht dies durch Erwerb einer Vignette für einen bestimmten Zeitraum und teilweise ist die Maut streckenabhängig zu bezahlen. Da sich die Gebühren ständig ändern, ist es wichtig, sich vor Fahrtantritt in ein anderes Land hinsichtlich der zu entrichtenden Maut zu informieren. Die verschiedenen Organisationen und Verbände des Transport- und Logistikwesens bieten auf ihren Internetseiten entsprechende Informationen und Mautrechner an. Nicht alle sind allerdings aktuell, so dass hierbei das Ausgabedatum beachtet werden muss.
In Österreich beispielsweise wird für die Mauterhebung ebenfalls ein automatisiertes Verfahren verwendet – die so genannte GO-Box.
In jedem Fall ist auf entsprechende Hinweisschilder an den Grenzübergangsstellen zu achten.

Beschleunigte Grundqualifikation
Spezialwissen Lkw

2.7 Fahrverbote

▶ Die Teilnehmer sollen die zeitlichen und räumlichen Verkehrsbeschränkungen kennenlernen, die für Lkw mit einem zGG von mehr als 7,5 t und Lkw mit Anhänger, ohne Rücksicht auf das zGG, an Sonn- und Feiertagen sowie während der Ferienzeit gelten.

↻ Erläutern Sie, für welche Arten von Lkw und Fahrzeugkombinationen die Fahrverbote gelten.
Karten für die Darstellung der gesperrten Strecken nach Ferienreiseverordnung sollten ebenfalls verwendet werden.

🕒 Ca. 30 Minuten

💻 Führerschein: Fahren lernen Klasse C, Lektion 3
Dieses Thema wird in der Weiterbildung nicht oder nur ansatzweise behandelt.

Sonntagsfahrverbot

Die Straßenverkehrsordnung verbietet an Sonn- und Feiertagen in der Zeit von 0 bis 22 Uhr das Fahren mit Lastkraftwagen mit einem zulässigen Gesamtgewicht von mehr als 7,5 Tonnen. Gleiches gilt für Lkw mit Anhänger, allerdings ohne Gewichtsgrenze. Feiertage im Sinne dieser Bestimmung sind:

- Neujahr
- Karfreitag
- Ostermontag
- Tag der Arbeit (1. Mai)
- Christi Himmelfahrt
- Pfingstmontag
- Fronleichnam, jedoch nur in Baden-Württemberg, Bayern, Hessen, Nordrhein-Westfalen, Rheinland-Pfalz und im Saarland
- Tag der Deutschen Einheit (3. Oktober)
- Reformationstag (31. Oktober), jedoch nur in Brandenburg, Mecklenburg-Vorpommern, Sachsen, Sachsen-Anhalt und Thüringen
- Allerheiligen (1. November), jedoch nur in Baden-Württemberg, Bayern, Nordrhein-Westfalen, Rheinland-Pfalz und im Saarland
- 2. Weihnachtstag

Abbildung 183: Für solche Fahrzeuge gilt das Fahrverbot

Kenntnis der Vorschriften für den Güterverkehr 2.7

AUFGABE/LÖSUNG

Gilt das Sonntagsfahrverbot, wenn man mit einer Sattelzugmaschine ohne Auflieger fährt, um diese beispielsweise an den Standort zu überführen?

Nein, da eine Sattelzugmaschine nicht unter den Begriff Lastkraftwagen fällt. Eine Sattelzugmaschine alleine ist kein Kraftfahrzeug zur Güterbeförderung (Begriff „Lastkraftwagen").

Gilt das Sonntagsfahrverbot, wenn man mit einem Pickup mit Lkw-Zulassung (2,5 t zGG) und Anhänger fährt?

Ja, das Sonntagsfahrverbot gilt, da Lkw mit Anhänger an Sonn- und Feiertagen nicht fahren dürfen. Das zulässige Gesamtgewicht spielt dabei keine Rolle.

Das Sonntagsfahrverbot gilt jedoch nicht für
- Kombinierten Güterverkehr Schiene-Straße vom Versender bis zum nächstgelegenen geeigneten Verladebahnhof oder vom nächstgelegenen geeigneten Entladebahnhof bis zum Empfänger, jedoch nur bis zu einer Entfernung von 200 km
- Kombinierten Güterverkehr Hafen-Straße zwischen Belade- und Entladestelle und einem innerhalb des Umkreises von höchstens 150 km gelegenen Hafen (An- und Abfuhr)
- Die Beförderung von
  - Frischer Milch und frischen Milcherzeugnissen
  - Frischem Fleisch und frischen Fleischerzeugnissen
  - Frischen Fischen, lebenden Fischen und frischen Fischerzeugnissen
  - Leichtverderblichem Obst und Gemüse
  - Leerfahrten, die damit im Zusammenhang stehen
- Fahrten mit Fahrzeugen, die nach dem Bundesleistungsgesetz herangezogen werden (im Verteidigungsfall oder für Stationierungsstreitkräfte). Dabei ist der Leistungsbescheid mitzuführen und auf Verlangen zuständigen Personen zur Prüfung auszuhändigen.

Beschleunigte Grundqualifikation
Spezialwissen Lkw

Auch in anderen Ländern Europas gibt es entsprechende Fahrverbote an Sonn- und Feiertagen, so zum Beispiel am Nationalfeiertag in Österreich am 26. Oktober.

⚠️ Vor einer Fahrt ins Ausland sollte man sich als Fahrer auf jeden Fall entweder im Internet oder bei seinem Arbeitgeber beziehungsweise bei den einschlägigen Verbänden über etwaige zeitlich beschränkte Fahrverbote informieren, um nicht eine unangenehme Überraschung zu erleben.

PRAXIS-TIPP

Informationen zu Fahrverboten in Europa bietet auch die jährlich erscheinende Broschüre „Berufskraftfahrer unterwegs" (s. S. 255).

Ferienreiseverordnung

In der Hauptreisezeit vom 1. Juli bis 31. August dürfen die Fahrzeuge, die auch unter das Sonntagsfahrverbot fallen, an allen Samstagen in der Zeit von 7 bis 20 Uhr auf bestimmten Autobahn- und Bundesstraßenstrecken nicht fahren.

Betroffen sind folgende Autobahnen und Bundesstraßen:

Autobahn	Streckenbeschreibung
A 1	von Autobahnkreuz Köln-West über Autobahnkreuz Leverkusen-West, Wuppertal, Kamener Kreuz, Münster bis Anschlussstelle Cloppenburg und von Anschlussstelle Oyten bis Horster Dreieck
A 2	von Autobahnkreuz Oberhausen bis Autobahnkreuz Bad Oeynhausen
A 3	von Autobahnkreuz Oberhausen bis Autobahnkreuz Köln-Ost, von Mönchhof Dreieck über Frankfurter Kreuz bis Autobahnkreuz Nürnberg

Kenntnis der Vorschriften für den Güterverkehr 2.7

A 4 / E 40	von der Anschlussstelle Herleshausen bis zum Autobahndreieck Nossen
A 5	von Darmstädter Kreuz über Karlsruhe bis Autobahndreieck Neuenburg
A 6	von Anschlussstelle Schwetzingen-Hockenheim bis Autobahnkreuz Nürnberg-Süd
A 7	von Anschlussstelle Schleswig/Jagel bis Anschlussstelle Hamburg – Schnelsen-Nord, von Anschlussstelle Soltau-Ost bis Anschlussstelle Göttingen-Nord, von Autbahndreieck Schweinfurt/Werneck über Autobahnkreuz Biebelried, Autobahnkreuz Ulm/Elchingen und Autobahndreieck Allgäu bis zum Autobahnende Bundesgrenze Füssen
A 8	Von Autobahndreieck Karlsruhe bis Anschlussstelle München-West und von Anschlussstelle München Ramersdorf bis Anschlussstelle Bad Reichenhall
A 9 / E 51	Berliner Ring (Abzweig Leipzig/Autobahndreieck Potsdam) bis Anschlussstelle München-Schwabing
A 10	Berliner Ring, ausgenommen der Bereich zwischen der Anschlussstelle Berlin-Spandau über Autobahndreieck Havelland bis Autobahndreieck Spreeau bis Autobahndreieck Werder
A 45	von Anschlussstelle Dortmund-Süd über Westhofener Kreuz und Gambacher Kreuz bis Seligenstädter Dreieck
A 61	von Autobahnkreuz Meckenheim über Autobahnkreuz Koblenz bis Autobahndreieck Hockenheim
A 81	von Autobahnkreuz Weinsberg bis Anschlussstelle Gärtringen
A 92	von Autobahndreieck München-Feldmoching bis Anschlussstelle Oberschleißheim und von Autobahnkreuz Neufahrn bis Anschlussstelle Erding

Beschleunigte Grundqualifikation
Spezialwissen Lkw

A 93	von Autobahndreieck Inntal bis Anschlussstelle Reischenhart
A 99	von Autobahndreieck München Süd-West über Autobahnkreuz München-West, Autobahndreieck München-Allach, Autobahndreieck München Feldmoching, Autobahnkreuz München-Nord, Autobahnkreuz-München-Ost, Autobahnkreuz München-Süd sowie Autobahndreieck München/Eschenried
A 215	von Autobahndreieck Bordesholm bis Anschlussstelle Blumenthal
A 831	von Anschlussstelle Stuttgart-Vaihingen bis Autobahnkreuz Stuttgart
A 980	von Autobahnkreuz Allgäu bis Anschlussstelle Waltenhofen
A 995	von Anschlussstelle Sauerlach bis Autobahnkreuz München-Süd
Bundesstraße	**Streckenbeschreibung**
B 31	von Anschlussstelle Stockach-Ost der A 98 bis Anschlussstelle Sigmarszell der A 96
B 96 / E 251	Neubrandenburger Ring bis Berlin

> **Hintergrundwissen** → Die verbotenen Autobahnstrecken sind in § 1 (2) Ferienreiseverordnung aufgelistet. Die verbotenen Strecken bestimmter Bundesstraßen sind in § 1 (3) Ferienreiseverordnung genannt. Ausnahmen vom Fahrverbot nach Ferienreiseverordnung sind in §§ 2 und 3 enthalten.

Vom Sonntagsfahrverbot ausgenommene Fahrten sind auch vom Fahrverbot nach Ferienreiseverordnung ausgenommen. Außerdem gilt das Fahrverbot auch nicht für Polizei, Feuerwehr, Katastrophenschutz, Rettungsdienst, Bundeswehr und Stationierungsstreitkräfte.

2.8 Folgen bei Zuwiderhandlungen und Nichtbeachtung

▶ Die Teilnehmer sollen die Folgen von Zuwiderhandlungen gegen die wichtigsten Vorschriften des Güterkraftverkehrsgesetzes und die hier dargestellten angrenzenden Rechtsvorschriften kennenlernen.

↪ Erläutern Sie anhand der Tabelle die Regelbußgeldsätze, wobei nicht für alle Rechtsvorschriften Regelsätze für Bußgelder festgelegt sind.

🕓 Ca. 30 Minuten

💻 Dieses Thema wird in der Führerschein-Ausbildung und in der Weiterbildung nicht oder nur ansatzweise behandelt.

Bei Zuwiderhandlungen gegen das Güterkraftverkehrsgesetz droht ein Bußgeld, da die Verstöße als Ordnungswidrigkeit verfolgt werden.
Wird Ware verspätet oder beschädigt abgeliefert, so ist man zum Schadensersatz verpflichtet. Bei sehr wertvollem Transportgut kann dies auch ein Betrag sein, der in die Hunderttausende oder Millionen geht. Und eine Lieferverspätung, die zu einem Produktionsstillstand beim Empfänger führt, kann ebenfalls horrende Schadensersatzforderungen nach sich ziehen.
Bei schwerwiegenden Gefahrgutverstößen beispielsweise ist die Polizei verpflichtet, die Weiterfahrt zu untersagen. Der Schadensersatz für dadurch verursachte Verspätungen geht hingegen zu Lasten des Transportunternehmens.

**Beschleunigte Grundqualifikation
Spezialwissen Lkw**

Auszug aus dem Bußgeldkatalog des Bundesamtes für Güterverkehr

Tatbestand	Geldbuße für Unternehmer in €	Geldbuße in EURO für Fahrer in €
Güterbeförderung ohne Erlaubnis/ Gemeinschaftslizenz/Genehmigung	1000	
Vollziehbare Auflage in einer CEMT-/ Drittstaatengenehmigung nicht beachtet	100	85
Fahrzeugbezogene Nachweise nicht mitgeführt/(rechtzeitig) ausgehändigt		85
Berechtigungen/Genehmigungen nicht mitgeführt/ausgehändigt bei Beförderung mit		
— Gemeinschaftslizenz	150	50
— CEMT-Umzugsgenehmigung	150	50
— Schweizerische Lizenz	150	50
— CEMT-Genehmigung durch Drittstaatenunternehmer oder EU-/EWR-Unternehmer bei Beförderung zwischen Deutschland und Drittstaat	1250	85
— Drittstaatengenehmigung	1250	85
Das zur CEMT-Genehmigung gehörende Fahrtenberichtsheft		
— nicht mitgeführt	1250	50
— nicht ordnungsgemäß geführt, der ordnungsgemäße Einsatz der CEMT-Genehmigung ist deshalb nicht zu überprüfen	500	250

Kenntnis der Vorschriften für den Güterverkehr 2.8

Im grenzüberschreitenden kombinierten Verkehr bei Beförderung (An- oder Abfuhr) durch Drittstaatenunternehmer oder EU-/EWR-Unternehmer zwischen Deutschland und Drittstaat		
— Reservierungsbestätigung bei der Anfuhr zum Bahnhof/Hafen fehlt	1250	85
— Nachweis des benutzten Bahnhofs/Hafens bei der Abfuhr fehlt	1250	85
— Bescheinigung über den nächstgelegenen geeigneten Bahnhof fehlt (An- oder Abfuhr	1250	85
— Nachweis über den Berufszugang zum grenzüberschreitenden Güterkraftverkehr fehlt	1250	85
Im grenzüberschreitenden kombinierten Verkehr bei Beförderung (An- oder Abfuhr) durch EU-/EWR-Unternehmer im Binnenverkehr, im grenzüberschreitenden Verkehr zwischen Deutschland und anderen EU-/EWR-Staaten im Transitverkehr durch Deutschland:		
— Reservierungsbestätigung bei der Anfuhr zum Bahnhof/Hafen fehlt	75	50
— Nachweis des benutzten Bahnhofs/ Hafens bei der Abfuhr fehlt	75	50
— Bescheinigung über den nächstgelegenen geeigneten Bahnhof fehlt (An- oder Abfuhr)	75	50

Beschleunigte Grundqualifikation
Spezialwissen Lkw

Verstöße gegen sonstige Verpflichtungen — Zeichen/Weisungen des Kontrollpersonals nicht befolgt — vollziehbare Anordnung über die Untersagung der Weiterfahrt (durch BAG) nicht befolgt		125 125
Verstöße gegen die Vorschriften der illegalen Beschäftigung im Güterkraftverkehr (§ 7b GüKG) und gegen die Vorschriften über die Fahrerbescheinigung gemäß VO (EWG) 881/92 bzw. 3118/93 — Einsatz von nicht ordnungsgemäß beschäftigtem Fahrpersonal aus Drittstaaten (ohne Fahrerbescheinigung, gebietsfremdes EU-/EWR-Unternehmen) — Nichtmitführen/Nichtaushändigen von Fahrerbescheinigung/ Aufenthaltstitel/ Pass (Drittstaatenfahrer, gebietsansässiges Unternehmen) — Nichtmitführen/Nichtaushändigen der Fahrerbescheinigung (Drittstaatenfahrer, gebietsfremdes EU-/EWR-Unternehmen)	2500 125	 50 50

3 Verhalten, das zu einem positiven Image des Unternehmens beiträgt

> Dieses Kapitel behandelt Nr. 3.6 der Anlage 1 der BKrFQV

3.1 Das Bild eines Unternehmens in der Öffentlichkeit

▶ Die Teilnehmer sollen:
- die Begriffe „Image" und „Corporate Identity" kennenlernen
- erkennen, welche Bedeutung „Image und Corporate Identity" für den Unternehmenserfolg haben
- erkennen, wie sie durch ihr Verhalten zu Aufbau und Erhaltung eines positiven Images und der „Corporate Identity" beitragen können.

↻ **Gruppenarbeit**
Sie bitten die Teilnehmer, in Kleingruppen Stichworte zu folgenden Unternehmen, Produkten und Personen zusammenzutragen.
- Das Erfrischungsgetränk „Red Bull"
 (z. B. gewitzt und dynamisch)
- Das Unternehmen „ADAC" (z. B. hilfsbereit)
- Die Pkw-Marke „Mercedes" (z. B. teuer und luxuriös)
- Die Lkw-Marke „Scania" (z. B. kraftvoll und zuverlässig)
- Die Tageszeitung „BILD" (z. B. informativ, aber niveaulos)
- Die Produkte von „McDonalds"
 (z. B. ungesund und schmackhaft)
- Bundeskanzlerin Angela Merkel (z. B. klug und ehrgeizig)

Lassen Sie danach die Stichworte vortragen. Am Ende aller Vorträge wird unter Berücksichtigung aller Darstellungen die Bewertung „negativ" oder „positiv" getroffen.

Erarbeiten Sie dabei zusammen mit den Teilnehmern, woher sie ihr Wissen und ihre Meinung über eine Marke, eine Person oder ein Unternehmen beziehen. Führen Sie die Teilnehmer zu der Erkenntnis, dass sie meist ein gefühlsmäßiges Bild von Dingen haben.

Beschleunigte Grundqualifikation
Spezialwissen Lkw

Brainstorming
Erarbeiten Sie danach mit den Teilnehmern im Brainstorming Punkte, mit denen Fahrer zu einem guten Image des Unternehmens beitragen können. Lassen Sie dabei die Punkte auf Moderationskarten schreiben und arbeiten Sie bei der Darstellung der Punkte mit einer Moderationstafel. Die erarbeiteten Punkte können Sie in den Unterricht einbauen. In einigen Fällen werden Sie auf folgende Unterrichtsteile (Der Fahrer als Repräsentant, Qualität, usw.) hinweisen können.

Methoden:
- Kleingruppenarbeit
- Diskussion
- Kreativtechnik
- Lehrgespräch

Ca. 120 Minuten

Dieses Thema wird in der Führerschein-Ausbildung nicht oder nur ansatzweise behandelt.
Weiterbildung: Modul 4, Schaltstelle Fahrer

Wettbewerbssituation in Europa

Die Märkte Europas sind hart umkämpft. Hunderttausende von Unternehmen unterschiedlichster Größe und Ausrichtung ringen hier um Käufer, Auftraggeber oder Kunden. Erfolgreich bestehen kann nur, wer:

- Das eigene Produkt oder Unternehmen positiv in Szene setzen kann (positives **Image**)
- Dem Produkt oder Unternehmen ein markantes Gesicht verleiht, das ihn von der Konkurrenz unterscheidet. (**Corporate Identity**)

Beispiele für Unternehmen mit einem im Allgemeinen positiven Image und einem eigenständigen Gesicht sind:
Red Bull / Coca Cola / ADAC / UPS / Mercedes / Marlboro

Was ist Image?

Image (engl.: Bild, sprich „imitsch") ist ein inneres Bild, das Menschen von Personen, Institutionen oder Gegenständen haben.

3.1 Verhalten, das zu einem positiven Image beiträgt

- Image wird durch Beobachtungen und Informationen gebildet. Dabei entsteht hauptsächlich auf der Gefühlsebene ein inneres Bild.
- Image kann mit positiven und negativen Gedanken und Gefühlen verknüpft sein.
- Image verfestigt sich im Laufe der Zeit und ist dann nur noch sehr schwer zu verändern.
- Image ist ein entscheidender Einflussfaktor für Kaufentscheidungen.

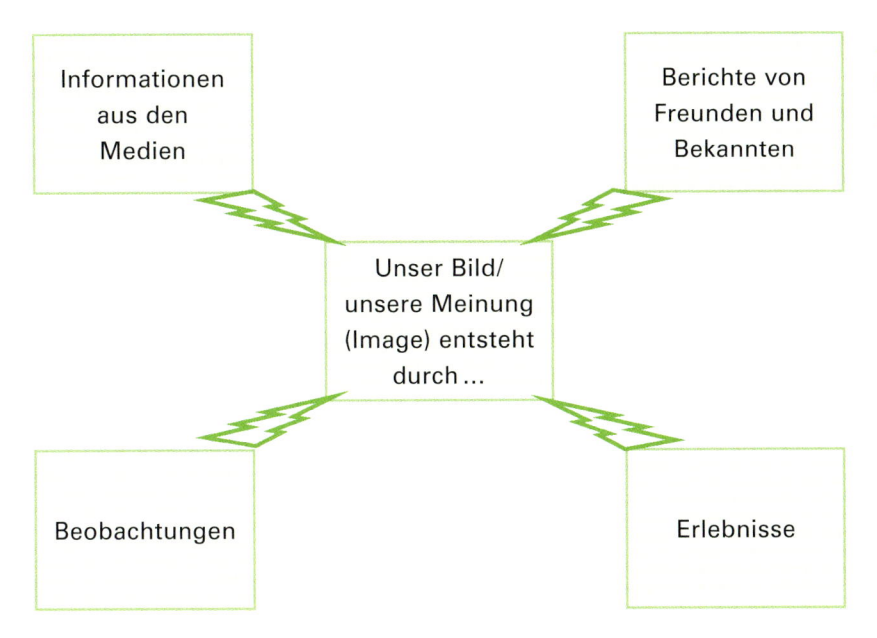

Abbildung 184: Einflussfaktoren auf das Image

Unser Bild/unsere Meinung (Image) entsteht durch …
- Informationen aus den Medien
- Berichte von Freunden und Bekannten
- Beobachtungen
- Erlebnisse

Man unterscheidet zwischen:
- Fremdimage
- Selbstimage

Selbstimage ist das Bild, das Unternehmen von der eigenen Ware oder Dienstleistung haben.

Fremdimage ist das Bild, das andere Personen von dieser Ware oder Dienstleistung haben.

> Erläutern Sie den Unterschied zwischen Selbstimage und Fremdimage an Beispielen:
>
> a) Der Eindruck der eigenen Stimme beim Sprechen.
>   Der Eindruck der eigenen Stimme von einem Tonband.
> b) Fragen Sie einen Teilnehmer, wie er sich selbst darstellen würde.
>   Fragen Sie dann andere Teilnehmer, wie sie ihn darstellen würden.
>
> Das wird zur Erheiterung beitragen, aber mit dem Fingerspitzengefühl des Dozenten ergibt sich eine gute Möglichkeit, das Thema „Inneres Bild" spielerisch zu vermitteln.

Beispiele für Image in verschiedenen Bereichen sind:
- Personenimage (Schauspieler, Politiker, der Papst, ...)
- Unternehmensimage (z. B. Aldi)
- Produktimage (z. B. Coca Cola)
- Branchenimage (z. B. Straßenverkehrstransportunternehmen)

Wie wirkt Image?

Wie Image aufgebaut wird und wie es wirkt, lässt sich an Beispielen von bekannten Marken darstellen.
- „Marlboro" = „Der Duft von Freiheit und Abenteuer"
- „Red Bull" = „Red Bull verleiht Flügel"

Beide Marken werben mit positiven Attributen: Der „Marlboro-Mann" ist ungewöhnlich und stark. Und der „Energielieferant" „Red Bull" glänzt durch Witz und Schnelligkeit.

In beiden Fällen ist der Erfolg ein reiner Marketingerfolg, durch Aufbau eines einzigartigen unverkennbaren Marken-Gesichtes in der Öffentlichkeit. Denn das Produkt unterscheidet sich kaum erkennbar von dem der Mitbewerber. So raucht der „Marlboro-Mann" seine Zigarette überall dort, wo die Natur ursprünglich und romantisch ist und Red Bull tritt in Unterhaltungs-Bereichen in Erscheinung, in denen die At-

Verhalten, das zu einem positiven Image beiträgt   3.1

tribute „Geschwindigkeit" und „Witz" im Vordergrund stehen (häufig Automobil- und Funsportarten).

An **Produkte ohne Namen** erinnert sich kaum jemand. Oder erinnern Sie sich an die namenlosen Billigprodukte, die die großen Discounter wie z. B. Aldi, Norma, Lidl oder Penny anbieten? Diese „No-name"-Produkte werden vor allem gekauft, weil sie billig sind.

Problematisch wirkt sich ein **negatives Image** aus. Dieses kann sich durch kritische oder negative Berichterstattung in Medien oder durch schlechte Erfahrungen bilden. Unternehmen gehen mit **Imagekampagnen** und vertrauensbildenden Maßnahmen dagegen vor. So startete z. B. der Discounter Lidl im März 2006 eine groß angelegte Imagekampagne mit einem Budget im zweistelligen Millionen-Euro-Bereich, um die Qualität seiner Produkte und die Arbeitsbedingungen bei Lidl positiv in Szene zu setzen. Lidl reagiert damit auf eine über Monate anhaltende Kritik von Verdi, Attac und Greenpeace an den Arbeitsbedingungen und der Produktqualität.

Wie lange es dauern kann, ein angeschlagenes Image aufzupolieren, durfte VW erfahren, nachdem es 1986 den spanischen Fahrzeugbauer SEAT übernommen hatte. Denn die Spanier hatten durch billige Lizenzbauten kein hochwertiges Image. 15 Jahre dauerte die Politur des angeschlagenen Images. Solange bemühte sich VW, die Leistungsfähigkeit der nun viel moderneren Mittelklassewagen durch Rennsporteinsätze zu beweisen. Erst 2001 war SEAT fest in der europäischen Automobilszene verankert.

> Stellen Sie den Teilnehmern folgende Fragen:
>
> Warum sind Sportarten bei Sponsoren beliebt, um Werbung für ihre Namen zu machen?
> Antwort: Weil die Stichworte „gesund, sportlich, dynamisch, leistungsbewusst, erfolgreich" mit dem Begriff „Sport" verbunden sind. An dieses positive Image des Sportes wollen sich Sponsoren mit ihren Produkten anhängen. Denn Produkte, die mit positiven Dingen in Zusammenhang gebracht werden, lassen sich erfolgreicher vermarkten.

Beschleunigte Grundqualifikation
Spezialwissen Lkw

> Warum nehmen große Sponsoren kaum die Möglichkeit wahr, im Rahmen von Beerdigungen oder mit der Hilfe von Krankenhäusern für sich und ihre Produkte zu werben?
> Antwort: Weil diese Begriffe mit negativen Assoziationen verbunden sind. Diese negativen Gefühle würden sich auf die zu vermarktenden Produkte übertragen und die Verkaufszahlen schmälern.

Was ist Corporate Identity?

Firmeneigene Fahrzeuge sind eine sehr effektive Möglichkeit, eine Firma und ihre Philosophie in der Öffentlichkeit darzustellen. Das belegt das Beispiel der gelben ADAC-Fahrzeugflotte. Die markant gelben Fahrzeuge und die ebenfalls gelb gekleideten Mechaniker haben nicht umsonst die Bezeichnung „Gelbe Engel" verliehen bekommen. Ein weiteres bekanntes Beispiel ist das Kurier-Unternehmen United Parcel Service. Die braunen UPS-Fahrzeuge und die braun gekleideten Fahrer des Paketservices sind seit Jahren ein Klassiker in Sachen Corporate Identity – dem einheitlichen Erscheinungsbild einer Firma in der Öffentlichkeit.

Abbildung 185:
Beispiel für CI: UPS-Fahrzeug mit Fahrer
Quelle: UPS

Verhalten, das zu einem positiven Image beiträgt 3.1

Die Bedeutung von Corporate Identity

Die Corporate Identity (**CI**) ist die Identität eines Unternehmens. **CI** ist die „Persönlichkeit" oder der „Charakter" einer Firma. Das Konzept der **CI** beruht auf der Idee, dass
- Unternehmen wie Persönlichkeiten wahr genommen werden
- Unternehmen ähnlich wie Personen handeln können

Die Identität einer Person ergibt sich aus ihrer Erscheinung und der Art, wie sie spricht und handelt. Unternehmen schaffen sich diese Identität durch
- ein einheitliches Erscheinungsbild und
- einheitliches Handeln.

Unternehmen bauen somit eine quasi-menschliche „Persönlichkeit" auf.

Die Abgrenzung gegenüber anderen Unternehmen durch Corporate Identity (CI) ist in der Transportbranche mit ihrer begrenzten Dienstleistungspalette von „Transport und Logistik", sehr wichtig. Denn die Identität eines Unternehmens hat einen sehr starken Einfluss auf die Vergabe von Aufträgen durch den Kunden.

Bei Spediteuren ist Corporate Identity als erstes auf der Ebene der Fahrzeugflotte zu erkennen. So wird „das Unternehmen hinter der Dienstleistung" „Transport" für den Kunden auch im Straßenverkehr eindeutig identifizierbar.

> **Anmerkung des Autors:**
> In dem Kapitel „Verhalten, das zu einem positiven Image des Unternehmens beiträgt" habe ich mich bei Schilderungen rund um den Arbeitsplatz eines „Lkw-Fahrers" auf die Fahrergruppe konzentriert, die m.E. das Gros der Berufskraftfahrer darstellt: *Fahrer, die mit Lastwagen unterwegs sind, die vorwiegend zum Transport von Stückgütern geeignet sind.*
> Diese Fahrergruppe lenkt Lastwagen mit einer Ladefläche, die mit einer Plane bedeckt ist. In diesem Umfeld sind meine Erklärungen und Darstellungen zu verstehen.
> Nach meinem Verständnis sind die meisten meiner Ausführungen jedoch auch übertragbar auf andere Sparten des Berufes (Silofahrer, Tankwagenfahrer, usw.).

**Beschleunigte Grundqualifikation
Spezialwissen Lkw**

Corporate Identity und das Fahrzeug

Ein gutes Beispiel für Corporate Identity ist die österreichische Spedition Vögel. Bei dem Vorarlberger Transportunternehmen besteht die Fahrzeugflotte aus meist hochwertig ausgestatteten Lastwagen. Die aufwändige Lackierung, Zusatzscheinwerfer und Bullfänger vermitteln ein starkes, selbstbewusstes Bild. Dieses Erscheinungsbild repräsentiert im Straßenverkehr die Leistungsfähigkeit des Transportunternehmens. So baut Vögele beim Kunden Vertrauen auf.

Fahrer und Fahrzeug

Auch Sie als Fahrer haben durch die Gestaltung Ihres Fahrzeuges einen nicht zu unterschätzenden Einfluss auf das Bild Ihres Unternehmens in der Öffentlichkeit. Dies geschieht meist unwissentlich durch kleine Verzierungen oder Anbauten, die Sie an Ihrem Lastwagen befestigen wollen:

Bei jeder (!) Veränderung sollten Sie sich bewusst machen:

Abbildung 186: Beispiel für gelungene CI
Quelle: Reiner Rosenfeld

Verhalten, das zu einem positiven Image beiträgt　　3.1

- Sie beeinflussen auch mit kleinen Veränderungen am Fahrzeug das Erscheinungsbild Ihres Unternehmens in der Öffentlichkeit (also das Image)
- Was Sie persönlich als witzig oder tiefsinnig verstehen, kann auf andere Menschen unangebracht oder beleidigend wirken und das Ansehen Ihres Unternehmens schädigen.

Betrachten Sie dazu das Foto mit „Uwes Stinkefinger" auf der Fahrertüre eines Lastwagens. Versetzen Sie sich dabei in die Rolle eines Kunden oder Polizisten, der mit Uwe, der bei geschlossener Fahrertüre hinterm Steuer klemmt, ein Gespräch führen will. Alles klar?

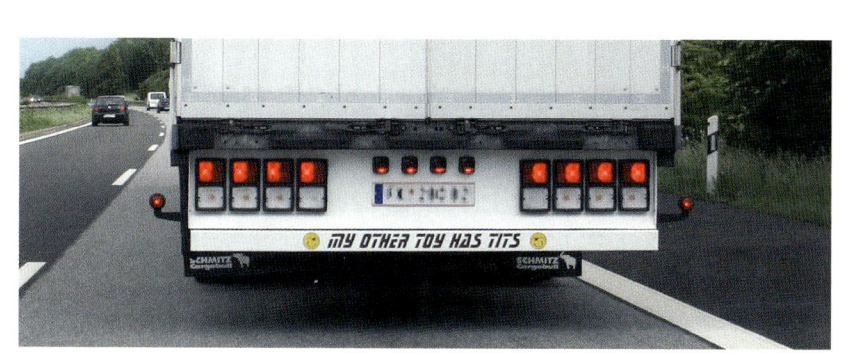

Abbildung 187: Kleine Veränderungen am Fahrzeug haben Auswirkungen auf das Image des Unternehmens
Quelle: Reiner Rosenfeld

AUFGABE/LÖSUNG

Erläutern Sie, wie Uwes Stinkefinger auf Sie als Kunde oder Polizist wirken könnte!

- Obszön, beleidigend, aggressiv

Also – auch wenn Uwe in diesem fiktiven Gespräch freundlich sein will, so kann doch der unangenehme Eindruck entstehen, dass ihm eigentlich alles sch… egal ist. Probleme mit der Polizei könnten unter solchen Bedingungen eskalieren, oder Kunden sich vom Spediteur abwenden. Im Hinblick auf die CI und den Anspruch an ein einheitliches Handeln der Angestellten besteht die Gefahr, dass sich dieser negative Eindruck auf das Bild des Unternehmens in der Öffentlichkeit überträgt.

Abbildung 188: Unangemessener Aufkleber
Quelle: Reiner Rosenfeld

Beschleunigte Grundqualifikation
Spezialwissen Lkw

Auch der Spruch „My other toy has tits" („Mein anderes Spielzeug hat Brüste") an der Stoßstange eines Lastwagens kann das mühsam beim Kunden aufgebaute Vertrauen in ein Transportunternehmen leichtfertig aufs Spiel setzen. Denn der Aufkleber hat eine eindeutig sexistische, frauenfeindliche Aussage. Eine Versandleiterin eines großen Auftraggebers könnte den Aufkleber als frauenfeindlich verstehen und der Spedition zukünftig Aufträge entziehen.

Vielleicht erscheinen Ihnen diese Beispiele alle ein wenig konstruiert – aber erinnern Sie sich daran, wie Image entsteht: Image ist ein Bild auf der Gefühls-Ebene, das u. a. durch Beobachtungen und Erlebnisse gebildet wird und Image beeinflusst unterbewusst Entscheidungen (nicht nur) von Kunden!

Abbildung 189:
Lkw-Aufkleber
Quelle: Reiner Rosenfeld

AUFGABE/LÖSUNG

Beschreiben Sie die Aussage: „Legal – Illegal – Scheißegal". Welche Folgen könnten für den Spediteur entstehen?

Aussage: „Ich halte mich an keine Gesetze oder Regeln"; Vertrauen wird zerstört, ...
Folgen: Nicht nur kritische Kunden werden sich überlegen, ob sie ihre wertvolle Fracht diesem Fahrer oder dieser Firma anvertrauen. Bei Gesetzesverstößen (z. B. gegen Lenk- und Ruhezeiten oder höchstzulässige Gewichte) könnte Vorsatz und Bereitschaft zur Wiederholung unterstellt werden.

Verhalten, das zu einem positiven Image beiträgt   3.1

Ihr Ziel muss es sein, mit dem Fahrzeug bei Kunden und in der Öffentlichkeit einen positiven und nachhaltigen Eindruck zu hinterlassen.

Dazu gehört auch, dass die Plane beim Fahren sauber verschlossen ist. Eine flatternde oder nachlässig geschlossene Plane erweckt den Eindruck von Schlamperei und Gleichgültigkeit (und erhöht zudem den Kraftstoffverbrauch). Manche Kunden sehen ihr eigenes Firmenimage auch verzahnt mit dem ihres Transporteurs. Hat dieser schlampige Fahrzeuge und Fahrer, läuft der Kunde Gefahr, das eigene Image zu schädigen. Aufträge werden dann anderweitig vergeben.

Auch im eigenen Interesse sollten Fahrer Wert auf das Erscheinungsbild ihres Fahrzeuges legen. Denn äußerlich auffällige Kraftfahrzeuge werden häufiger und genauer von Polizei und BAG kontrolliert. Denn flatternde Planen, „vermüllte" Führerhäuser oder Panzer-Sehschlitze in der Frontscheibe sind ein Zeichen, dass Fahrer unter Zeitdruck stehen, schlampig arbeiten oder es mit den Gesetzen nicht besonders genau nehmen – ein gefundenes Fressen also!

Abbildung 190:
Ungepflegtes Fahrzeug
Quelle: Reiner Rosenfeld

Abbildung 191:
Lkw mit eingeschränktem Sichtfeld
Quelle: Reiner Rosenfeld

Beschleunigte Grundqualifikation
Spezialwissen Lkw

Fazit
Betrachten Sie Ihr Handeln als Fahrer immer in Zusammenhang mit einer übergeordneten Zielsetzung des Unternehmens. Vor Veränderungen am Fahrzeug sollten Sie das Einverständnis der Firmenleitung einholen.

> **Hintergrundwissen** → Gerne verzieren Fahrer den Lastwagen mit Anbauteilen. Beliebt sind bunte Lämpchen oder große Zusatzscheinwerfer, die den Fahrzeugen besonders in den Nachtstunden ein individuelles Aussehen verleihen sollen. Solche (oft ohne Zustimmung der Firmenleitung angebrachten) Anbauten führen oft zu Problemen mit der Polizei im In- und Ausland und können von einfachen Strafzetteln bis zum Erlöschen der Betriebserlaubnis führen.

Abbildung 192:
Schild an den Zahlstellen auf französischen Autobahnen
Quelle: Reiner Rosenfeld

Corporate Identity und der Fahrer

Positives Verhalten im Straßenverkehr
Auch Ihr Verhalten im Straßenverkehr kann den Ruf einer Firma beeinflussen. Dies gilt besonders auf Strecken im engeren Umkreis um das Unternehmen, weil hier die Firmen-Lkw ein fester Bestandteil des Straßenbildes sind. Nutzen Sie die Möglichkeiten, das eigene Unternehmen durch optimales Verkehrsverhalten in ein positives Licht zu setzen. So fördern Sie auch das gute Miteinander zwischen Pkw-Fahrern und Lkw-Fahrern.
Als „Kavalier der Straße" können Sie beispielsweise andere Verkehrsteilnehmer ...

- ... nach Steigungen überholen lassen.
- ... nach längeren Landstraßenpassagen an einem Parkplatz die „Schlange" hinter Ihnen passieren lassen.

3.1 Verhalten, das zu einem positiven Image beiträgt

> **PRAXIS-TIPP**
>
> Eine gute Möglichkeit, schnellere Fahrzeuge (Pkw, aber auch leere Lastwagen) passieren zu lassen, bieten Kreisverkehre. Legen Sie einfach eine oder zwei Extrarunden im Kreisverkehr zurück, schon haben die anderen Fahrzeuge wieder freie Fahrt. Eine angenehme Begleiterscheinung: Mit dem „Kreisverkehrs-Trick" verbrauchen Sie kaum zusätzlichen Treibstoff, denn anders als beim Anhalten in Parkplätzen oder Bushaltestellen müssen Sie nicht extra anfahren. Lediglich einige zusätzliche Streckenmeter müssen zurückgelegt werden.

Der Zeitverlust bei solchen Aktionen ist gering, der Imagegewinn auf Dauer aber erheblich. Ihr vorbildliches Verhalten kann dazu beitragen, dass sich Pkw-Fahrer den Lkw-Fahrern gegenüber wieder rücksichtsvoller und hilfsbereiter verhalten.

Rücksichtsloses Verhalten im Straßenverkehr

Rücksichtsloses Verhalten von Fahrern schädigt das Firmenimage. Denn nach einer Reihe schlechter Erfahrungen werden Verkehrsteilnehmer nicht mehr zwischen der „Persönlichkeit" der Fahrer oder dem Unternehmen unterscheiden können oder wollen.

Negativ beeinflussen auch Elefantenrennen das Bild der beteiligten Transportunternehmen – den Namen lesen die Nachfolgenden ja lange genug auf der Lkw-Rückwand. Nach einer Umfrage von ADAC und Tns Infratest geben 18,3 % der Verkehrsteilnehmer den Elefantenrennen die Schuld an Staus auf der Autobahn (Quelle: transportonline.de vom 29.01.2007). Dies wiederum wirkt sich nachhaltig auf das Image der gesamten Transportbranche aus.

Fehlverhalten im Straßenverkehr macht sich unter Umständen im Unternehmensimage nicht sofort negativ bemerkbar, schädigt aber auf lange Sicht den Ruf eines Unternehmens und den Ruf der ganzen Branche.

Beschleunigte Grundqualifikation
Spezialwissen Lkw

Abbildung 193:
Elefantenrennen
Quelle: Reiner
Rosenfeld

> ➕ **Hintergrundwissen** → Die StVO bestraft Elefantenrennen mit 80,– Euro Bußgeld und einem Punkt in Flensburg. Eine Mindestgeschwindigkeit für das Überholen ist nicht vorgeschrieben (Sie muss „wesentlich höher" sein als die des Überholten). Nach aktueller Rechtssprechung muss die Überholgeschwindigkeit mehr als 10 km/h höher sein.
> Es wurden bereits Strafen für „nur" 1200 Meter lange Überholvorgänge oder eine Geschwindigkeitsdifferenz von 10 km/h auf der Autobahn ausgesprochen.
> Bei einer Geschwindigkeitsdifferenz von 2 km/h ist die linke Spur ca. 3 Minuten bzw. – bei entsprechendem Sicherheitsabstand – für mehr als 4 km blockiert!

Fahrer und Umwelt
Das Umwelt-Image eines Unternehmens gewinnt in Zeiten der Energieverknappung permanent an Bedeutung. Auch die Transportbranche rückt in Zeiten der Klimaerwärmung zunehmend in den Fokus der Öffentlichkeit.

Verhalten, das zu einem positiven Image beiträgt

3.1

Umweltgerechtes Verhalten sollte also für Sie als Fahrer selbstverständlich sein. Dabei müssen Sie zumindest die folgenden Minimalanforderungen erfüllen:
- Motorstopp bei Fahrzeugstopp
- Motoren nicht unnötig im Stand warm laufen lassen
- Möglichst energiesparende Fahrweise

Besonders krasse Beispiele für Umweltsünden von Fahrern sind zudem:
- Durch Abfälle verdreckte Lkw-Parkplätze und Industriegebiete
- Parkplätze als illegale Entsorgungsstation für Reste aus Silos oder Tankfahrzeugen
- Fahrer, die ihren Müll beim Fahren durch das geöffnete Fenster entsorgen.

Unter diesen Bedingungen ist es nicht verwunderlich, dass die Akzeptanz gegenüber Lkw und Lkw-Fahrern in der Gesellschaft ständig sinkt und sie zunehmend durch Parkplatzsperrungen oder Parkverbotsschilder aus dem Ortsbild oder aus Industriegebieten vertrieben werden.

Abbildung 194:
Lkw vor Rapsfeld
Quelle: Reiner Rosenfeld

Beschleunigte Grundqualifikation
Spezialwissen Lkw

3.2 Der Lkw-Fahrer als Repräsentant

▶ Die Teilnehmer sollen:
- die vielfältigen Berührungspunkte mit anderen Menschen bei der Berufsausübung kennenlernen.
- sich der Bedeutung und der Möglichkeiten ihrer Funktion als Repräsentant des Unternehmens bewusst werden.

↻ Die Teilnehmer sollen in Kleingruppen die Gesprächspartner von Lastwagenfahrern und Anlässe für Gespräche oder Konflikte auflisten. Die Ergebnisse werden in das Schaubild im Arbeits- und Lehrbuch eingetragen.
- Betreten Sie den Unterrichtsraum mit verschmutzter und zerrissener Kleidung. Lassen Sie die Teilnehmer während des Unterrichtes erklären, wie diese Kleidung auf sie wirkt und worin der Unterschied zu der von Ihnen normalerweise im Unterricht getragenen Kleidung besteht.
- Alternativ können Sie Fotos von verschiedenen Personen oder Personengruppen projizieren (siehe PowerPoint-Präsentation bzw. PC-Professional) und mit den Teilnehmern die Persönlichkeitswirkung besprechen. Nutzen Sie dabei die Möglichkeit starker Kontraste und stellen Sie z. B. das Bild eines Punks neben das Bild eines Managers. Gehen Sie danach zu den Feinheiten der Persönlichkeitswirkung über: Zeigen Sie Bilder von ungepflegten/gepflegten Händen oder verschiedenen Frisuren oder Kleidungsstücken usw.
- Nutzen Sie praktische Übungen (s. u.), um Lerninhalte zu verdeutlichen (Vorlesen von Texten, für die Bedeutung der Betonung oder der Körperhaltung, um Verhaltensmuster aufzuzeigen)

Methoden:
- Kleingruppenarbeit
- Rollenspiel
- Diskussion
- Kreativtechnik
- Optional: Besuch einer Spedition (Siehe Seite 239)

3.2 Verhalten, das zu einem positiven Image beiträgt

🕐 Ca. 150 Minuten

📺 Dieses Thema wird in der Führerschein-Ausbildung nicht oder nur ansatzweise behandelt.
Weiterbildung: Modul 4, Schaltstelle Fahrer

Gesprächspartner und Themen

Lkw-Fahren ist mehr als nur Ware von A nach B zu bringen. Es ist, genau betrachtet, ein Beruf für Menschen, die gerne mit anderen Menschen zu tun haben. Gleichzeitig ist es ein Beruf, der viel Geschicklichkeit im täglichen Umgang mit anderen Menschen verlangt.

AUFGABE/LÖSUNG

Benennen Sie Gesprächspartner von Lastwagenfahrern und listen Sie mögliche Anlässe für Gespräche oder Konflikte auf!

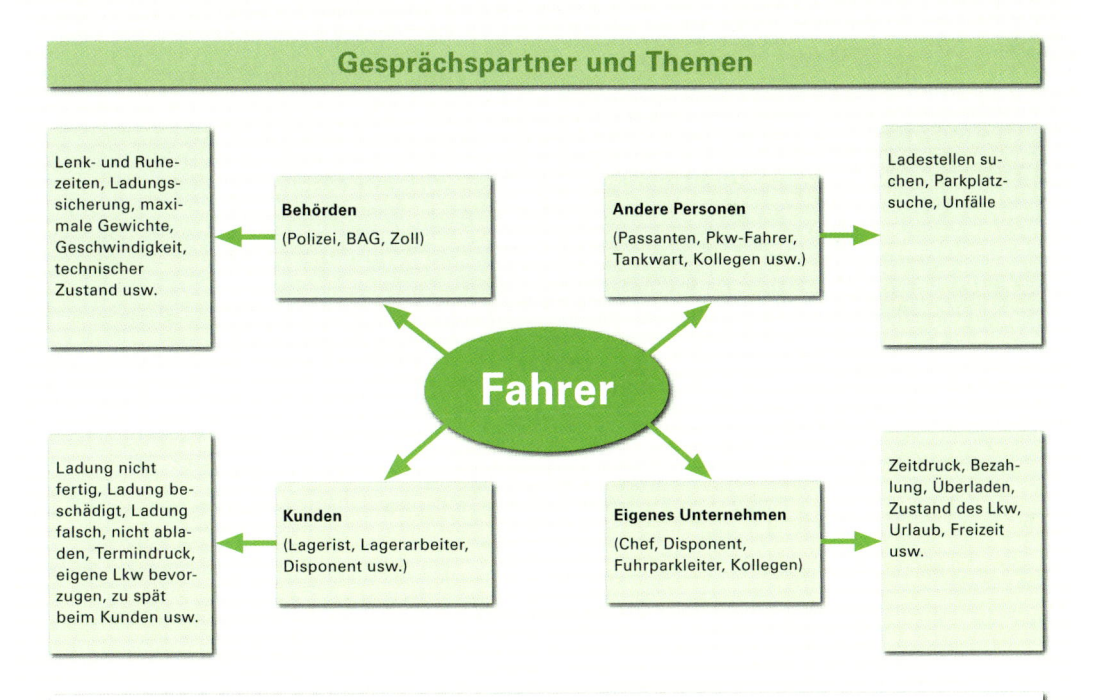

Gesprächspartner und Themen

Behörden (Polizei, BAG, Zoll)
- Lenk- und Ruhezeiten, Ladungssicherung, maximale Gewichte, Geschwindigkeit, technischer Zustand usw.

Andere Personen (Passanten, Pkw-Fahrer, Tankwart, Kollegen usw.)
- Ladestellen suchen, Parkplatzsuche, Unfälle

Fahrer

Kunden (Lagerist, Lagerarbeiter, Disponent usw.)
- Ladung nicht fertig, Ladung beschädigt, Ladung falsch, nicht abladen, Termindruck, eigene Lkw bevorzugen, zu spät beim Kunden usw.

Eigenes Unternehmen (Chef, Disponent, Fuhrparkleiter, Kollegen)
- Zeitdruck, Bezahlung, Überladen, Zustand des Lkw, Urlaub, Freizeit usw.

Anmerkung:
Die schwarzen Textteile sind im Arbeits- und Lehrbuch nicht vorhanden. Sie werden von den Teilnehmern ausgefüllt.

Beschleunigte Grundqualifikation
Spezialwissen Lkw

Sie treten als Fahrer in der Öffentlichkeit also an vielen verschiedenen Stellen als Repräsentanten Ihres Unternehmens in Erscheinung. Sie stehen in dieser Hinsicht vor der gleichen Herausforderung wie z. B. Vertreter oder Verkäufer: Alle müssen durch ihre Persönlichkeit, also durch das Erscheinungsbild und ihr Auftreten, die Seriosität und Leistungsfähigkeit des Unternehmens in der Öffentlichkeit widerspiegeln. Somit ist es auch für Fahrer wichtig zu wissen, wie und wann eine Persönlichkeitswirkung zustande kommt, wie sie sinnvoll eingesetzt werden kann und wie Fehler vermieden werden können.

Der erste Eindruck

Bei einer ersten Begegnung mit einem fremden Menschen reichen Ihrem Gegenüber drei bis vier Sekunden, um zu entscheiden, ob Sie auf ihn sympathisch oder unsympathisch, vertrauenserweckend oder nicht vertrauenswürdig wirken.
Bei dieser Beurteilung reagiert Ihr Gegenüber auf der Gefühlsebene spontan auf drei Komponenten Ihrer Persönlichkeitswirkung:

- Ihr Aussehen und die Körpersprache
- Ihre Sprache, die Art zu sprechen und die Stimme
- Ihr Sachwissen

Von 100 Prozent Persönlichkeitswirkung entfallen dabei:

- 55 % auf das Aussehen und die Körpersprache
- 38 % auf die Art zu sprechen und die Stimme
- 7 % auf das Sachwissen

Vereinfacht bedeutet dies:

**Es ist nicht wichtig, was jemand sagt,
es ist nur wichtig, wie er dabei aussieht und wie er es sagt.**

Sie haben nur eine Chance für den ersten (guten) Eindruck!

Der sogenannte „Primacy Effect" („Vorrang-Effekt") beschreibt ein psychisches Phänomen, nach dem der erste Eindruck, den wir von einer Person haben, auch die weiteren Begegnungen dominiert. Der erste Eindruck hat also einen prägenden Einfluss auf weitere Begegnungen, nach dem Motto:

Verhalten, das zu einem positiven Image beiträgt 3.2

- Erster Eindruck gut = (fast) immer guter Eindruck
- Erster Eindruck schlecht = (fast) immer schlechter Eindruck

Nach einem **ersten guten Eindruck** können Sie sich später also auch einmal einen Fehler erlauben, ohne dass dieser Eindruck gleich vollständig zerstört ist.

Ein **erster schlechter Eindruck** hängt demnach aber auch noch bei viel späteren Begegnungen wie eine Klette an Ihnen. Da können Sie so seriös auftreten, wie Sie wollen.

Beispiel
Bei einem neuen Kunden sollten Sie besonders seriös in Erscheinung treten und Ihren Job perfekt erledigen. Dann kann später auch einmal ein Schaden an einer Ware oder eine Verzögerung bei der Anlieferung auftreten, ohne dass das gute Verhältnis gleich gefährdet wird.

Um einen guten Eindruck zu hinterlassen, sollten Sie auf folgende Punkte achten:

Äußere Erscheinung
- Tragen Sie gepflegte, saubere Kleidung
- Erscheinen Sie keinesfalls nachlässig gekleidet oder zu aufgedonnert

Verhalten
- Treten Sie selbstsicher, aber keinesfalls arrogant auf
- Vermeiden Sie es, unsicher oder gehemmt zu erscheinen
- Seien Sie authentisch

Wortwahl
- Passen Sie Ihre Wortwahl Ihrem Gesprächspartner an
- Vermeiden Sie es:
  - unsensibel, abwertend, verletzend zu wirken
  - bevormundend oder schulmeisterhaft zu erscheinen
  - etwas ins Lächerliche zu ziehen

Aussprache
- Sprechen Sie ruhig, klar und deutlich
- Vermeiden Sie es:
  - zu nuscheln, zu schnell oder zu langsam zu sprechen
  - übertrieben gestelzt zu sprechen

Beschleunigte Grundqualifikation
Spezialwissen Lkw

Stimme
- Vermeiden Sie
  - den Befehlston
  - zu laut oder zu leise zu sprechen
  - monoton oder schrill zu sprechen

Mimik und Gestik
- Vermeiden Sie
  - bedrohliche Körperhaltungen (z. B. Hände in die Hüften stützen)
  - dem Gesprächspartner den Rücken zuzudrehen
  - übertriebene, lasch oder steif wirkende Gesten
  - Gesten, die nicht zur Rede passen
  - zu lässige Haltungen
- Halten Sie
  - Blickkontakt mit dem Gesprächspartner
  - Distanz zum Gegenüber

> **Hintergrundwissen** → Distanzzonen:
> In Gesprächen sollten Sie die folgenden Distanzzonen zu Ihrem Gegenüber berücksichtigen.
> - Intime Distanz (0 bis 0,60 Meter = Armlänge):
>   sehr enge Vertraute, enge Verwandte, Intimpartner
> - Persönliche Distanz (0,60 bis 1,50 Meter = normale Gesprächsdistanz):
>   Verwandte, gute Freunde, enge Kollegen
> - Gesellschaftliche oder soziale Distanz (1,50 bis 4,00 Meter):
>   Zur Erledigung unpersönlicher Angelegenheiten wie Geschäftsgespräche, Gespräche mit dem Chef usw.
> - Öffentliche Distanz (Mehr als 4,00 Meter):
>   Vortragender, Lehrer vor der Klasse

3.2 Verhalten, das zu einem positiven Image beiträgt

PRAKTISCHE ÜBUNG

▶ Bei den Teilnehmern soll Verständnis für die Bedeutung des „Ersten Eindruckes" geweckt werden.

- Bitten Sie dazu einzelne Teilnehmer, vor dem Plenum durch Körperhaltungen und Bewegungen bestimmte Verhaltensmuster wiederzugeben, die einem guten/schlechten Eindruck förderlich/hinderlich sind. Die restlichen Teilnehmer sollten diese Haltungen/Muster interpretieren.
- Beispiele:
  - Negativ: zu lässig, arrogant, desinteressiert, übereifrig, zu langsam
  - Positiv: aufmerksam, hilfsbereit

Ca. 10 Minuten

PRAKTISCHE ÜBUNG

▶ Entwickeln Sie bei den Teilnehmern ein Gefühl für die Wirkung von Sprache, Stimme und Betonung.

- Lassen Sie dazu Teilnehmer mit unterschiedlichen Betonungen Geschichten oder Gedichte vorlesen, damit die Gruppe ein Gefühl für die Wirkung von Sprache bekommt.
- Führen Sie anschließend eine Diskussion darüber, wie Inhalte unterschiedlich betont werden können und wie Stimmen laut und leise wirken.

Ca. 10 Minuten

Die passende Kleidung

Ob Sie von einem Kunden, Polizisten oder Passanten als sympathisch empfunden werden, hängt primär von Ihrem Erscheinungsbild und Ihrer Körperhygiene ab (Schweiß, Mundgeruch, ungepflegte Hände, ungewaschene Haare usw.). Ein Minimum an passender Kleidung und Hygiene sollte zum Stil eines engagierten Berufskraftfahrers gehören. Als Kleidung empfiehlt sich:

- In der warmen Jahreszeit ein dunkles Polo-Shirt für Kundenkontakte (Beim Fahren können Sie sich natürlich lockerer kleiden).
- Lange Hosen (z. B. ordentliche Jeans oder Trekking-Hosen).

Beschleunigte Grundqualifikation
Spezialwissen Lkw

underdressed   optidressed   overdressed   ?

Kurze Hosen sind im Berufsleben üblicherweise – außer bei sehr schweißtreibenden Tätigkeiten – unangemessen.
- Im Winter ein dunkler (Rollkragen-) Pullover
- Eine saubere Jacke sollte in der kälteren Jahreszeit immer in der Kabine sein, unabhängig von der Arbeitsjacke.
- Natürlich kann auch gepflegte/schicke Arbeitskleidung angemessen sein.

So gekleidet begegnet man Ihnen überall respektvoll und Sie können auch gegenüber höheren Angestellten des Kunden selbstsicher auftreten.

PRAXIS-TIPP

Für besonders schmutzige Arbeiten – überraschende Reparaturen oder sehr einsatzintensive Ladetätigkeiten – sollten Sie einen Arbeitsoverall oder einen Arbeitsmantel an Bord haben. Unter Umständen bietet sich ein leichter „Einmal-Overall" aus dem Kfz-Zubehör an. Dieser nimmt kaum Platz weg und kann nach dem Einsatz weggeworfen werden.

Verhalten, das zu einem positiven Image beiträgt 3.2

Hintergrundwissen → Tägliches Duschen ist für Fahrer im Fernverkehr oft nicht durchführbar. Trotzdem ist ein gewisses Maß an Körperpflege auch abseits von Rastplätzen möglich. Dies gelingt mit Wasserkanistern, die in der Kabine mitgeführt oder außen am Fahrzeug angebracht werden. Wer oft das Fahrzeug wechseln muss, kann sich hier mit einem Wassersack behelfen, den es bei Reiseausstattern gibt. Auch in einer durchschnittlichen Fernverkehrskabine ist es möglich, sich an geruchsintensiven Körperzonen zu waschen: Vorhänge zu, Kabine mit Handtüchern auslegen, Wasser in eine Schüssel oder in den sauberen Mülleimer in der Kabine kippen und mit einem Waschlappen waschen. Warmduscher haben die Möglichkeit, das kühle Nass vorher im Wasserkocher anzuwärmen.

PRAKTISCHE ÜBUNG

▶ Die Teilnehmer sollen das Erlernte durch Beobachtungen aus der Praxis vertiefen

↪ **Optional: Exkursion**

Besuch einer Spedition – am besten eine große Spedition, die täglich Stückgüter empfängt und versendet

Bester Zeitpunkt: Ca. 17.00 bis 18.00 Uhr

Beobachtung von Kollegen (im Hinblick auf deren Erscheinungsbild und den ersten Eindruck, der dadurch vermittelt wird). Anschließend Schilderung der Eindrücke und Diskussion im Plenum.

🕐 Ca. 60 Minuten (Der Weg ist nicht im Zeitplan enthalten)

Serviceverhalten

Auch beim Abliefern oder beim Übernehmen von Waren treten Sie dem Kunden gegenüber als Repräsentant Ihres Unternehmens in Erscheinung.
Stellen Sie sich doch einfach einmal vor, Sie sitzen in einem Restaurant und der Kellner knallt Ihnen gelangweilt den Teller mit der Pizza auf

Beschleunigte Grundqualifikation
Spezialwissen Lkw

den Tisch, wirft die Serviette und das Besteck daneben und verlangt von Ihnen im gleichen Atemzug, die Rechnung zu bezahlen. Sicherlich werden Sie diesem Restaurant ziemlich bald den Rücken zuwenden – auch wenn die Pizza die beste der Stadt ist, denn der Service, den Sie unbewusst erwarten (und erwarten dürfen), stimmt mit den Zuständen nicht überein.

Beim Serviceverhalten, das Sie als Dienstleister (Transport ist eine Dienstleistung) erbringen sollten, gibt es vier Stufen:

Abbildung 195:
Servicestufen

Unerwarteter Service	Entscheidet darüber, ob ein Kunde Ihr Kunde wird oder bleibt
Erwünschter Service	
Erwarteter Service	Wird vorausgesetzt, um überhaupt am Markt bestehen zu können
Grundlegender Service	

Grundlegender Service: Sie stellen Ware pünktlich zu.

Erwarteter Service: Sie ziehen die Ware mit dem Hubwagen bis vor das Haus.

Erwünschter Service: Sie helfen, die Ware bis in die Werkstatt zu wuchten.

Unerwarteter Service: Sie helfen dem Kunden, einen schweren Karton, den eine andere Spedition einfach vor das Haus gestellt hat, in die Werkstatt zu wuchten.

Verhalten, das zu einem positiven Image beiträgt

3.2

Abbildung 196:
Perfekte Ladefläche
Quelle: Reiner Rosenfeld

Der Zustand des Fahrzeuges

Als Fahrer treten Sie natürlich immer zusammen mit Ihrem Fahrzeug in Erscheinung. Daher sollten Sie Ihr Augenmerk auch auf das Erscheinungsbild Ihres Lastwagens richten. Auch hier gilt, dass Sie nur eine Chance für den ersten (guten) Eindruck haben!

Vor (!) Ihrer Ankunft beim Kunden müssen Sie also die Ladeeinheit in perfekten Zustand versetzen:
- Ladefläche besenrein und trocken
- Aufgeräumt (Leerpaletten sauber gestapelt und gesichert und Ladehilfsmittel sicher verstaut)
- Bereits geladene Ware perfekt gesichert
- Dach- und Seitenplane ohne Risse oder Löcher
- Dicht schließende Türen und Bordwände
- Komplette Anzahl von Stecklatten (dürfen nicht gesplittert oder angebrochen sein)
- Belastbarer, ebener Laderaumboden ohne gebrochene Bodenplatten oder hervorstehende Nägel/Schrauben
- Geruchsneutral
- Ausreichend Materialien zur Ladungssicherung (neuwertig, unbeschädigte Gurte, ausreichend Kantengleiter, Antirutschmat-

Beschleunigte Grundqualifikation
Spezialwissen Lkw

ten, Spannlatten sowie spezielles, diesen Transport betreffendes LaSi-Zubehör)
- Unter Umständen intakte Zollschnur
- Unter Umständen Vorhängeschloss zum Sichern der Ladeeinheit gegen Diebstähle

PRAXIS-TIPP

Können Sie Schäden oder Mängel an Fahrzeugen nicht selbst beseitigen, müssen Sie diese umgehend dem Unternehmen melden.

Hintergrundwissen → Fahrer mit ständig wechselnden Einheiten (Fahrzeuge, Anhänger, Auflieger, Container, Wechselbrücken usw.) haben nur begrenzte Möglichkeiten, den Zustand der Fahrzeugtechnik oder des Laderaumes zu beeinflussen. Umso mehr müssen sie durch schriftliche und mündliche Mitteilungen die Fuhrparkleitung und/oder Disposition über Mängel informieren. Zudem ist in diesen Fällen die Kontrolle der Einheit bei der Übernahme besonders wichtig.

Kriminelles Verhalten

Kriminelle Handlungen von Fahrern sind unverzeihlich und zudem schwer rufschädigend. Sie werden zu Recht in den meisten Fällen mit fristloser Kündigung geahndet. Am häufigsten sind Fahrer in Lager- oder Transportkriminalität verstrickt, z. B.:

- Es wird Ware aus Lagern entwendet (Elektrogeräte, alkoholische Getränke usw.)
- Fahrer entwenden kleine Warenmengen vom eigenen Lkw
- Diebstahl von Leerpaletten aus dem Kundenlager (unter Fahrern oft als Kavaliersdelikt gewertet)
- Fahrer stehlen der eigenen Firma Diesel

Alkohol

Gegen ein Glas Wein oder ein Bier nach Dienstschluss oder eine ausgelassene Party am Wochenende hat niemand etwas einzuwenden. Problematisch wird es aber – abgesehen von dem Sicherheitsrisiko und rechtlichen Folgen –, wenn Sie als Fahrer mit Restalkohol oder Schnapsfahne beim Kunden auftauchen. Der wird sich dann die Frage stellen, ob seine Ladung bei Ihnen oder Ihrer Firma wirklich sicher aufgehoben ist.

Die Verbindung „drink and drive" ist also:
- verboten
- schwer imageschädigend
- direkt geschäftsschädigend
- ein Grund zur fristlosen Entlassung

**Beschleunigte Grundqualifikation
Spezialwissen Lkw**

3.3 Die Qualität der Leistung des Fahrers

▶ Die Teilnehmer sollen:
- erkennen, dass ihre Arbeitsqualität maßgeblich zum Erfolg eines Unternehmens beitragen kann
- Arbeitsbereiche kennenlernen, in denen sie zum Erfolg eines Unternehmens beitragen können
- Qualitätskriterien kennenlernen, die einen „guten Fahrer" kennzeichnen
- erfahren, wie sie diese Kriterien erfüllen können
- Beispiele und Zusammenhänge in Bezug auf die vier wichtigsten Qualitätskriterien nennen können

- Sammeln Sie mit den Teilnehmern zunächst Stichworte zur Frage „Wann ist ein Fahrer ein guter Fahrer?". Notieren Sie diese Begriffe auf Moderationskarten.
- Danach sammeln Sie im Brainstorming Begriffe zum Stichwort „Qualität" und notieren sie auf Moderationskarten.
- Kombinieren Sie die beiden Stichwortsammlungen miteinander. Leiten Sie dabei zu den „Vier Eckpfeilern der Qualität" nach Crosby über.
- Notieren Sie an der Tafel die „vier Qualitäten", die die Arbeit eines guten Fahrers erfüllen sollte. Im Laufe des Unterrichtes verweisen Sie immer wieder auf die jeweilige Forderung, die gerade besprochen wird. So wird diese „Fahrerqualität" zur Kernaussage dieses Unterrichtsteiles.
- Bilden Sie Arbeitsgruppen und lassen Sie Punkte erarbeiten, die bei der Planung eines Transportes beachtet werden müssen.
- Führen Sie beim Thema „Checklisten" eine Diskussion über das Für und Wider von Checklisten und Routinekontrollen. Besprechen Sie mit den Teilnehmern einzelne Checklisten (da die Abfahrtskontrolle Teil der Führerscheinausbildung ist, sollte die Checkliste für die Abfahrtskontrolle hier nicht im Vordergrund stehen).
- Lassen Sie die Teilnehmer in Arbeitsgruppen eine Fahrtstrecke planen (Länge, Zeitbedarf, Lenk- und Ruhezeiten).

Methoden:
- Brainstorming
- Diskussion
- Lehrgespräch
- Arbeitsgruppen

Verhalten, das zu einem positiven Image beiträgt 3.3

🕐 Ca. 210 Minuten

💻 Dieses Thema wird in der Führerschein-Ausbildung nicht oder nur ansatzweise behandelt.
Weiterbildung: Modul 4, Schaltstelle Fahrer

Die Rolle des Fahrers im Unternehmen

Die Situation auf dem internationalen Transportmarkt ist angespannt. Dazu hat zum einen die EU-Ost-Erweiterung beigetragen, zum anderen die Energieverknappung und die Klimaerwärmung. Viele Unternehmen arbeiten vor diesem Hintergrund unter sehr hohem Wettbewerbs- und Preisdruck. Dauerhaft überleben können nur Firmen, die mit hoher Effizienz wirtschaften und sich durch Service und Zuverlässigkeit einen Stamm zufriedener Kunden aufbauen. Diese Leistung können Transportunternehmen nur durch motivierte und fähige Mitarbeiter erreichen, die durchgängig Dienstleistungen auf hohem Niveau erbringen:

- Beginnend beim ersten Kontakt mit dem Kunden
- über die Auftragsbearbeitung durch die Disposition und die Weitergabe an die Fahrer
- sowie den sicheren und kostenbewussten Transport einschließlich Be- und Entladung
- bis hin zum Rücklauf der Beförderungspapiere durch den Fahrer zum Büro

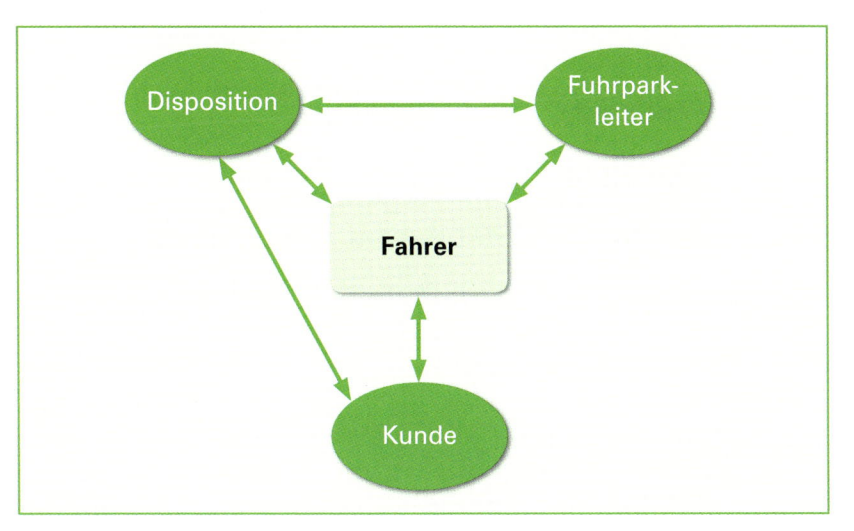

Abbildung 197:
Fahrer als Schnittstelle

Beschleunigte Grundqualifikation
Spezialwissen Lkw

Abgerundet wird dieses Leistungsspektrum durch ergänzende Prozesse wie regelmäßige Wartung und rechtzeitige Reparaturen in Absprache mit der Fuhrparkleitung.

In diesem Leistungsspektrum spielt die Qualität der Arbeit des Fahrers eine zentrale Rolle, da er innerhalb des Unternehmens eine wichtige Schnittstelle darstellt.

Die Bereiche, in denen Sie als Fahrer durch qualitativ hochwertiges Arbeiten zum Erfolg des Unternehmens beitragen können, sind vielfältig.

| Verantwortungsvoller Umgang mit Firmeneigentum (Fahrzeug, LaSi-Material, Paletten usw.) | Verantwortungsvoller Umgang mit Ware und Dokumenten (Frachtpapiere, Zolldokumente usw.) |

- Fahrzeugwartung
- Fahrzeugpflege
- Kleine Reparaturen

- Repräsentieren
- Einhalten von Vorschriften

Sicheres und wirtschaftliches Fahren

Abbildung 198: Aufgabenbereiche eines Lkw-Fahrers

Was bedeutet „Arbeitsqualität eines Fahrers"?

Fahrer neigen dazu, die Qualität der eigenen Arbeit durch Kilometerleistungen, die Anzahl von belieferten Kunden oder unfallfreies Fahren zu definieren. Dies spiegelt jedoch eher eine Leistung wider, nicht aber die Perfektion, mit der die Arbeit erledigt wurde.

Für den Begriff Qualität (lat. qualitas = Beschaffenheit, Merkmal, Eigenschaft, Zustand) gibt es verschiedene Definitionen. Weit verbreitet ist es, Qualität als Grad der Übereinstimmung zwischen Ansprüchen bzw.

Verhalten, das zu einem positiven Image beiträgt 3.3

Erwartungen (Soll) an ein Produkt und dessen Eigenschaften (Ist) anzusehen.

Die neue Qualitätsnorm DIN EN ISO 9000 geht noch einen Schritt weiter und beschreibt Qualität als: „Vermögen einer Gesamtheit inhärenter (lat. innewohnender) Merkmale eines Produkts, eines Systems oder eines Prozesses zur Erfüllung von Forderungen von Kunden und anderen interessierten Parteien."

Qualität wird also meist sehr abstrakt definiert. Verständlicher und auch die Arbeitsleistung von Fahrern betreffend, drückt es der amerikanische Unternehmer und „Qualitäts-Guru" Phil Crosby aus.

Die vier Eckpfeiler der Qualität

Er nennt vier Eckpfeiler, um „Qualität" allgemeingültig zu beschreiben und zu erreichen. Auf den Fahrerberuf übertragen leiten sich daraus vier Qualitätsforderungen ab, die die Leistung eines guten Fahrers beschreiben:

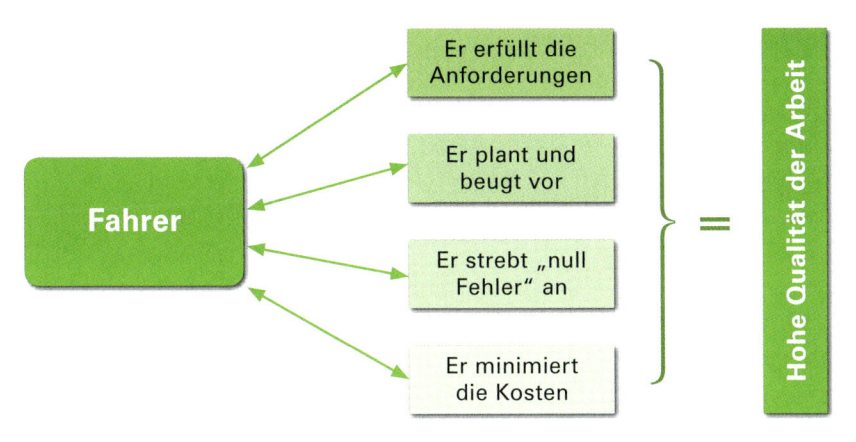

Abbildung 199: Qualitätsmerkmale für einen guten Fahrer

Fahrer →
- Er erfüllt die Anforderungen
- Er plant und beugt vor
- Er strebt „null Fehler" an
- Er minimiert die Kosten

= Hohe Qualität der Arbeit

1. Forderung: Die Anforderungen an einen Fahrer

„Gute Fahrer" zeichnet aus, dass sie es schaffen, im Berufsleben mehrere Seiten in Einklang zu bringen:
- Interessen des Arbeitgebers
- Interessen des Gesetzgebers
- + Gesundheit
- + Privatleben

Beschleunigte Grundqualifikation
Spezialwissen Lkw

Abbildung 200:
Anforderungen an den Fahrer

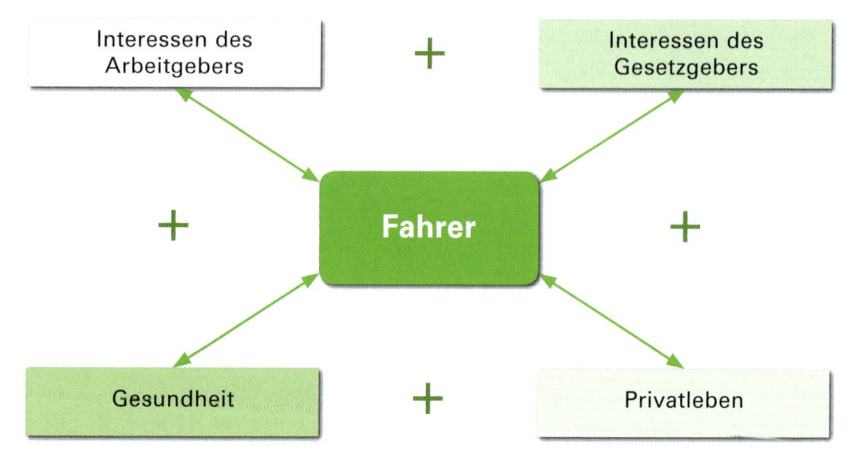

Interessen des Arbeitgebers + Interessen des Gesetzgebers

Fahrer

Gesundheit + Privatleben

Interessen des Arbeitgebers
Sie sollten als Fahrer so arbeiten, dass Ihr Einsatz für das Unternehmen profitabel ist, denn Unternehmen wollen Gewinn erzielen.
Dies wird möglich durch qualitativ hochwertige, engagierte Arbeit und Solidarität gegenüber dem Arbeitgeber.

Interessen des Gesetzgebers
Gleichzeitig müssen Sie aber auch den Anforderungen des Gesetzgebers gerecht werden. In Deutschland werden diese Anforderungen v. a. definiert durch:
- StVO
- StVZO
- Sozialgesetze
- Verordnungen der Berufsgenossenschaften

Gesundheit
Gesundheit und Fitness sind Ihr Kapital als Arbeitnehmer. Sie sollten bestrebt sein, dieses Kapital möglichst lange zu erhalten. Beachten Sie die folgenden Regeln, dann stehen die Chancen gut, dass Sie leistungsfähig und erfolgreich durchs Berufsleben gehen und Ihrem Unternehmen als erfahrener Mitarbeiter lange Zeit zur Verfügung stehen.
- Unterschätzen Sie leichte Krankheiten nicht, sie können sich zu chronischen entwickeln. Beachten Sie, dass sich leichte Krankheiten (auch Erkältungen) negativ auf die Verkehrssicherheit auswirken können.

Verhalten, das zu einem positiven Image beiträgt 3.3

- Tragen Sie Arbeitsschutzkleidung (Helm, Handschuhe, Warnweste usw.)
- Suchen Sie Lösungsmöglichkeiten bei übermäßigem beruflichem Stress (z. B. durch Gespräche mit Verantwortlichen im Unternehmen)
- Lassen Sie mindestens alle zwei Jahre einen Gesundheitscheck durchführen

Privatleben
Wer mit privaten Problemen belastet hinters Lenkrad klettert, kann nicht 100 Prozent auf die Arbeit konzentriert sein.

- Persönliche Probleme schränken Ihre Leistungsfähigkeit in allen Bereichen des Berufs ein (beim Umgang mit Kunden, Behörden und Kollegen, Ladetätigkeiten usw.).
- Wenn Sie mit den Gedanken bei Ihren Problemen sind, können Sie sich auch nicht voll auf den Straßenverkehr konzentrieren. Dies kann zur Gefährdung Dritter führen.
- Versuchen Sie, private Probleme zu lösen – durch Gespräche, Besuch einer Schuldnerberatung, eines Eheberaters o. ä.

Fazit
Fahrer, die sich ständig von Termin zu Termin hetzen lassen, dabei Lenk- und Ruhezeiten missachten, überladen oder mit ungesicherter Ladung unterwegs sind, die eigene Gesundheit und das Privatleben gefährden, sind somit **keine** guten Kraftfahrer.

2. Forderung: Planen und Vorbeugen
„Ein guter Lkw-Fahrer plant und beugt vor!" ist die zweite Qualitätsforderung, die Sie als Lastwagenfahrer erfüllen sollten. Mit einer guten Planung steht und fällt die Wahrscheinlichkeit, dass eine Beförderung problemlos verläuft, der Kunde zufriedengestellt wird und ein Gewinn erzielt werden kann.

Vier Planungs-Bereiche beeinflussen dabei maßgeblich den Erfolg eines Transportes:
- Die persönliche Ausrüstung
- Die persönlichen Papiere
- Die geschäftlichen Papiere (für Fahrzeug und Ladung)
- Zustand und Ausrüstung des Fahrzeuges

Beschleunigte Grundqualifikation
Spezialwissen Lkw

Abbildung 201:
Transportplanung

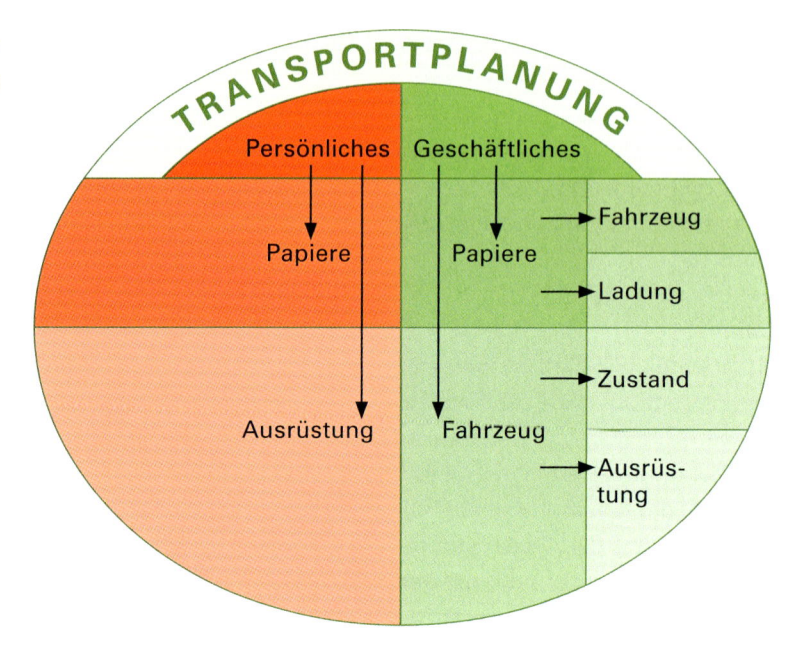

TRANSPORTPLANUNG

- Persönliches
  - Papiere
  - Ausrüstung
- Geschäftliches
  - Papiere
  - Fahrzeug
    - Fahrzeug
    - Ladung
    - Zustand
    - Ausrüstung

Während die „persönliche Ausrüstung" wesentlich von Ihren individuellen Ansprüchen an Komfort und von der Art und Länge des Transportes abhängen, lassen sich die Bereiche „persönliche und geschäftliche Papiere" sowie „Zustand und Ausrüstung des Fahrzeugs" klar definieren. Hier können Checklisten zum Einsatz kommen.

Checklisten
(Checklisten für die Transportplanung finden Sie im Anhang des Buches)
- Checklisten sind unverzichtbare Werkzeuge, um sicherzustellen, dass alle technischen und materiellen Voraussetzungen für den Einsatz eines Fahrzeuges gegeben sind.
- Sie können den Nutzen optimieren, indem Sie die Listen nach Ihren individuellen Bedürfnissen ergänzen.
- In der Routine des Arbeitstages werden Sie Checklisten eher selten nutzen, da Sie durch den täglichen Umgang mit Ihrem Fahrzeug über den Zustand und die Ausrüstung im Bilde sein werden. Die Kontrolllisten bieten sich aber speziell an, wenn Sie ein Fahrzeug übernehmen (nach dem Urlaub, als Krankheitsvertretung, Leihfahrzeuge usw.).

Verhalten, das zu einem positiven Image beiträgt 3.3

PRAXIS-TIPP

Checklisten sollten, in Klarsichthüllen verpackt, ein fester Bestandteil Ihrer Fahrermappe sein.
Checklisten, die Sie persönlich ausgearbeitet haben, können auch für Ihre Kollegen hilfreich sein – im Sinne guter Teamarbeit können Sie diese als Kopiervorlage anderen Kollegen zur Verfügung stellen.

> Fragestellung zum Einleiten einer Diskussion: „Wann sind Checklisten sinnvoll?"
> Checklisten zur Transportplanung finden Sie im Anhang des Buches.

Aber auch ohne den Einsatz von Checklisten müssen **Sie** als Fahrer im Rahmen der Transportvorbereitung sicherstellen, dass folgende Vorgaben geklärt sind:

- Ist Ihr Fahrzeug verkehrs- und betriebssicher?
  - Nach dem Gesetz sind Sie als Fahrer verpflichtet, vor Antritt einer Fahrt die Betriebs- und Verkehrssicherheit des Fahrzeuges festzustellen. Dies geschieht durch eine umfangreiche Abfahrtskontrolle. Die Checkliste für die Abfahrtskontrolle finden Sie im Anhang zu diesem Buch.
- Ist die Ladung ausreichend gesichert?
- Ist der Auftrag richtig geplant?
  - Beeinflussen Fahrverbote (national, international) oder die Ferienreiseverordnung den Auftrag oder beeinflussen Streckensperrungen (Nachtfahrverbote o. ä.) die Erledigung des Auftrages?

> Zum Thema Fahrverbote und Streckensperrungen können Sie zur Erinnerung die Inhalte von Kapitel 2.7 wiederholen.

Beschleunigte Grundqualifikation
Spezialwissen Lkw

- Ist der Auftrag vollständig oder fehlen Angaben?
    - Vollständige Adresse
    - Versender, Empfänger, Abholadresse, Lieferadresse

> ✚ **Hintergrundwissen** → „Informationspflicht" des Disponenten
>
> Fahrer und Disponenten stehen oft gleichermaßen unter Druck. Daher beschränkt sich die Informationsweitergabe bei neuen Transportaufträgen meist auf ein Minimum (oft nur Ort, Straße und Name des Kunden), verbunden mit der Aufforderung: „Fahr da als nächstes zum Laden hin!". Doch als Fahrer haben Sie ein Anrecht auf vollständige Information über den aktuellen Ladeauftrag und, soweit möglich, über folgende Aufträge. Nur so kann verhindert werden, dass Fahrer stundenlang nach einer Firma suchen, weil sie die Hausnummer nicht kennen, durch Fehlen einer Postleitzahl den falschen Ort ansteuern oder mit überladenen Achsen unterwegs sein müssen, weil sie den nächsten Ladeauftrag nicht früher erfahren haben (denn u. U. muss auch die Lastverteilung geplant werden).
>
> Fahrer sollten von Disponenten daher korrekte und vollständige Informationen einfordern zu:
>
> Adressen von Kunden (Anlieferung und Abholung) mit
> - Vollständigem Firmennamen
> - Straße mit Hausnummer
> - Ortschaft *mit* Postleitzahl
> - ggfs. Vor- und Zunamen des Ansprechpartners mit Telefonnummer
>
> Ware, die abgeholt werden soll:
> - Art der Ware
> - Stückzahl
> - Gewicht
> - Maße (Länge, Breite, Höhe)
> - Verpackung
> - Anforderungen an die Ladungssicherung
> - Folgeaufträge

Verhalten, das zu einem positiven Image beiträgt 3.3

- Stimmen Ware und Papiere überein?
  - Unterschreiben Sie nur für das, was Sie übernehmen
  - Lassen Sie bei der Übergabe den Kunden unbedingt unterschreiben
- Sind alle Papiere vorhanden?
  - Lieferschein/Frachtbrief/CMR usw.
  - Zolldokumente (Carnet, T1, T2 usw.)
  - Gefahrgutpapiere

> Hier sollten Sie auf die Kapitel 2.4 und 2.5 verweisen und ggf. das dort bereits Erlernte abfragen bzw. wiederholen.

- Sind die Gefahrgutvorschriften erfüllt?
  - Warntafel geöffnet?
  - Gefahrzettel/Placards angebracht?
  - GGVS-Zusatzausrüstung/Feuerlöscher vorhanden?
  - Unfallmerkblätter vorhanden?
  - ADR-Schulungsbescheinigung vorhanden?

**Beschleunigte Grundqualifikation
Spezialwissen Lkw**

- Haben Sie die Fahrtroute ausreichend geplant?
  - Passendes Kartenmaterial?
  - Ein Lkw-taugliches Navigationssystem?
  - Informationsbeschaffung bei Kollegen?
  - Sind Sie sicher, dass
    - Sie die wirtschaftlichste Route gewählt haben (Streckenlänge und Topographie)?
    - keine niedrigen Brücken im Weg stehen?
    - Brücken und Straßen ausreichend tragfähig sind?

- Beeinflussen Öffnungszeiten beim Kunden den Auftrag?

- Wurde ein Termin vorgegeben (Tag oder Zeitfenster)?

- Stimmt die Empfängeradresse mit der Lieferadresse überein?

- Sind „Besondere Vereinbarungen" zu beachten?
  - Z.B. auf dem Lieferschein unter Bemerkungen: „Bitte vier Stunden vor Anlieferung anrufen!" oder „Eigenen Hubwagen mitbringen!"

- Ist der Auftrag mit den gesetzlichen Bestimmungen vereinbar?
  - Lässt sich ein vorgegebener Termin mit Ihren Lenk- und Ruhezeiten und dem Arbeitszeitgesetz in Einklang bringen?
  - Haben Sie dabei die Witterungsbedingungen berücksichtigt, z.B. Schnee, Regen oder Nebel?
  - Passt das maximale Gesamtgewicht?
  - Stimmen die maximalen Maße?
  - Stimmt die Lastverteilung?
  - Denken Sie hier auch an die Vorschriften anderer Länder!

- Haben Sie regionale und tageszeitliche Bedingungen bedacht?
  - Verkehrstechnische Nadelöhre (Baustellen, Stadtdurchfahrten)
  - Rush-hour

Verhalten, das zu einem positiven Image beiträgt 3.3

PRAXIS-TIPP

Praktisch für die Routenplanung ist die Broschüre:
„Berufskraftfahrer unterwegs".
Sie erscheint jährlich und beinhaltet umfassende Informationen zu europäischen Fahrverboten, Notrufnummern, maximalen Gewichten und Maßen in allen europäischen Ländern.

Verlag Heinrich Vogel:
Best.-Nr. 26032

- Wo wollen Sie Pausen- und Ruhezeiten einlegen?
  - Denken Sie an überfüllte Parkplätze
  - Haben Sie bei wertvoller Ladung einen bewachten Parkplatz eingeplant?
- Beeinflussen notwendige Wartungsarbeiten oder Reparaturen den Transportverlauf?
- Wo kann kostengünstig getankt werden?
  - Beeinflusst die unterwegs getankte Dieselmenge (= Gewicht) das höchstzulässige Gesamtgewicht oder maximale Achslasten?
  - Nicht benötigter Diesel sorgt für zusätzliches Gewicht und damit für zusätzlichen Kraftstoffverbrauch
- Beeinflussen Leerpaletten oder Ladehilfsmittel den Folgeauftrag?
  - Gesamtgewicht?
  - Geringeres Laderaumvolumen durch Leerpaletten auf der Ladefläche?
  - Benötigen Sie Leerpaletten für den Folgeauftrag?
  - Haben Sie ausreichend und geeignete Ladungssicherungsmittel für den Folgeauftrag?

Beschleunigte Grundqualifikation
Spezialwissen Lkw

Abbildung 202:
Gefährliche Unterbringung eines Hubwagens
Quelle: Reiner Rosenfeld

↺ Führen Sie mit den Teilnehmern unter Berücksichtigung der Lenk- und Ruhezeiten eine Streckenplanung durch (siehe Aufgabe auf der folgenden Seite).
Bilden Sie Kleingruppen. Teilen Sie Karten mit unterschiedlichen Maßstäben aus und erklären Sie den Zusammenhang zwischen Kartenmaßstab und Lineal.

Folgende Hinweise können Sie den Teilnehmern geben, um die Lösung der Aufgabe zu erleichtern:

Berechnung der Entfernung anhand der Karte:
- Streichen Sie vom Kartenmaßstab die letzten zwei Nullen. Sie erhalten dann die Entfernung in Metern, die einem Zentimeter auf der Karte entspricht.
  - Bei einem Maßstab von 1 : 1.250.000 entspricht 1 Zentimeter auf der Karte 12.500 Metern oder 12,5 Kilometern.
  - Bei einem Maßstab von 1:40.000 sind es 400 Meter oder 0,4 Kilometer.

Berechnung der Transportdauer:
- Rechnen Sie mit einer Durchschnittsgeschwindigkeit von 60 km/h auf Autobahnen und 40 km/h auf Landstraßen.

Verhalten, das zu einem positiven Image beiträgt 3.3

AUFGABE/LÖSUNG

Auftrag: Sie sollen am Dienstag Morgen 24 Tonnen Sanitärteile an der „Baustelle Wagner", Heinrich-Heine-Ring 105 in 18435 Stralsund anliefern. Die Techniker der Firma „kalt & heiß Wassertechnik" erwarten Sie pünktlich um 06:30 Uhr zum Entladen.

Frage: Um wie viel Uhr müssen Sie am Montag, nach Ihrer Wochen-Ruhezeit, vom Speditionshof in 85591 Vaterstetten, Werner von Siemens-Ring 13, zu dieser Tour aufbrechen?

Lösungsschritte:
1. Berechnen Sie mit Karte und Material die Entfernung.
2. Berechnen Sie die Transportdauer.
3. Berechnen Sie die Lenk- und Ruhezeiten (ohne Verkürzungen).

Streckenführung: Vaterstetten:
(A99 = 17 km) +
(A9   = 522 km) +
(A10 = 58 km) +
(A24 = 63 km) +
(A19 = 109 km) +
(A20 = 66 km) +
(B96 = 28 km)
Stralsund

Streckenlänge: 868 Kilometer (863 km Autobahnen und autobahnähnliche Schnellstraßen zzgl. 5 km Land- und Ortsstraßen)

Transportdauer: 868 km : 60 km/h = rund 14 Std 30 Minuten Lenkzeit

Lenk- und Ruhezeiten:
  4 Std 30 Min Lenkzeit
  0 Std 45 Min Pause
  4 Std 30 Min Lenkzeit
 11 Std 00 Min Pause

(weiter nächste Seite)

Beschleunigte Grundqualifikation
Spezialwissen Lkw

Fortsetzung
Lenk- und Ruhezeiten:

4 Std 30 Min Lenkzeit
0 Std 45 Min Pause
1 Std 00 Min Lenkzeit
27 Std 00 Min Gesamtdauer des Transportes

Beginn der Tour: Montagmorgen um 03:30 Uhr.

Anmerkung: Zeitreserven müssen bei einem angenommenen Autobahnschnitt von 60 km/h nicht eingeplant werden!

Freizeit richtig planen

Um einen Transport erfolgreich durchführen zu können, müssen Sie auch Ihre Freizeitgestaltung mit den Anforderungen des Arbeitstages abstimmen:

- Sorgen Sie für ausreichend Schlaf vor Beginn der Arbeit (auch an Familien-Wochenenden, an denen Ihre Arbeit Sonntagnacht um 22:00 Uhr beginnt und eine lange Nachtschicht vor Ihnen liegt!)
- Schätzen Sie Ihren Alkoholkonsum im eigenen Interesse und für die Sicherheit Dritter richtig ein. Durch Restalkohol verlieren viel zu viele Fahrer ihren Führerschein und gefährden andere Verkehrsteilnehmer. Hier gilt: Ein Berufskraftfahrer darf nur mit 0,0 Promille hinters Steuer!

Umgang mit Terminen und Zeitdruck

Zeitdruck entsteht, wenn Termine zu knapp vorgegeben werden (vom Empfänger, Versender oder Disponenten). Wer sichergehen will, rechnet mit

- einem Schnitt von 60 km/h bei Autobahnetappen
- einem Schnitt von 40 km/h bei Landstraßenstrecken

Wer Touren mit niedrigen Durchschnittsgeschwindigkeiten berechnet, kommt vielleicht gelegentlich zu früh beim Kunden an, aber nie zu spät. So werden Kunden zufriedengestellt.

Fahrer sind (auch im eigenen Interesse) verpflichtet, den Disponenten zu informieren, wenn Termine aufgrund der Lenk- und Ruhezeiten nicht eingehalten werden können.

Verhalten, das zu einem positiven Image beiträgt   **3.3**

Nach dem Transport ist vor dem Transport!
Einen Transport richtig zu planen und Problemen vorzubeugen, beinhaltet auch die Nachbereitung eines Transportes. Damit legen Sie den Grundstein für den nächsten erfolgreichen Transport. Dazu gehört z. B.:

- Ladeeinheit reinigen
- Palettenkasten auffüllen
- Schäden ausbessern
- Schäden an die Fuhrparkleitung melden
- Fahrzeugausrüstung (auch Ladungssicherungs-Material) auf Beschädigungen untersuchen, ggf. aussondern und neu besorgen
- Neue Blanco-CMR oder Frachtbriefe besorgen
- Wartungen und Reparaturen planen oder durchführen
- Verbesserungsvorschläge erarbeiten und an die Firmenleitung weiterleiten
- Fahrzeugwäsche

Beschleunigte Grundqualifikation
Spezialwissen Lkw

3. Forderung: Null Fehler

Warum sollen Arbeitnehmer bemüht sein, Fehler zu vermeiden? Zum einen, weil Fahrer selbst den größten Nutzen von fehlerfreier Arbeit haben. Zum anderen, weil das Unternehmen davon profitiert, sich so auf dem Markt behaupten und Arbeitsplätze sichern kann.

Vorteile für Sie als Fahrer:
- Reibungsloser und somit stressfreier Arbeitstag
- Sicherer Arbeitsplatz und dadurch sicheres Einkommen
- Keine Verletzungen
- Kein Ärger mit Polizei oder BAG

Vorteile des Arbeitgebers:
- Zufriedene Kunden
- Guter Ruf des Unternehmens
- Keine Probleme mit Behörden (Gewerbeaufsichtsamt, Polizei, BAG, Zoll)
- Keine teuren Ausfallzeiten von bewährten Fahrern
- Niedrige Versicherungskosten
- Intakte, einsatzfähige Fahrzeuge
- Keine unnötigen Folgekosten

Null Fehler können Sie nur aktiv erreichen. Hier ein paar Beispiele, wie Sie es schaffen können:
- Beachten Sie die Unfallverhütungsvorschriften (UVV) der Berufsgenossenschaften
  - Entsprechende Merkblätter können Sie bei Ihrem Arbeitgeber einsehen
- Tragen Sie immer eine Schutzausrüstung, wenn diese erforderlich ist
  - Handschuhe, Sicherheitsschuhe, Helm und Warnweste
- Fahren Sie nur mit verkehrs- und betriebssicheren Fahrzeugen
- Fahren Sie nur mit Einweiser rückwärts
- Schützen Sie Ihr Fahrzeug mit Unterlegkeilen gegen Wegrollen (beim Be- und Entladen an Rampen oder beim Abstellen von Fahrzeugen oder Anhängern)
- Beachten Sie Sicherheitsvorschriften beim An- und Abhängen von Anhängern
- Beugen Sie typischen Verletzungen vor (keine Sprünge aus dem Fahrerhaus oder von der Ladefläche)

Verhalten, das zu einem positiven Image beiträgt 3.3

- Vorsicht bei der Benutzung von Leitern!
- Arbeiten Sie gewissenhaft – besonders unter Zeitdruck
  - Machen Sie nach Lade- oder sonstigen Arbeiten einen Kontrollgang um das Fahrzeug. Stellen Sie dabei sicher, dass keine Gegenstände (Hammer, Latten usw.) vergessen wurden und dass keine Staukästen oder Klappen geöffnet sind. Herabfallende Gegenstände können Sie oder andere Verkehrsteilnehmer gefährden.
  - Nehmen Sie sich Zeit für die Ladungssicherung und *berechnen* Sie Ladungssicherung – nicht schätzen.
- Gehen Sie sorgsam mit dem Fahrzeug um – an Engstellen oder beim Rangieren lieber einmal zuviel aussteigen und schauen, als einmal zu wenig

Abbildung 203: Vorsicht bei der Benutzung von Leitern! Quelle: Reiner Rosenfeld

↻ Hier können Sie auch auf Inhalte aus dem Kapitel 4 im Band „Basiswissen Lkw/Bus" zurückgreifen, das sich u. a. mit dem Thema „Arbeitsunfälle" beschäftigt.

- Füllen Sie Ladepapiere gewissenhaft aus
- Gehen Sie sorgfältig mit Ware um – auch mit scheinbar wertloser Ware wie Leerpaletten
- Verhalten Sie sich freundlich, respektvoll und verständnisvoll gegenüber Kunden
- Bemühen Sie sich in Abstimmung mit Ihrem Arbeitgeber, Lenk-, Ruhe- und Arbeitszeiten einzuhalten
- Stellen Sie Ihr Fahrzeug, wenn nötig und möglich, auf bewachten Parkplätzen ab

**Beschleunigte Grundqualifikation
Spezialwissen Lkw**

Wer „null Fehler" anstrebt, vermeidet auch Rechtsstreitigkeiten mit Behörden oder Kunden, die die Existenz eines Unternehmens bedrohen können (Siehe Kapitel 3.9 „Kommerzielle und finanzielle Folgen eines Rechtsstreites").

4. Forderung: Kosten-Minimierung
Fahrer können durch das Minimieren von Kosten zum Unternehmenserfolg beitragen. Dies gelingt durch:
- Perfektionierung von Arbeitsabläufen
- Wirtschaftliche Fahrweise
- Perfekte Fahrzeugwartung
- Motiviertes Arbeiten

Perfektionierung von Arbeitsabläufen
Ein Transport verläuft in drei Phasen:
1. Planung
2. Umsetzung
3. Nachbereitung

Die drei Phasen müssen jedoch nicht immer klar getrennt sein. Eine höhere Arbeitseffizienz wird erreicht, wenn sich die Phasen durchdringen:

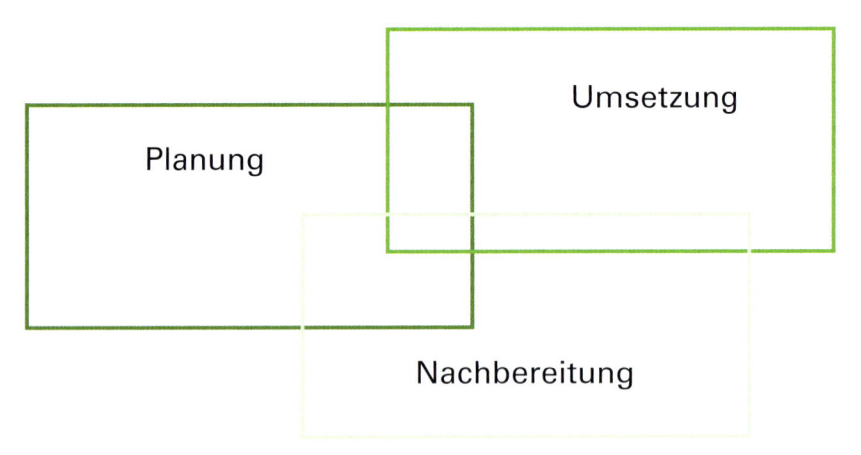

Abbildung 204:
Phasen eines Transportes

Planung

Umsetzung

Nachbereitung

Zum Beispiel können Sie bereits beim Entladen den nächsten Ladeauftrag planen und sicherstellen, dass geeignetes Ladungssicherungsmaterial für den nächsten Auftrag vorhanden ist und dieses bereitlegen. Sie können auch bereits Informationen über die nächste Ladestellen

Verhalten, das zu einem positiven Image beiträgt   3.3

einholen, bevor der Lastwagen entladen wurde. Dies fordert jedoch vom Fahrer (und vom Disponenten) die Bereitschaft, vorauszudenken.

Wirtschaftliche Fahrweise
Treibstoff ist der Kostenfaktor, der die Transportunternehmen am schwersten belastet. Ein motivierter Fahrer kann mühelos und ohne Zeitverlust Treibstoff sparen, indem er ausgeglichen fährt und die Grundregeln für eine wirtschaftliche Fahrweise beachtet (vgl. Kapitel „Optimale Nutzung der kinematischen Kette" im Band „Basiswissen Lkw/Bus").

Perfekte Fahrzeugwartung
Durch konsequente Wartung können Fahrer helfen, die Betriebskosten zu minimieren. Gut gewartete Lastwagen haben:
- Weniger Schäden
- Eine längere Laufzeit
- Einen höheren Wiederverkaufswert

Eine Voraussetzung für gute Fahrzeugwartung ist eine konsequente Beobachtung des Fahrzeugzustandes durch Sie als Fahrer.
Dadurch können...
- ...kleine Schäden behoben werden, bevor sie sich zu teuren Schäden ausweiten
- ...Ausfallzeiten des Fahrzeuges vermieden werden
- ...Abschlepp- und Reparaturkosten in teuren, betriebsfremden Werkstätten vermieden werden

PRAXIS-TIPP

Nutzen Sie die Voice-Recorder-Funktion Ihres Handys und halten Sie damit Gedankengänge fest, was Sie am Fahrzeug reparieren, überprüfen oder verbessern wollen. So können Sie später auf dem Betriebshof keine Dinge vergessen, die unbedingt erledigt werden müssen. Ein einfacher Notizblock und ein Stift erfüllen übrigens die gleiche Funktion!

Auch gesetzlich vorgeschriebene Prüfintervalle müssen eingehalten werden:

Beschleunigte Grundqualifikation
Spezialwissen Lkw

- Hauptuntersuchung (HU) alle 12 Monate
- Abgassonderuntersuchung (ASU) alle 12 Monate
- Sicherheitsprüfung (alle 6 Monate)
- Feuerlöscher alle 12 Monate

Damit Reparatur- und Wartungsarbeiten problemlos in den Arbeitsablauf integriert werden können, sollten Sie den Fuhrpark- oder Werkstattleiter frühzeitig informieren und (falls dies in Ihrem Zuständigkeitsbereich als Fahrer liegt) Werkstatttermine mit der Disposition koordinieren.

Motiviertes Arbeiten
Schlampiges Arbeiten von Lastwagenfahrern bringt Speditionen jährliche Verluste in Millionenhöhe ein. Dabei spielt der Umgang mit Leergut, teuren Ladungssicherungsmaterialien und Transportdokumenten eine bedeutende Rolle.

Beispiel Leergut:
Offensichtlich ist vielen Fahrern der Wert von Tauschpaletten, Gitterboxen, Gestellen usw. nicht ausreichend bewusst. Denn viel zu häufig werden Leergutbescheinigungen nachlässig geführt oder Paletten getauscht, ohne sie auf Eignung zu überprüfen.

Abbildung 205:
Wartungsarbeit
Quelle: Daimler AG

Verhalten, das zu einem positiven Image beiträgt

- Wert einer Europalette: bis zu 15,– €
- Wert einer Gitterbox: bis zu 100,– €

Als motivierter Fahrer sollten Sie Wert darauf legen, Paletten beim Beladen und beim Tauschen anhand der u. g. Kriterien genau zu begutachten, um finanzielle Verluste für Ihr Unternehmen zu vermeiden. Schon eine einzige nicht tauschfähige Palette kann die ohnehin recht niedrigen Gewinne im Transportgeschäft empfindlich schmälern.

Europaletten mit folgenden Merkmalen sollten Sie nicht annehmen:
- EUR-Zeichen oder andere Markierungen fehlen (Klötze)
- Bretter oder Klötze fehlen
- Durch Beschädigung sind mehrere Nagelschäfte sichtbar
- Schlechter Allgemeinzustand (verfault, angebrochen, verschmutzt)
- Palette wurde von einem nicht lizenzierten Betrieb repariert (Kennzeichnung der Nägel!)

Transportdokumente:
Achten Sie beim Umgang mit Transportdokumenten auf Folgendes:
- Lassen Sie Versender und Empfänger unterschreiben
- Prüfen Sie die Ware auf Vollständigkeit und Zustand
- Vermerken Sie Fehlmengen oder Schäden auf dem Dokument und lassen Sie gegenzeichnen
- Halten Sie ggf. Schäden an der Ware auf Fotos fest (Fotohandy!)

So vermeiden Sie Probleme bei der Rechnungsstellung für Transportleistungen und unnötige Versicherungskosten.

Fazit

Von Fahrern wird viel Einsatz verlangt, um dauerhaft gute Arbeit zu leisten! Aber dauerhaft Qualität im Beruf zu erbringen, ist eine anstrengende Sache. Woher sollen Fahrer langfristig die Energie beziehen, immer auf hohem Niveau Leistung zu erbringen? Erich Lejeune, erfolgreicher Unternehmer und Motivationstrainer hat dafür eine Lösung:

„Tu das, was du tust, mit Begeisterung, dann bist du motiviert und dadurch erfolgreich!"

Beschleunigte Grundqualifikation
Spezialwissen Lkw

Wer als Fahrer motiviert und somit erfolgreich arbeitet, hat gute Aussichten auf eine anständig bezahlte Arbeitsstelle – entweder durch Gehaltsverbesserungen innerhalb des Unternehmens oder durch einen Firmenwechsel. Wer aus diesen Gründen den Arbeitsplatz wechseln will, sollte sich vom Arbeitgeber ein sogenanntes „Qualifiziertes Arbeitszeugnis" ausstellen lassen. Da dic Zeugnissprache unter Umständen „Tücken oder versteckte Formulierungen" enthält, sollte das Zeugnis von einem Fachmann geprüft und ggf. beanstandet werden.

Abbildung 206:
Fahrer gesucht!
Quelle: Reiner Rosenfeld

AUFGABE/LÖSUNG

Nennen Sie vier Qualitätsmerkmale, die einen guten Fahrer auszeichnen!

1. Er erfüllt die an ihn gestellten Anforderungen
2. Er plant und beugt vor
3. Er strebt Null Fehler an
4. Er minimiert Kosten

Verhalten, das zu einem positiven Image beiträgt   3.4

3.4 Grundregeln und Mechanismen der Kommunikation

▶ Die Teilnehmer sollen:
- Erkennen, dass Kommunikation mehr ist als nur Sprechen
- Erkennen, dass hinter dem gesprochenen Wort versteckte Ebenen wirken und Informationen vermitteln
- Die Gründe für fehlerhafte Kommunikation kennenlernen
- Erkennen, dass Kommunikation im Berufsleben immer bewusst zu erfolgen hat, um Nachteile auszuschließen
- Aktives Zuhören als Kommunikationsmittel erkennen und einsetzen lernen

↻
- Erläutern Sie den Teilnehmern die Grundlagen der Kommunikation und gehen Sie dabei auf die verschiedenen Arten (verbal und nonverbal) sowie die Hauptsätze der Kommunikation ein. Stellen Sie hier einen Zusammenhang zum Kapitel „Der Fahrer als Repräsentant" her
- Erläutern Sie intensiv die Tragweite des zweiten Hauptsatzes der Kommunikation („Es kommt nicht darauf an...."), da dieser für dieses Thema eine zentrale Bedeutung hat.
- Führen Sie mit den Teilnehmern die Übung zur „Bedeutung präziser Aussagen und Fragen" durch.
- Erörtern Sie im Anschluss den Kommunikationsprozess anhand der folgenden Fragen:
  - Was lief gut, was nicht?
  - Was war hilfreich für die gute Verständigung?
  - Was hat die Verständigung behindert?
  - Was ist für eine effektive Kommunikation unerlässlich?
  - Wie müssen Informationen strukturiert werden, damit sie beim Empfänger so ankommen, wie sie gemeint waren?
  - Wie hat sich die Kommunikation während der Übung verändert?
- Erläutern Sie Bedeutung der „vier Ebenen einer Nachricht" für den Arbeitsalltag eines Fahrers. Lassen Sie die Teilnehmer weitere Sätze mit versteckten Botschaften formulieren.
- Lassen Sie einzelne Teilnehmer körpersprachliche Signale „vorspielen", vom Plenum analysieren und diskutieren.

**Beschleunigte Grundqualifikation
Spezialwissen Lkw**

- Analysieren Sie im Abschnitt „Aktives Zuhören" mit den Schulungsteilnehmern die Aussagen des Zitates von François de la Rochefoucauld.
- Besprechen Sie die Möglichkeiten des aktiven Zuhörens und vergleichen Sie diese mit den Aussagen von François de la Rochefoucauld.
- Bitten Sie Teilnehmer, Bestandteile des aktiven Zuhörens vor dem Plenum vorzuspielen und besprechen Sie die Wirkung.
- In der praktischen Übung werden die Techniken des aktiven Zuhörens erprobt und verbessert

Methoden:
- Vortrag
- Lehrgespräch
- Rollenspiel
- Übungen
- Diskussion

Ca. 150 Minuten

Dieses Thema wird in der Führerschein-Ausbildung nicht oder nur ansatzweise behandelt.
Weiterbildung: Modul 4, Schaltstelle Fahrer

Was ist Kommunikation?

Von Ihnen als Lkw-Fahrer wird in vielfältigen Situationen ein großes Maß an Geschicklichkeit im Umgang mit anderen Personen erwartet. Diese Geschicklichkeit ist umso wichtiger, je mehr Kundenkontakte Ihren Berufsalltag prägen. Nur wer hier die Regeln der Kommunikation beherrscht, kann die Interessen seines Unternehmens in der Öffentlichkeit angemessen vertreten.

Definition: Kommunikation ist der Austausch von Informationen. Das Wort leitet sich ab vom lateinischen *communicare* (= mitteilen).

Wie Kommunikation abläuft, ist im Prinzip schnell beschrieben: Auf der einen Seite gibt es einen Sender, der eine Nachricht formuliert. Auf der anderen Seite einen Empfänger, der die Nachricht entschlüsselt.

Verhalten, das zu einem positiven Image beiträgt   3.4

Abbildung 207: Sender-Empfänger-Modell

Sender → Nachricht → Empfänger

Üblicherweise denkt man, dass Kommunikation über die „gesprochene Sprache" erfolgt. In der Realität ist Kommunikation aber wesentlich komplexer. Denn sie besteht nicht nur aus der Weitergabe sachbezogener Informationen. Vielmehr laufen zwei Drittel des Informationsaustausches in einem Gespräch über:
- Zeichen, Signale, Symbole
- Gesten (können je nach Kulturkreis verschiedene Bedeutungen haben)
- Betonung, Lautstärke, Sprechtempo
- Mimik und Körpersprache

Dabei ist die Mimik des Gesichtes ein besonders wichtiges Ausdrucksmittel. Darin werden Emotionen übermittelt, die in ihrer Feinheit durch Sprachäußerungen kaum wiedergegeben werden können.

Kommunikation ist also ein vielschichtiges Gefüge, das Sie bewusst einsetzen können, um Gesprächspartner, also Kunden, Polizei oder den eigenen Chef, zu überzeugen, zu beschwichtigen oder zu einer Einigung zu bewegen.

Auch Schweigen ist Kommunikation. Wer den Mund hält, kann damit Folgendes ausdrücken wollen
- Ich bin zufrieden oder stumm vor Glück
- Mir fehlt nichts
- Mir reicht's, ich hab' die Nase voll
- Red' du nur, ich habe dazu nichts mehr zu sagen
- Ich bin einverstanden

Schweigen kann aber auch ausdrücken, dass eine Person unsicher ist. Hier wird die Bedeutung des ersten Hauptsatzes der Kommunikation (nach Paul Watzlawick) verständlich:

Es ist nicht möglich, nicht zu kommunizieren!

**Beschleunigte Grundqualifikation
Spezialwissen Lkw**

Kommunikation verläuft in den seltensten Fällen eindeutig. Missverständnisse entstehen u. a. durch:
- Unpräzise Wortwahl des Senders
- Missverständliche körpersprachliche Signale des Senders
- Den falschen Zeitpunkt (z. B. schlechte Laune des Empfängers)
- Den falschen Ort eines Gespräches (Lautstärke, Ablenkung, Sichtbarriere usw.)
- Unkenntnis des Empfängers

Das führt zum zweiten Hauptsatz der Kommunikation nach Watzlawick:

Es kommt nicht darauf an, was Sie sagen, sondern darauf, was Ihr Gesprächspartner versteht.

PRAXIS-TIPP

Vermeiden Sie das kumpelhafte „Du" gegenüber Kunden. Verwenden Sie stattdessen bevorzugt das förmliche „Sie". Diese förmliche Anrede vermittelt Respekt und hilft so, Missverständnisse zu vermeiden. Gleichzeitig wird so eine durchaus gewünschte „offizielle Distanz" zum Gegenüber aufgebaut und Kritik, Verbesserungsvorschläge oder Arbeitsmaßnahmen lassen sich sachlicher diskutieren.

3.4 Verhalten, das zu einem positiven Image beiträgt

PRAKTISCHE ÜBUNG

▶ Die Teilnehmer sollen spielerisch die Bedeutung präziser Aussagen und Fragen kennenlernen.

↪
- Ein Teilnehmer beschreibt im Plenum eine Fotografie, die den anderen Teilnehmern unbekannt ist. Er tut dies ausschließlich mit Worten – ohne Gesten!
- Die anderen Teilnehmer fertigen nach seiner Beschreibung skizzenhaft (!) eine Zeichnung der Fotografie an.
- Die Teilnehmer dürfen dabei ringsum, jeweils abwechselnd, eine Fragen stellen, die der vortragende Teilnehmer mit „ja" oder „nein" beantworten darf.
- Danach werden die Skizzen mit der Fotografie verglichen.
- Anhand der unterschiedlichen Anordnungen und Größenverhältnisse auf den Zeichnungen werden Faktoren erarbeitet, die eine effektive Kommunikation behindern
- Danach beginnt ein anderer Teilnehmer, ein anderes Foto zu beschreiben.

🕒 Ca. 15 Minuten

Der Erfolg einer Kommunikation wird auch erschwert durch
- unterschiedliche Erfahrungen
- unterschiedliche Werte und Normen
- unterschiedlichen Wissensstand

von Sender und Empfänger.

Dies führt dazu, dass Sender und Empfänger Inhalte von Nachrichten unterschiedlich verschlüsseln oder entschlüsseln. Es werden also unter Umständen Worte verwendet, die bei Sender und Empfänger unterschiedliche Bedeutungen haben.

- z. B.: laufen = gehen   oder   laufen = rennen
- z. B.: Lärche = Baum   oder   Lerche = Vogel
- z. B.: saufen = Tier trinkt oder   saufen = übermäßiger Alkoholgenuss

> ⊕ **Hintergrundwissen** →
> Verstärkt wird die Gefahr von Missverständnissen bei Fahrten im Ausland. Weisen Sie die Teilnehmer darauf hin, dass es im grenzüberschreitenden Verkehr wichtig ist, die Kultur in anderen Ländern zu beachten und sich über landesübliche Grußformeln, Umgangsformeln etc. vorab zu informieren.

Abbildung 208:
Nachricht und Feedback

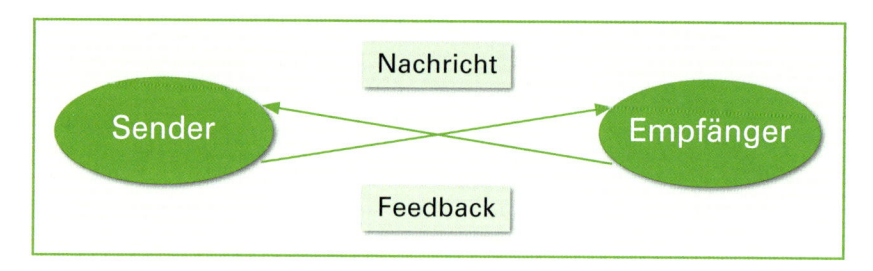

Als Sender können Sie also erst dann sicher sein, dass eine Nachricht 1:1 verstanden wurde, wenn Sie vom Empfänger ein klares Feedback, beispielsweise mit einer „Auftragsbestätigung", erhalten haben.

Die Ebenen einer Nachricht

Eine gesprochene Nachricht besteht immer aus vier Ebenen oder Anteilen: der **Sache**, der **Beziehung**, der **Selbstkundgabe** und dem **Appell** (sogenanntes Vier-Seiten-Modell nach Friedemann Schulz von Thun). Alle vier Anteile werden vom Sprechenden (Sender) im Rahmen einer Nachricht übermittelt und vom Zuhörer (Empfänger) verstanden.
Die Informationen zur Sache werden dabei bewusst übermittelt und bewusst erfasst. Die anderen drei Ebenen werden unbewusst übermittelt und auch unbewusst aufgenommen.

Sache: Es wird die eigentliche Nachricht übermittelt (Fakten)

Beziehung: Der Sprechende teilt mit, in welchem Verhältnis er zu seinem Gesprächspartner steht (Sympathie, Gleichberechtigung, Missachtung, Wertschätzung usw.)

Selbstkundgabe: Der Sprechende teilt etwas über sich selbst mit (glücklich, eilig, traurig, desinteressiert usw.)

3.4 Verhalten, das zu einem positiven Image beiträgt

Appell: Der Sprechende will beim Gesprächspartner etwas erreichen (mach schneller, nimm mich ernst, hilf mir, lass mich in Ruhe usw.)

Wie diese vier Ebenen Gespräche im Arbeitsalltag eines Fahrers betreffen, lässt sich mit folgendem Satz darstellen, den ein Fahrer einem Staplerfahrer zurufen könnte:
„Mensch Walter, hol endlich deinen Stapler und lad mir diese verdammte Palette auf, ich muss mit meiner Schrottmühle weiter zum nächsten Kunden!"

Äußerung	Ebene	mitgesagt
„Mensch Walter"	Beziehung	Sehr persönlicher Kontakt
„Lad mir die Palette auf"	Sache	Klare Aussage
„Hol endlich Deinen Stapler"	Appell	Bitte schnell erledigen
„Verdammte Palette"	Selbstkundgabe	Ihm ist die Ladung nichts wert
„Mit meiner Schrottmühle"	Selbstkundgabe	Er mag das Fahrzeug nicht, es ist in schlechtem technischem Zustand
„Ich muss weiter"	Selbstkundgabe	Er steht unter großem Zeitdruck

Abbildung 209:
Analyse eines einfachen Satzes

Die Botschaft, die der Fahrer so gedankenlos in den Raum gestellt hat, kann für sein Unternehmen nachteilige Folgen haben. Denn er hat mehr über sich und seine Firma kundgetan, als ihm lieb sein dürfte. Denn ein kritischer Kunde kann dem Satz folgende Zusatzinformationen entnehmen:
- Der Mann fährt mit einem technisch nicht einwandfreien Fahrzeug. Dies kann zu Verspätungen oder sogar Unfällen führen.

**Beschleunigte Grundqualifikation
Spezialwissen Lkw**

- Die Spedition kann sich eine Reparatur nicht leisten oder sie arbeitet schlampig und will das Fahrzeug nicht reparieren lassen.
- Dem Fahrer ist unsere Ware nichts wert, er wird beim Umgang mit der Ware nachlässig sein.
- Die Fahrer stehen unter Stress und haben keine Zeit, mit der Ware sorgsam umzugehen.

Fazit

Eine Nachricht sollte so formuliert werden, dass auch versteckte Inhalte nicht negativ vom Empfänger interpretiert werden können.

Hintergrundwissen → Manchmal neigen Fahrer aus Ärger über Verhältnisse im eigenen Unternehmen dazu, in Gesprächen mit Kunden Sätze wie die folgenden einfließen zu lassen.

- „Das ist doch immer das Gleiche mit diesem blöden Disponenten…"
- „Unser Chef, diese Pfeife…"
- „…seit wir den neuen Disponenten haben, fahren wir alle rund um die Uhr, Lenkzeiten kann da keiner mehr einhalten!"

Solche Informationen können sich negativ auf das Unternehmens-Image auswirken. Es entsteht der Eindruck einer zerrütteten Firma, die nicht leistungsfähig ist. Nur ein allseits geschlossenes Bild, das ein dynamisches Miteinander innerhalb des Unternehmens vermittelt, baut beim Kunden Vertrauen in die Leistungsfähigkeit auf.
Eine einzelne, gedankenlos hingeworfene Äußerung wird sich sicherlich nicht gleich negativ auswirken – aber es sollte nie vergessen werden: Steter Tropfen höhlt den Stein!
Dass sich ärgerliche Aussagen über das Kundenunternehmen wie: „Das ist doch hier ein Drecksschuppen…" von selbst verbieten, sollte inzwischen eigentlich verstanden worden sein.

Verhalten, das zu einem positiven Image beiträgt 3.4

Nonverbale Kommunikation

Unter „nonverbaler Kommunikation" versteht man „Körpersprache", also „Nachrichtenübermittelung ohne Worte". Wie diese wirkt, lässt sich leicht erklären:
Stellen Sie sich vor, dass Sie unverschuldet verspätet beim Kunden eintreffen und noch laden wollen. Der Kunde fragt Sie ärgerlich nach dem Grund. Berichteten Sie nun, dass Sie sich wegen eines technischen Defektes verspätet haben und blicken Ihm dabei fest in die Augen, wirken Sie glaubhaft. Heften Sie beim Sprechen den Blick aber auf den Boden oder blicken am Gesprächspartner vorbei, wirken Sie unglaubwürdig. Dies erweckt den Eindruck, dass Sie lügen.

Oh Mann, bin ich fit heute!

Mimik und Gestik müssen also mit dem Gesagten übereinstimmen. Stimmt das gesprochene Wort nicht mit der Körpersprache überein, wird *immer* dem nonverbalen Signal geglaubt.

Eine Person, die von sich behauptet, kraftstrotzend und dynamisch zu sein, dabei aber die Schultern hängen lässt und mit gebeugtem Rücken steht, wirkt also unglaubhaft.

PRAKTISCHE ÜBUNG

▶ Die Teilnehmer sollen lernen, körpersprachliche Signale zu interpretieren, anzuwenden oder zu vermeiden.

↻ Bitten Sie zwei Teilnehmer, als „Schauspieler" die körpersprachlichen Signale (siehe unten) vorzuführen. Dabei sollen die restlichen Teilnehmer die Interpretation der Signale auf Moderationskarten notieren. Mit Hilfe der Karten werden anschließend die richtigen Interpretationen erarbeitet und die untenstehende Liste in den Teilnehmerhandbüchern ausgefüllt.

🕑 Ca. 15 Minuten

AUFGABE/LÖSUNG

Signal	Interpretation
Blickkontakt mit dem Gegenüber	Interesse, ist offen für Argumente
Den Gesprächspartner nicht ansehen	Unsicherheit, Unehrlichkeit, mangelnde Konzentration auf die Sache
Arme und Beine eng nebeneinander	Unsicherheit, Ängstlichkeit
Heben des Zeigefingers	Belehrung oder auch Tadel
Hände auf den Rücken legen	Mir sind die Hände gebunden, ich möchte mich heraushalten
Daumen und Zeigfinger in Pistolenform auf den Gesprächspartner gerichtet	Sich „mit Gewalt" durchsetzen wollen
Hochziehen einer Augenbraue	Ungläubiges Staunen, Arroganz, Überheblichkeit
Die Stirn runzeln	Ungläubiges Erstaunen

Nach Enkelmann, Rhetorik Klassik

Aktives Zuhören

Zitat:

Einer der Gründe, warum man in Gesprächen selten verständige und angenehme Partner findet, ist, dass es kaum jemanden gibt, der nicht lieber an das denkt, was er sagen will, als genau auf das zu antworten, was man zu ihm sagt.
Die Selbstgefälligen begnügen sich damit, während man es ihrem Auge und Ausdruck ansehen kann, dass ihre Gedanken nicht bei unserer Rede sind, sondern sich eifrig mit dem beschäftigen, was sie sagen wollen.
Sie sollten bedenken, dass es ein schlechtes Mittel ist, anderen

3.4 Verhalten, das zu einem positiven Image beiträgt

zu gefallen oder sie zu gewinnen, wenn man sich selbst so sehr zu gefallen sucht,
und, dass die Kunst, gut zuzuhören und treffend zu antworten, die allerhöchste ist, die man im Gespräch zeigen kann.

Nach François VI. de La Rochefoucauld
(französischer Schriftsteller, * 15. September 1613 , † 17. März 1680)

Aktives Zuhören ist eine weitere Möglichkeit, um in Gesprächen Erfolge und Einigungen zu erzielen.

Aktives Zuhören meint, dass Sie sich dem Gegenüber im Gespräch so zuwenden, dass dieser das Interesse an seiner Person und seiner Rede erkennt.

Aktives Zuhören bedeutet aber auch, dass Sie bemüht sind, sich in die Situation des Gegenübers zu versetzen, um zu verstehen, was ihn bewegt. Zeigen Sie dabei Einfühlungsvermögen.

Durch aktives Zuhören erreichen Sie:
- Einen persönlichen Kontakt zum Gegenüber
- Eine entspannte Gesprächsatmosphäre
- Bei verhärteten Standpunkten können Sie so leichter eine emotionale Übereinstimmung erzielen

Der Eindruck, dass Sie einem Gesprächspartner aktiv zuhören, entsteht dadurch, dass Sie ihn ausreden lassen.
- Wer dazwischenredet, zeigt, dass er sich für die Aussage des anderen nicht interessiert und signalisiert so Missachtung.
- Pausen können ein Zeichen sein für Unklarheiten, Angst oder Ratlosigkeit. Plappern Sie also nicht gleich los wie ein Maschinengewehr.
- Lassen Sie Ihr Gegenüber auch dann ausreden, wenn er Ihnen Vorwürfe macht. Sie können später darauf eingehen.

Setzen Sie die Möglichkeiten der Körpersprache gezielt ein und verharren Sie nicht reglos vor dem Gesprächspartner.
- Nicken Sie mit dem Kopf

- Wenden Sie ihm den Blick zu
- Neigen Sie ihm den Körper zu
- Zeigen Sie Verständnis (Mimik!)
- Lachen, lächeln, schmunzeln Sie

Widerstehen Sie Ablenkungen
- Spielen Sie nicht nervös mit dem Kugelschreiber oder Schlüsselbund – das zeigt, dass Sie keine Ruhe haben, zuzuhören

Halten Sie die eigene Meinung zurück. Die können Sie später zum Besten geben.
- Zuhören heißt in diesem Fall nicht, dass Sie das Gesagte gutheißen.

Stellen Sie Fragen:
- Auf jeden Fall bei Unklarheiten
- Fragen können auch Denkanstöße beinhalten:
  - „Könnte das nicht auch damit zusammenhängen, dass …?"

Wiederholen Sie Teile des Gesagten:
- „Habe ich Sie richtig verstanden, dass …?"
- So können Sie klären, ob Sie den Gesprächspartner richtig verstanden haben. Missverständnisse können vermieden werden.

Benutzen Sie kurze Äußerungen („Ja", „Aha", „Hm", „Genau" etc.), dadurch bestätigen Sie Ihr Gegenüber.

Sprechen Sie Gefühle an
- So zeigen Sie, dass Sie Ihr Gegenüber auch auf der Gefühlsebene ernst nehmen und sich in seine Lage versetzen können
- „Sie sind enttäuscht und wütend …?"

Setzen Sie unverbindliche, nicht wertende Aufforderungen und Fragen ein:
- „Das hört sich ja wirklich sehr schwierig an …"
- „Möchten Sie mir erzählen, was sich ereignet hat?"

Paraphrasieren Sie (Wiederholen Sie mit eigenen Worten)
- „Sie glauben also, …"
- „Wenn ich Sie richtig verstehe, dann meinen Sie …"

Verhalten, das zu einem positiven Image beiträgt — 3.4

Um beim Gesprächspartner keine Widerstände aufzubauen, sollten Sie Folgendes vermeiden:
- Ironische Bemerkungen: „Naja, wenn Sie hier mal aufräumen würden, ..."
- Besserwisserische Lösungsvorschläge: „Ich an Ihrer Stelle würde..."
- Urteile: „Das sehen Sie vollkommen falsch...!"
- Kritik: „Wenn Sie das nicht getan hätten, dann...!"
- Ablenken: „Darüber können wir ein andermal sprechen...!"
- Analysen: „Was Ihnen fehlt, ist...!"

Sehr vorteilhaft ist es auch, Ihr Gegenüber mit dem Namen anzusprechen, denn jeder Mensch mag es, seinen Namen zu hören. Vermeiden Sie es dabei aber auf jeden Fall, einen Namen zu kommentieren („Ach, Herr Weiss, wie schwarz!") oder auf ungewöhnliche Namen zu reagieren (Herr Brühwurst...). Nur Ihr Gesprächspartner selbst darf seinen Namen kommentieren!

PRAKTISCHE ÜBUNG

▸ Die Teilnehmer sollen lernen, Methoden des „aktiven Zuhörens" gezielt einzusetzen.

↻
- Teilen Sie die Teilnehmer in Dreiergruppen ein
- Bitten Sie je einen Teilnehmer, über das Thema „Was mich am meisten nervt!" zu sprechen. Der zweite Teilnehmer bemüht sich, aktiv zuzuhören. Der Dritte analysiert und notiert die Techniken und „Fehler" des Zuhörers.
- Am Ende berichtet der Erzähler, ob er das Gefühl hatte, im Gespräch verstanden und angenommen worden zu sein. Dabei werden unter Mithilfe des Beobachters Möglichkeiten zur Verbesserung aufgezeigt.

🕒 Ca. 15 Minuten

Beschleunigte Grundqualifikation
Spezialwissen Lkw

3.5 Ich-Botschaften

▶ Die Teilnehmer sollen lernen, *Du-Botschaften* in Gesprächen zu vermeiden und stattdessen *Ich-Botschaften* zu formulieren.

↻ — Konfrontieren Sie einige Teilnehmer vollkommen überraschend mit *Du-Botschaften*:
- „Sie haben schon wieder nicht aufgepasst. So bestehen Sie die Prüfungen nie!"
- „Sie stören durch Ihr dauerndes Zuspätkommen den ganzen Unterricht!"

Fragen Sie, welche Reaktionen diese Art der Formulierung bei den Teilnehmern ausgelöst hat (Vorwurf, Rechtfertigungsdruck)

— Erläutern Sie die unterschiedlichen Wirkungen von *Ich-* und *Du-Botschaften*
— Beschreiben Sie Vor- und Nachteile der *Ich-/Du-Botschaften*
— Formulieren Sie *Du-Botschaften* für Alltags-Situationen, lassen Sie diese in *Ich-Botschaften* umformulieren:
- Drängler an der Supermarktkasse
- Ärger mit dem Nachbarn
- Drängler an der Tankstelle

— Lassen Sie die Teilnehmer in Partnerübungen mögliche Situationen des Berufsalltages durchspielen und dabei *Ich-Botschaften* formulieren.
- Kollege macht Zapfsäule nach dem Tanken nicht frei, trinkt dabei einen Kaffee und legt seine 15-Minuten-Lenkzeitunterbrechung ein
- Pkw-Fahrer versperrt den Weg zum Kunden
- Staplerfahrer beschädigt den Lkw
- Lagerist schikaniert Lastwagenfahrer (lässt ihn nicht an die Rampe, bemängelt Ware o. ä.)

Alternativ können Sie auch zunächst Situationen aus dem Alltag durchsprechen.

Methoden:
— Vortrag
— Übungen
— Partnerübungen

Verhalten, das zu einem positiven Image beiträgt   **3.5**

🕐 Ca. 30 Minuten

🖥 Dieses Thema wird in der Führerschein-Ausbildung nicht oder nur ansatzweise behandelt.
Weiterbildung: Modul 4, Schaltstelle Fahrer

(Ich habe den Eindruck, dass…)   *(Du bist schuld, dass..!!)*

Ich- und Du-Botschaften

Sie sind verärgert und haben ein Problem mit einer anderen Person, wissen aber nicht, wie Sie dieses Problem zur Sprache bringen sollen, ohne den Anderen zu verärgern?
Am besten verwenden Sie eine *Ich-Botschaft*, um das Problem zur Sprache zu bringen. Denn mit einer *Ich-Botschaft* schildern Sie das Problem aus *Ihrer* Sicht und Betroffenheit, ohne mit anklagendem Zeigefinger auf den Anderen zu zeigen. *Ich-Botschaften* fördern die Bereitschaft, Probleme zu lösen.
Eine *Ich-Botschaft* an einen Lagermeister, der Sie ungerecht behandelt, könnte lauten:

Beschleunigte Grundqualifikation
Spezialwissen Lkw

„Ich habe den Eindruck, dass Fahrzeuge, die nach mir eingetroffen sind, vor mir an die Rampe dürfen, das enttäuscht mich sehr."

Im Gegensatz dazu, wirkt eine sogenannte *Du-Botschaft* mit der gleichen Aussage anklagend und baut beim Gegenüber Widerstand auf:

„Warum bevorzugen Sie dauernd andere Fahrzeuge?"

Diese *Du-Botschaft* setzt das Gegenüber unter Rechtfertigungsdruck und erzeugt Aggressionen. Sie wird also nicht zur Veränderung der Situation beitragen. Daher sollten Sie Probleme immer durch *Ich-Botschaften* ansprechen!

Abbildung 210:
Ich-Botschaft und Du-Botschaft

	Ich-Botschaft	Du-Botschaft
	Beleuchtet die eigene Wahrnehmung, die eigenen Gefühle	Ist wie ein ausgestreckter Zeigefinger
Beispiele	– Es hat mich geärgert, dass…. – Mir ist aufgefallen… – Ich wünsche mir…	– Du machst immer… – Sie sollten endlich mal… – Warum tun Sie nicht…
Wirkung	– Bereitschaft zur Klärung – Betroffenheit – Nachdenklichkeit	– Widerstand – Schuldgefühle – Verletzung, Ärger

Eine Ich-Botschaft hat (maximal) drei Teile:
„Als ich festgestellt hatte, dass Sie die Palette nicht bereit gestellt haben, war ich sehr enttäuscht, weil ich warten musste!"

Abbildung 211:
Beispiel für eine Ich-Botschaft

Verhaltensbeschreibung	Wirkung	Auswirkung
Ich habe festgestellt, dass Sie die Palette nicht bereitgestellt haben.	Ich war sehr enttäuscht.	Ich musste warten.

Verhalten, das zu einem positiven Image beiträgt — 3.5

Eine gelungene Ich-Botschaft wirkt wie ein Tatsachenbericht. Sie beschreibt ohne zu werten ein Verhalten oder Umstände, die ein Problem verursachen. Dann beschreibt sie, wie sich diese Verhältnisse emotional auf Sie auswirken, indem Sie Ihre Gefühle ausdrücken. Schließlich erfährt der Andere etwas über die Auswirkungen und kann so nachvollziehen, dass ein vernünftiger Grund für die Beanstandung vorliegt.

Wenn Sie versuchen, dreiteilige Ich-Botschaften zu formulieren, werden Sie sich anfangs wahrscheinlich etwas seltsam vorkommen und das Gesprochene klingt ungewohnt in Ihren Ohren. Mit zunehmender Übung aber werden Ihre Botschaften immer natürlicher.

PRAXIS-TIPP

Nutzen Sie die Zeit auf längeren Fahrten und trainieren Sie im Selbstgespräch, „Ich-Botschaften" zu formulieren. Oder bereiten Sie sich auf diese Art auf aktuelle Problemfälle vor.
Achtung: Die Verkehrssicherheit darf bei Ihren Sprach- und Gedankenübungen natürlich nicht leiden!

Hintergrundwissen → Achtung: In einer *Ich-Botschaft* sollten Wörter wie z. B. „wieder, immer, dauernd" vermieden werden. Dadurch greifen Sie den Gesprächspartner an und erzeugen eine unnötige Konfrontation!
Es gibt auch falsche *Ich-Botschaften*. Diese wirken dann trotz der *Ich-Formulierung* aggressiv. „Ich finde, dass Du faul bist" ist zum Beispiel ein reiner Vorwurf, denn hier wird kein Gefühl beschrieben.

**Beschleunigte Grundqualifikation
Spezialwissen Lkw**

3.6 Positive Formulierungen

▶ Die Teilnehmer sollen lernen, bei Kontakten mit Kunden positive Formulierungen zu verwenden.

↻ — Spielen Sie zu Beginn des Unterrichtes ein kurzes Rollenspiel, bei dem Sie die Rolle eines Werkstattmeisters übernehmen und zwei Teilnehmer Kunden spielen. Beide Kunden warten draußen vor der Türe. Sie rufen den ersten herein und eröffnen ihm kurz angebunden und mit unverbindlichen Worten, dass der Motor seines Fahrzeuges einen Totalschaden hat:

„Herr…, das sieht nicht gut aus für Ihr Konto! An Ihrem Fahrzeug ist das Kurbelwellenlager kaputt. Billig wird das nicht, das kann ich Ihnen sagen – bei so einem schweren Motorschaden sind gleich mal ein paar Tausender fällig!
Ich sehe da nur zwei Möglichkeiten: Entweder wir verschrotten das Fahrzeug oder wir bestellen einen nagelneuen Motor. Ob sich die Anschaffung bei der alten Mühle aber noch lohnt, das wage ich zu bezweifeln. Naja, nun laufen Sie mal nach Hause und sagen Sie uns morgen früh, was wir machen sollen. Unsere Telefonnummer haben Sie ja!"

Sie schütteln dem Kunden kurz die Hand, bringen ihn zur Tür und schicken ihn weg. Dann eröffnen Sie dem zweiten Kunden ebenfalls das Ergebnis der Motordiagnose, tun dies aber mit positiven Formulierungen:

„Herr…, das Geräusch an Ihrem Fahrzeug ist ein Defekt an der Kurbelwelle. Da ist ein Lager ausgeschlagen. Aber kein Grund zur Sorge, ich habe bereits mit dem Chef gesprochen und wir könnten Ihnen als jahrelangem Kunden eine sehr kostengünstige Lösung anbieten. Entweder wir besorgen Ihnen einen günstigen gebrauchten Austauschmotor mit Garantie – oder wir nehmen Ihr Fahrzeug so wie es ist in Zahlung. Dafür können Sie sich auf unserem Hof einen anderen günstigen Gebrauchten aussuchen. Wir hätten da auch schon ein Fahrzeug, das zu Ihnen passen würde. Sehen Sie den grünen Polo draußen vor der Türe? Der ist in einem Topzustand, werkstattgeprüft, hat frisch TÜV und ist drei Jahre jünger als Ihr jetziges Auto. Bei dem machen wir Ihnen einen besonders günstigen Preis, dann kostet der Sie gerade mal 1000,– € mehr als eine Tauschmaschine und 2 Jahre Garantie bekommen Sie auch noch. Da hätten Sie einen reellen Gegenwert

Verhalten, das zu einem positiven Image beiträgt — 3.6

für Ihr Geld. Hier ist der Schlüssel – nehmen Sie den Polo doch einfach für heute mit nach Hause und zeigen ihn Ihrer Frau. Morgen früh können Sie uns dann ja sagen, wofür Sie sich entschieden haben."

> Dann befragen Sie beide Teilnehmer/Kunden, wie sie sich gefühlt haben, als ihnen die Nachricht vom „Motortotalschaden" mitgeteilt wurde.

- Zeigen Sie den Teilnehmern, dass positive Formulierungen einer Sache, mit Aussicht auf eine positive Lösung, besser aufgenommen werden können als negative Formulierungen der gleichen Sache.
- Lassen Sie die Teilnehmer die negativen Aussagen aus der folgenden Tabelle in positive Formulierungen umgestalten.

Methoden:
- Rollenspiel
- Lehrgespräch
- Lösung von Aufgaben

Ca. 30 Minuten

Dieses Thema wird in der Führerschein-Ausbildung und in der Weiterbildung nicht oder nur ansatzweise behandelt.

Positive Formulierungen machen schlechte Nachrichten leichter erträglich. Nehmen Sie sich das zu Herzen, wenn Sie mit Kunden zu tun haben und Konflikte abschwächen oder vermeiden wollen.

Formulieren Sie negative Nachrichten immer so, dass sie einen Mehrwert, am besten eine Aussicht auf Lösung bieten. Wenn beispielsweise eine Palette den Bestimmungsort nicht pünktlich erreicht, können Sie dies auf zwei Arten mitteilen:

> „Also, heute kommt die Palette garantiert nicht mehr an!"
> oder
> „Die Palette erreicht den Bestimmungsort morgen früh!"

Beschleunigte Grundqualifikation
Spezialwissen Lkw

Der Inhalt der Nachricht ist gleich: Der Kunde erfährt, dass die Palette zu spät ausgeliefert wird, aber im zweiten Fall erfährt der Kunde im gleichen Satz, wann sie ankommt und wird dadurch positiv gestimmt. Durch positive Formulierungen und das Aufzeigen von Lösungsmöglichkeiten lassen sich viele Konflikte vermeiden.

AUFGABE/LÖSUNG

Formulieren Sie die negativen Aussagen in positive, lösungsorientierte Aussagen um!

Negativ und unverbindlich	Positiv und lösungsorientiert
Das ist nicht meine Schuld.	Ich werde mich um das Problem kümmern.
Das kann ich nicht mehr mitnehmen.	Das holt ein Kollege morgen ab.
Das große Teil kriegen wir nie da rein.	Ich werde gleich die Dispo bitten, ein größeres Auto zu schicken.
Ich schaffe es nicht mehr rechtzeitig.	Ich schaffe es ein wenig später.
Da bin ich überfragt.	Ich mache mich für Sie kundig. Dazu kann Ihnen Herr… genaue Informationen geben. Sie erreichen ihn unter der Telefonnummer…

PRAXIS-TIPP

Im Laufe der Zeit kennen Sie Ihre Kunden und deren Eigenheiten immer besser. Bemühen Sie sich besonders bei sehr kritischen oder ewig nörgelnden Kunden, mit positiven Formulierungen ein „positives Klima" zu schaffen. Vergessen Sie nie: *„Jeder Kunde trägt zum Erfolg des Unternehmens bei!"*

Verhalten, das zu einem positiven Image beiträgt — 3.7

3.7 Ursachen, Arten und Auswirkungen von Konflikten

▶ Die Teilnehmer sollen Ursachen, Arten und Auswirkungen von Konflikten erkennen.

- Sammeln Sie als Einstieg in das Thema Antworten auf die Frage „Welche Gedanken und Gefühle verbinden Sie mit dem Begriff ‚Konflikt'?" (Brainstorming). Notieren Sie diese Begriffe auf Moderationskarten und pinnen Sie sie an ein Board.
- Erläutern Sie den Begriff „Konflikt".
- Nehmen Sie eine aktuelle Tageszeitung und markieren Sie Berichte über Konflikte auf möglichst vielen verschiedenen Ebenen (Frau schlägt Mann, Kriegsgeschehen, Wahlen o. ä.). So vermitteln Sie die ganze Bandbreite des Themas. Weisen Sie dabei auch auf die verschiedenen Schweregrade von Konflikten hin.
- Sammeln Sie Beispiele für Konflikte im Fahreralltag.
- Erarbeiten Sie mit den Teilnehmern Beispiele für konfliktauslösende Ereignisse und lassen Sie diese ins Arbeits- und Lehrbuch eintragen. Diskutieren Sie dabei auch die Zugehörigkeit zu verschiedenen Konfliktarten. Ergänzen Sie die Tabelle mit weiteren Ereignissen und Beispielen.
- Wenden Sie sich nun wieder den Moderationskarten zu und analysieren Sie diese in Hinblick auf positive Assoziationen mit dem Begriff „Konflikt". So leiten Sie über zu den Auswirkungen von Konflikten.

Methoden:
- Brainstorming
- Diskussion
- Kleingruppenarbeit
- Präsentation
- Vortrag
- Lehrgespräch

Ca. 150 Minuten

Aktuelle Tageszeitung

Dieses Thema wird in der Führerschein-Ausbildung nicht oder nur ansatzweise behandelt.
Weiterbildung: Modul 4, Schaltstelle Fahrer Weiterbildung: Modul

Was ist ein Konflikt?

Konflikte (lat. *conflictus* = Zusammenprall), also Auseinandersetzungen, sind ein fester Bestandteil unseres Lebens. Sie entstehen, wenn anscheinend unvereinbare Interessen von (zwei oder mehreren) Personen, Gruppen, Völkern aufeinandertreffen und mindestens eine der Konfliktparteien dabei versucht, ihr Ziel mit Nachdruck durchzusetzen.

Durch Konflikte entstehen:
- Negative Gefühle
- Abwertendes Denken und Vorurteile
- Feindseliges Verhalten

Konflikte werden meist als Kampfsituationen wahrgenommen und entfalten eine Dynamik, die friedliche Einigungen oft unmöglich macht. Konflikte können die Sicht auf die eigene Person, die Gegner, Probleme und Geschehnisse verzerren und völlig einseitig darstellen. Oft entsteht die Meinung, dass der eigene Gewinn nur durch einen Verlust des Gegners zu erzielen sei. Konflikte können dadurch ein sehr zerstörerisches Potential entfalten.
Konflikte müssen nicht zwingend etwas Negatives sein. Sie können dem Zusammenleben von Menschen sogar förderlich sein, denn sie bergen die Möglichkeit, zu erkennen, wie andere Menschen denken oder fühlen. Durch Konflikte können sich Menschen sogar näherkommen.

Beispiel:
Zwei Nachbarn streiten am Gartenzaun, weil Nachbar A Birnen von Zweigen des Nachbarbaumes pflückt, die auf sein Grundstück wachsen. Nachbar B beschuldigt A, die Birnen zu stehlen. A wirkt betroffen und erzählt, dass er seine Arbeit verloren hat, nun von Sozialhilfe leben muss und deswegen nach den Birnen gegriffen hat. B versteht nun, warum A so handelt und bietet ihm nun zu den Birnen auch noch Äpfel aus seinem Garten an.

Verhalten, das zu einem positiven Image beiträgt — 3.7

Entstehung von Konfliktsituationen

Auch im Fahrerberuf gibt es unzählige Möglichkeiten für die Entstehung von Konflikten: Wenn Sie beispielsweise in der Innenstadt beim Entladen eine schmale Einbahnstraße für mehrere Minuten blockieren, brauchen Sie nicht lange darauf zu warten, dass sich andere Verkehrsteilnehmer beschweren. Treffen dann Standpunkte unvereinbar aufeinander und beharren beide Seiten auf ihren Rechten, entstehen feindselige Gefühle und es liegt ein Konflikt vor.

Um in solchen Situationen einer Eskalation vorbeugen zu können, ist es wichtig, das Wesen von Konflikten zu kennen. So können frühzeitig Maßnahmen ergriffen werden, um eine Lösung zu finden, mit der beide Parteien zufrieden sind. Zum Beispiel könnten Sie nach dem Abladen der ersten Palette einmal um den Block fahren, so die Straße freimachen und erst dann die zweite Palette abladen.

AUFGABE/LÖSUNG

Sammeln Sie mögliche Konfliktfälle und Lösungsmöglichkeiten, denen Sie als Lastwagenfahrer begegnen können.

1. Kunde verlangt, mit Überladung zu fahren: Disponenten anrufen, ggf. anderes Fahrzeug schicken lassen oder nur Teilladung mitnehmen.
2. Kunde kann die Nachnahme nicht bezahlen: Ihn darum bitten, Geld beim Nachbarn zu leihen.
3. Kollege übergibt Ihnen das Fahrzeug zur Nachtschicht mit einem abgefahrenen Reifen: Zusammen mit dem Kollegen das Rad wechseln.

Das Wesen von Konflikten

- Konflikte verlaufen anfangs meist schwelend, werden von den Beteiligten nicht wahrgenommen.
- Emotionen (Angst und Wut) stauen sich auf.
- Ein auslösendes Ereignis bringt den Konflikt (oft explosionsartig) an die Oberfläche.

- Der Konflikt wird offen ausgetragen.
- Der Konflikt eskaliert.

Konfliktarten

Um einen Konflikt richtig beurteilen zu können, muss man wissen, um welche Konfliktart es sich handelt.

Die drei in Ihrem Berufsumfeld wahrscheinlichsten Konfliktarten sind dabei:

1. Der Verteilungskonflikt

Hier geht es um einen konkreten Streitgegenstand. Zum Beispiel darum, wer den neuesten Lastwagen der Spedition fahren darf, wer die Tour bekommt, die ihn am Wochenende früher als andere nach Hause bringt oder wer in den Schulferien Urlaub nehmen darf.

Alle Beteiligten nehmen dabei für sich in Anspruch, ein „Anrecht" auf den Streitgegenstand zu haben und rechtfertigen den Anspruch mit Argumenten und Beweisen. In Wahrheit sind Verteilungskonflikte aber versteckte Machtkämpfe, die nach dem Prinzip des ABBA-Songtitels funktionieren: „The winner takes it all" (Der Gewinner bekommt alles).

Folgekonflikte sind bei Verteilungskonflikten vorprogrammiert. Denn Verlierer bleiben meist unzufrieden zurück und sinnen auf einen Ausgleich.

2. Der Zielkonflikt

Dieser Konflikt entsteht, wenn „Gegner" Ideen oder Ziele verfolgen, die nicht miteinander in Einklang zu bringen sind.

So könnte ein Kunde zum Beispiel verlangen, dass Sie noch auf eine Palette warten, die erst später geladen werden kann. Für Sie ist es aber viel wichtiger, schnell weiterzukommen, weil Sie noch vor Feierabend bei anderen Kunden laden müssen.

3. Beziehungskonflikte

Beziehungskonflikte, also zwischenmenschliche Probleme, entstehen, wenn eine Partei die andere verletzt, demütigt, missachtet. Missach-

3.7 Verhalten, das zu einem positiven Image beiträgt

tung kann zum Beispiel dadurch entstehen, dass Sie einen Kollegen einfach nicht leiden können. Dieser fühlt sich dann dadurch verletzt, dass Sie ihm nicht die gleiche Achtung entgegenbringen wie anderen Fahrerkollegen.

Entstehung von Konflikten

Konflikte sind oft nur schwer zu durchschauen. Mag es auf den ersten Blick richtig sein, einen Konflikt „nur" als Verteilungskonflikt zu sehen, können unter der Oberfläche versteckt unter Umständen ganz andere Kräfte oder Bedürfnisse wirken. Das erklärt Christoph Besemers Eisbergmodell. Es zeigt, dass neun Zehntel der wahren Konfliktgründe nicht erkannt werden und die Grundlage für weiteren Zündstoff bilden.

Versteckte Gründe für den Ausbruch von Konflikte können sein:

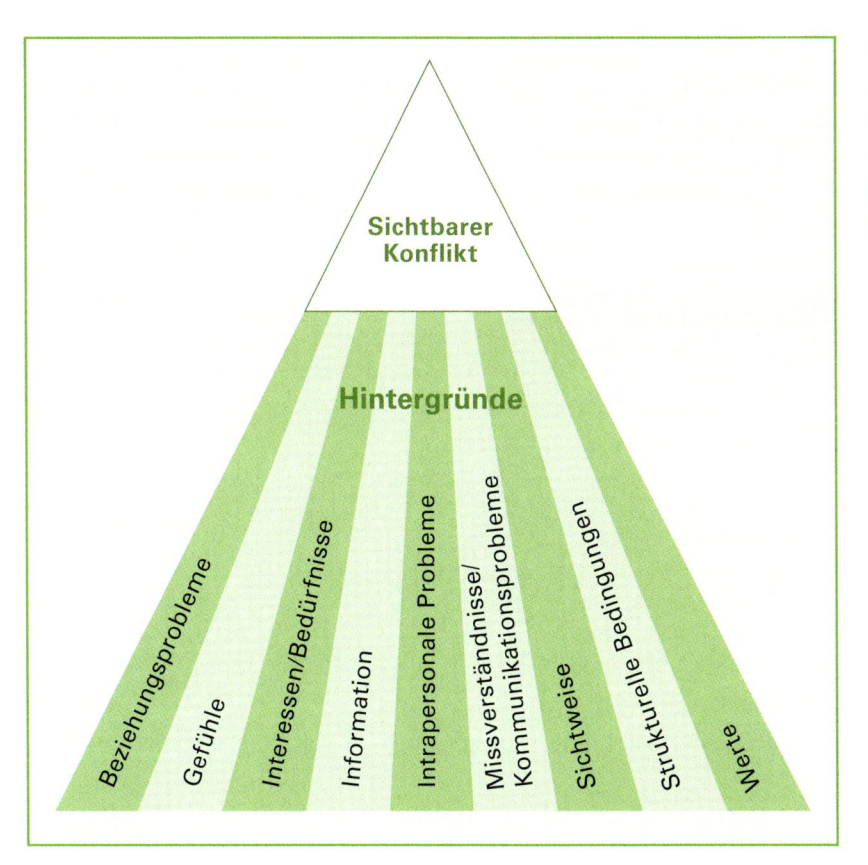

Abbildung 212: Anteile eines Konfliktes in Anlehnung an das Eisbergmodell nach Besemer

Sichtbarer Konflikt

Hintergründe

Beziehungsprobleme · Gefühle · Interessen/Bedürfnisse · Information · Intrapersonale Probleme · Missverständnisse/Kommunikationsprobleme · Sichtweise · Strukturelle Bedingungen · Werte

Beschleunigte Grundqualifikation
Spezialwissen Lkw

Wann ein Konflikt entstanden ist, lässt sich oft nur schwer feststellen. Die verborgenen Anteile können aber erklären, warum Konflikte auch ganz plötzlich zwischen Personen in Erscheinung treten, die sich vorher noch nie begegnet sind. So gibt es z.B. für Vorfälle, bei denen völlig unbeteiligte Personen von oft alkoholisierten Personen angegriffen werden, keine offensichtliche Erklärung – die Gründe sind bei den versteckten Anteilen zu suchen.

Gemeinsam ist aber allen Konflikten, dass sie entstehen, weil
- Unterschiede im Wollen, Fühlen und Denken vorliegen
- Mindestens eine Person diese Unterschiede wahrnimmt
- Mindestens eine Person so handelt, dass sich eine andere im Wollen, Denken und Fühlen beeinträchtigt oder bedroht *fühlt* (Es muss also keine reale Bedrohung oder Beeinträchtigung vorliegen).

Auslösende Ereignisse
Oft reichen kleine Ereignisse, um einen Konflikt ausbrechen zu lassen. Dabei muss das Ereignis nicht zwingend mit dem eigentlichen Geschehen zu tun haben. Besonders unbedachte Äußerungen, Schuldzuweisungen, Vorwürfe oder Missachtung wirken wie Zündstoff oder heizen Konflikte zusätzlich an. Eine der Konfliktparteien wirkt so als Konfliktförderer.

AUFGABE/LÖSUNG

Weisen Sie den Äußerungen einen passenden Begriff zu:
Ungeduld, nicht gehaltenes Versprechen, nichtverbales Zeichen, schlechte Laune, Wutausbruch

Äußerung	Begriff
„Wann komme ich denn endlich dran?"	*Ungeduld*
Faust mit erhobenem Mittelfinger	*Nichtverbales Zeichen*
„Das erledige ich nachher…!"	*Nicht gehaltenes Versprechen*

Verhalten, das zu einem positiven Image beiträgt 3.7

Äußerung	Begriff
„Das nervt mich heute total!"	Schlechte Laune
„Verdammt, dann hau doch endlich ab!"	Wutausbruch

> „Wer Streit sucht, kann in der Wahl seiner Worte
> nicht unvorsichtig genug sein."
> Werner Mitsch, deutscher Aphoristiker

Konflikte und ihre Auswirkungen

Konflikte sind belastend, rauben Energie und haben zahlreiche andere, schwerwiegende Auswirkungen auf das persönliche und berufliche Umfeld. Die Lösung eines Konfliktes hingegen birgt eine ganze Palette positiver Aspekte. Daher sollten Sie sich aktiv um die Lösung von Konflikten im privaten und beruflichen Umfeld bemühen.

Auswirkungen ungelöster Konflikte
Auf Personen:
- Konflikte sind psychisch belastend
- Sie rauben Energien und beeinträchtigen die Lebensqualität
- Lang anhaltende Konflikte können zu Krankheiten führen (z. B.: Magengeschwür, Schlaflosigkeit, Depressionen usw.)

Auf das Umfeld:
- Konflikte können sich auf das Umfeld ausbreiten (durch Einbeziehung Dritter)
- Konflikte können das Umfeld in „Lager" spalten
- Freunde und Verwandte ziehen sich möglicherweise zurück, weil sie nicht in den Konfliktstrudel geraten wollen oder das Thema „nicht mehr hören wollen"

Auf das Unternehmen:
- Konflikte belasten Arbeitsabläufe und die Produktivität

**Beschleunigte Grundqualifikation
Spezialwissen Lkw**

- Konflikte an der Schnittstelle zum Kunden schädigen das Ansehen
- Auch firmeninterne Konflikte schädigen das Ansehen (weil sie nach außen getragen werden)

Gelöste Konflikte …
- schaffen Erleichterung und Entlastung
- schaffen Erkenntnisse, wie andere Menschen denken und fühlen
- bringen Bewegung in eine verfahrene Situation
- fördern innere Kräfte, die Neues erschaffen
- stärken das Selbstbewusstsein und die Selbstachtung
- schaffen Zuversicht auf weitere erfolgreiche Problemlösungen

PRAXIS-TIPP

Vermeiden Sie es, mit Kollegen über andere Personen (Kunden, Angestellte der eigenen Firma etc.) „herzuziehen". Dies schürt Emotionen und heizt Konflikte unnötig an. Eine gute Möglichkeit, um bei derartigen „Gesprächen" neutral zu bleiben, ist der Satz: „Ich denke, darüber sollten wir reden, wenn Herr/Frau … auch anwesend ist!"

Verhalten, das zu einem positiven Image beiträgt   3.8

3.8 Umgang mit Konflikten

▶ Die Teilnehmer lernen, Konflikte einzuordnen, Eskalation zu vermeiden und sich in Bedrohungssituationen richtig zu verhalten.

↻
- Stellen Sie die Eskalationsstufen von Glasl dar (siehe Unterrichtstipp). Ordnen Sie dabei die gesammelten Stichworte den Eskalationsstufen zu.
- Sammeln Sie im Brainstorming zusammen mit den Teilnehmern Begriffe rund um das Thema „Gehaltsverhandlungen zwischen Gewerkschaften und Arbeitgebern".
- Stellen Sie die „Jeder-Gewinnt-Methode" zur Konfliktlösung vor.
- Stellen Sie das GRID-Konfliktlösungsmodell vor. Stellen Sie Bezüge zu den Teilnehmern her, die sich im Unterricht durch ihre verschiedenen Persönlichkeiten hervortun. Ordnen Sie diese den verschiedenen Konfliktlösungsstilen zu. (Achtung: Vermeiden Sie Wertungen – dies kann Konflikte auslösen …)
- Besprechen Sie die Möglichkeiten, durch persönliches Verhalten zur Deeskalation beizutragen.
- Nutzen Sie diesen Abschnitt zur Wiederholung wichtiger Inhalte: Aktives Zuhören, positive Formulierungen, Anlässe zu Konflikten, Ich-Botschaften, verbale/nonverbale Kommunikation usw.
- Beginnen Sie den Abschnitt „Umgang mit Bedrohungssituationen", indem Sie Teilnehmer von tätlichen Übergriffen auf sie selbst oder andere und die eigene Rolle berichten lassen. Dieses Verhalten können Sie in Zusammenhang mit den allgemein anerkannten Verhaltensregeln analysieren.
- Üben Sie mit Rollenspielen das Verhalten in Bedrohungssituationen.

Methoden:
- Brainstorming
- Lehrgespräch
- Diskussion
- Rollenspiel

⏱ Ca. 180 Minuten

☕ Dieses Thema wird in der Führerschein-Ausbildung nicht oder nur ansatzweise behandelt.
Weiterbildung: Modul 4, Schaltstelle Fahrer

Beschleunigte Grundqualifikation
Spezialwissen Lkw

Konflikteskalation

Konflikte haben die Tendenz, zu eskalieren. Sie nehmen also an Schärfe zu. Die Eskalation folgt dabei einem bestimmten Muster – den sogenannten Eskalationsstufen. Dabei verlieren die Konfliktparteien zunehmend die Kontrolle über die Situation und legen ein immer zerstörerischer werdendes Verhalten an den Tag.

Dass Konflikte sich zuspitzen, können Sie auch an sich selbst oder Ihrem „Gegner" beobachten:
- Man zeigt feindseliges Verhalten
- Man zieht sich zurück
- Man intrigiert
- Man leistet Widerstand
- ...

Die Eskalationsstufen können helfen, festzustellen, auf welcher Ebene oder Stufe sich ein Konflikt befindet und damit, wie dramatisch die Situation ist.

Auf Ebene 1 (win-win) ist es noch möglich, dass beide Seite gewinnen. Auf Ebene 2 (win-lose) kann nur noch eine Partei gewinnen. Befindet

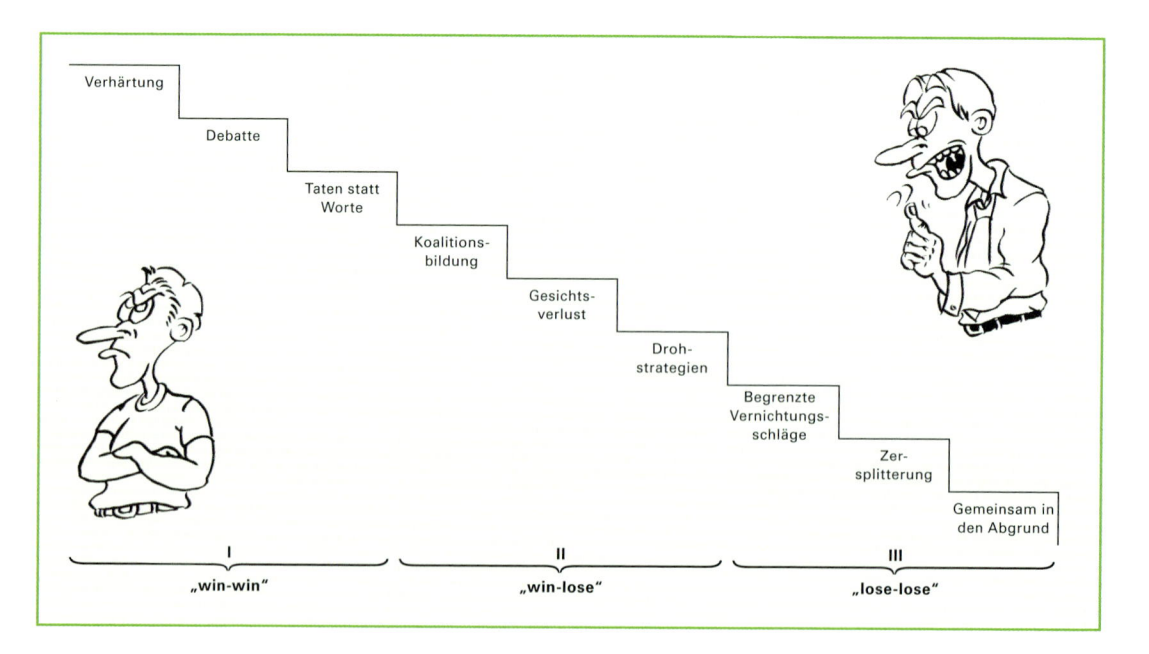

Abbildung 213: Eskalationsstufen in Anlehnung an F. Glasl

Verhalten, das zu einem positiven Image beiträgt 3.8

sich der Konflikt aber auf einer der Stufen von Ebene 3 (lose-lose), können beide Seiten nur noch verlieren.

Stufe 1: Verhärtung
Die Parteien sind der Meinung, dass die Spannungen noch mit Gesprächen zu lösen sind. Die Standpunkte und Meinungen verhärten sich bereits.

Stufe 2: Debatte
Das Denken, Fühlen und Handeln der Parteien wird immer gegensätzlicher. Es gibt langatmige Debatten. Es werden Strategien entwickelt, den anderen zu überzeugen. Die Standpunkte verhärten sich weiter.

Stufe 3: Taten statt Worte
Die Konfliktparteien erhöhen den Druck aufeinander, um die eigene Meinung durchzusetzen. Gespräche werden abgebrochen. Keine Partei will nachgeben. Es entsteht eine Diskrepanz zwischen verbalem und nonverbalem Verhalten. Es entsteht Misstrauen.

Stufe 4: Koalitionsbildung
Der Gegner wird zum „Feind". Es bilden sich „Lager" und es werden Sympathisanten gesucht. Der Gegner wird denunziert.

Stufe 5: Gesichtsverlust
Der Gegner wird bloßgestellt. Er soll so seine Glaubwürdigkeit verlieren. Der Vertrauensverlust ist nun vollständig.

Stufe 6: Drohstrategien
Es werden gegenseitig Drohungen ausgesprochen und Ultimaten gestellt.

Stufe 7: Begrenzte Vernichtung
Der Gegner wird nicht mehr als Mensch wahrgenommen, er wird zur „Sache" erklärt. Man will dem Gegner empfindlich schaden. Die Worte des Gegners werden immer ins Gegenteil verkehrt.

Stufe 8: Zersplitterung
Der Gegner soll mit Vernichtungsaktionen zerstört werden.

Stufe 9: Gemeinsam in den Abgrund
Die Stufe der totalen Konfrontation. Der Gegner soll um jeden Preis vernichtet werden, auch wenn es den eigenen Untergang bedeutet.

> Erklären Sie die Abfolge der Konfliktstufen anhand des Beispiels, wenn Gewerkschaften mit der Arbeitgeberseite über Gehaltsverbesserungen „streiten". (Verhandlungen, Verhärtung der Positionen, Streikandrohung, Warnstreik, Streik, Aussperrungen, Streikposten, Tarifeinigung ...)
> Dieses Beispiel ist auch insofern geeignet, als besonders bei „Tarifkonflikten" regelmäßig Schlichter eingreifen müssen, um eine Eskalation mit für die Volkswirtschaft belastenden Folgen zu verhindern oder eine Einigung zu erzielen.

Die „Jeder-gewinnt-Methode"

Konflikte lassen sich nur dann lösen, wenn sich alle Seiten bewusst werden, dass ein Konflikt vorliegt und *gemeinsam* eine Lösung angestrebt wird. Steht genügend Zeit zur Verfügung, kann eine Lösung mit Hilfe der folgenden 6-Punkte-Strategie angesteuert werden.

1. Schritt: Bedürfnisse feststellen und Probleme definieren
- „Was brauche ich?" oder „Was will ich?"

Jede Person, die an einem Konflikt beteiligt ist, sollte diese Frage beantworten, ohne Schuld zuzuweisen oder anzuklagen (z.B. durch Ich-Botschaften, aktives Zuhören etc.). Dabei wird festgestellt, warum die Bedürfnisse nicht miteinander vereinbar erscheinen.

2. Schritt: Lösungsmöglichkeiten ermitteln
- „Haben Sie eine Idee, wie wir das Problem lösen könnten?"

Alle Beteiligten (u.U. auch neutrale Dritte) entwickeln Ideen zur Lösung des Problems. Erlaubt sind auch ungewöhnliche Lösungsvorschläge. Diese werden, ohne zu werten, gesammelt.

3. Schritt: Die Lösungsmöglichkeiten bewerten
- „Welche der Lösungsmöglichkeiten wäre für Sie akzeptabel?"

Jede Konfliktpartei geht die Liste der Alternativen durch und sagt, mit welcher Lösung sie zufrieden wäre.

Verhalten, das zu einem positiven Image beiträgt 3.8

4. Schritt: Sich für die beste Lösung entscheiden
- „Wäre diese Lösung auch in Ihrem Sinne?"

Man einigt sich auf eine gemeinsame Lösung, die allen Seiten akzeptabel erscheint. Die Entscheidungen müssen freiwillig getroffen werden. Sonst ist es keine „Jeder-gewinnt-Situation".

5. Schritt: Die Entscheidung umsetzen
- „Wie wollen wir es umsetzen?"

Treffen Sie gemeinsam Entscheidungen, wer, was, wann, wie, mit wem tut und verhalten Sie sich dementsprechend.

6. Schritt: Kontrolle
- „Aber funktioniert das wirklich?"

Stellen Sie Bewertungskriterien auf und vereinbaren Sie einen Folgetermin, um später feststellen zu können, ob der Plan wirklich allen gerecht wird.

Steht in Konfliktsituationen nur wenig Zeit zur Verfügung, um eine Lösung zu finden, bietet sich eine andere Vorgehensweise an:

Eine der Konfliktparteien sollte „aus dem Bauch heraus", ohne anzuklagen, die Kernpunkte eines Konfliktes und einen aus ihrer Sicht für alle verträglichen Lösungsvorschlag formuliert. Dieser bildet dann eine Gesprächsgrundlage, mit deren Hilfe sich schnell eine einvernehmliche Lösung ansteuern lässt. Diese Form der Konfliktlösung zielt allerdings mehr auf einen schnellen Kompromiss ab, als auf die wesentlich sinnvollere und dauerhafte „Jeder-gewinnt-Situation".

PRAXIS-TIPP

Immer wieder sind Fahrer der Willkür von Lageristen, Staplerfahrern oder Ladepersonal ausgesetzt. Dies kann soweit gehen, dass „Schmiergelder" gezahlt werden müssen, damit selbstverständliche Tätigkeiten wie Be- oder Entladen ausgeführt werden. In solchen Fällen sollten sich Fahrer direkt Vorgesetzten dieses Personals wenden und/oder umgehend das eigene Unternehmen informieren. Dies gilt auch für Fälle, in denen bekannt wird, dass sich andere Fahrer durch Geschenke oder „Schmiergelder" Vorteile verschaffen.

Das GRID-Modell

Das GRID-Modell hilft, das eigene Konfliktverhalten einzuschätzen. Dabei steht die senkrechte Achse für das Ausmaß, in dem eine Partei die eigenen Interessen verfolgt, und die horizontale Achse für das Ausmaß, in dem die Interessen der gegnerischen Partei berücksichtigt werden. Die Zuordnung, welchen Konfliktlösungsstil eine Person verfolgt, ergibt sich dann aus der Kombination beider Achsen.

Daraus ergeben sich fünf Konfliktlösungsstile:

1. Vermeidung: Ich will den Konflikt nicht sehen oder gehe einer Konfrontation aus dem Weg. Die Folge ist, dass beide Seiten verlieren.

2. Durchsetzen: Ich vertrete nur meine eigenen Interessen, die andere Seite interessiert mich nicht.

3. Nachgeben: Für Frieden tue ich alles und verzichte darauf, meine eigenen Interessen durchzusetzen.

4. Kompromiss: Ich strebe eine schnelle, aber unter Umständen nicht besonders haltbare Lösung an.

5. Kooperation: Ich nehme mir Zeit, eine ausgewogene, haltbare Lösung zu finden, von der alle Seiten profitieren.

Abbildung 214:
Das GRID-Modell

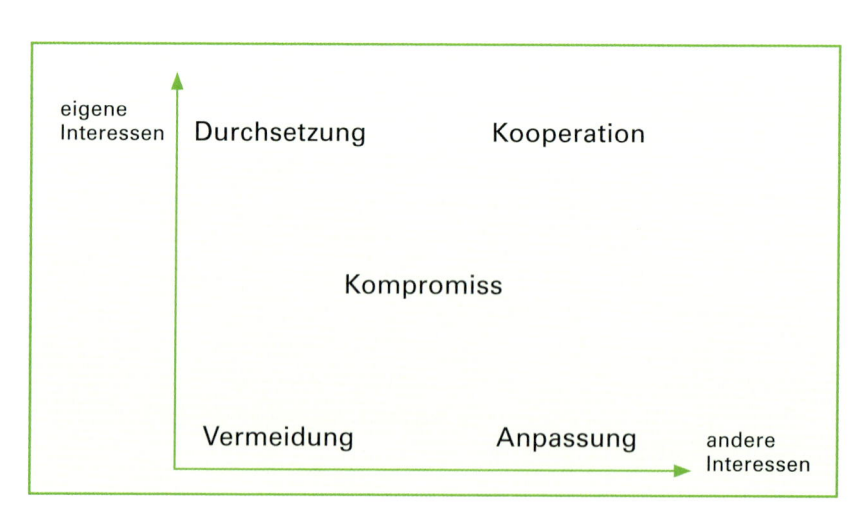

Verhalten, das zu einem positiven Image beiträgt 3.8

AUFGABE/LÖSUNG

Ordnen Sie die folgenden Begriffe den fünf Konfliktlösungsstilen *Durchsetzung, Vermeidung, Anpassung, Kompromiss, Kooperation* zu (Mehrfachzuordnungen möglich):

1. Ignorieren
2. Bürokratische Regeln
3. Unterwerfung
4. Akzeptable Lösung
5. Gewinner-Verlierer-Situation
6. Macht und Gewalt
7. Gewinner-Gewinner-Situation
8. Letzte Möglichkeit
9. Austausch von Ideen
10. Dominanz
11. Integrative Lösung

Konfliktlösungsstil	Passender Begriff
Durchsetzung	Dominanz, Unterwerfung, Macht und Gewalt, Gewinner-Verlierer-Situation
Vermeidung	Ignorieren, bürokratische Regeln
Anpassung	Unterwerfung, Gewinner-Verlierer-Situation
Kompromiss	Akzeptable Lösung, letzte Möglichkeit
Kooperation	Integrative Lösung, Austausch von Ideen, Gewinner-Gewinner-Situation

Deeskalation – In der Ruhe liegt die Kraft

Kennen Sie das? Sie sind in einen Streit verwickelt und die Stimmen werden immer lauter. Bei beiden Kontrahenten steigt der Blutdruck, die Köpfe werden immer röter. Dann fängt einer das Schreien an. Jetzt ist der Konflikt voll entbrannt. Bald können Sie sich nur noch mühsam zurückhalten, um dem Gegenüber nicht an die Gurgel zu gehen.

Genau so darf ein Konflikt nicht ablaufen. Damit das nicht geschieht, müssen Sie vorbeugen: Das Wichtigste dabei ist:

- Atmen Sie ganz tief durch und bleiben Sie ganz ruhig. Beherrschen Sie die eigenen Emotionen. Nur so können Sie überlegt handeln und die Kommunikationsregeln anwenden, die Sie in diesem Buch gelernt haben.
- Sie können den Anderen kritisieren, aber Sie müssen ihn respektvoll behandeln.
- Bauen Sie eine Beziehung auf der Gefühlsebene auf.
- Klären Sie den Sachverhalt.
- Erarbeiten Sie gemeinsam Lösungen.

Verhalten, das zu einem positiven Image beiträgt 3.8

Nutzen Sie die Mittel der verbalen und nonverbalen Kommunikation zur Deeskalation:

Das heizt einen Konflikt an:	Das entspannt einen Konflikt
— Keine Begrüßung, keine Verabschiedung — Kein Blickkontakt — Rechtfertigungen — Beschuldigungen — Am anderen vorbeireden — Ins Wort fallen — Reizwörter gebrauchen — Nur die eigene Seite sehen — Persönliche Angriffe — Falsche Behauptungen	— Ein Eisbrecher: „Haben Sie hier immer so viel zu tun, das ist ja unglaublich?" — Blickkontakt — Begründungen — Auf den anderen eingehen — Nachfragen — Ausreden lassen — Zusammenfassen — Humor — Zeit haben — Gegenargumente ernst nehmen — Person und Sache trennen — Eine gemeinsame Basis schaffen: „Kommen Sie, gehen wir einen Kaffee trinken!"

Verhalten in Bedrohungssituationen

Immer wieder werden Lkw-Fahrer im In- und Ausland Opfer von Verbrechen. Sie werden überfallen, bestohlen, betäubt, ausgeraubt oder zusammengeschlagen. Dabei haben es Kriminelle auf teure Ladungen (Elektrogeräte, teure Konsumgüter, Kupferschrott o. ä.), den wertvollen, neuen Lastwagen oder auf persönliche Gegenstände abgesehen, mit denen Sie als Fahrer unterwegs sind (Scheckkarten, Bargeld, Handy, Fernseher o. ä.).

Auch wenn es nicht sehr wahrscheinlich ist, dass gerade Sie Opfer eines solchen Verbrechens werden, sollten Sie sich über Ihr mögliches Verhalten in solchen Situationen Gedanken machen. Natürlich sollten Sie auch wissen, wie Sie im Falle eines Falles bedrohten Kollegen oder anderen Menschen wirksam helfen können.

**Beschleunigte Grundqualifikation
Spezialwissen Lkw**

Zum Verhalten in Bedrohungssituationen (gegen Sie selbst oder gegen andere Personen) gibt es die folgenden Empfehlungen:

Vorbereiten
Bereiten Sie sich seelisch vor. Spielen Sie mögliche Szenarien gedanklich oder mit anderen durch. Werden Sie sich grundsätzlich darüber klar, zu welchem persönlichen Risiko Sie bereit sind. Es ist besser, sofort die Polizei zu alarmieren und Hilfe herbeizuholen, als sich nicht für oder gegen das Eingreifen entscheiden zu können und gar nichts zu tun.

Bleiben Sie ruhig
Vermeiden Sie Panik und machen Sie möglichst keine hastigen Bewegungen, die reflexartige Reaktionen herausfordern können. Wenn Sie ruhig bleiben, sind Sie kreativer in Ihren Handlungen und wirken meist auch auf die anderen Beteiligten beruhigend.

Werden Sie aktiv
Lassen Sie sich von Ihrer Angst nicht lähmen. Täter suchen sich meist Opfer, nicht Gegner. Es ist besser, eine Kleinigkeit zu tun, als über große Heldentaten nachzudenken. Sollten Sie eine Bedrohungssituation beobachten, dann handeln Sie im Rahmen Ihrer Möglichkeiten. Ein einziger Schritt, ein kurzes Ansprechen, jede Aktion verändert die Situation und kann andere anregen, auch einzugreifen.

Verlassen Sie die Opferrolle
Flehen Sie nicht und verhalten Sie sich nicht unterwürfig, wenn Sie angegriffen werden. Seien Sie sich über Ihre Prioritäten im Klaren und zeigen Sie deutlich, was Sie wollen. Ergreifen Sie die Initiative, um die Situation in Ihrem Sinne zu prägen: „Schreiben Sie Ihr eigenes Drehbuch!"

Halten Sie den Kontakt zum Gegner/Angreifer!
Stellen Sie Blickkontakt her und versuchen Sie, Kommunikation herzustellen bzw. aufrechtzuerhalten.

Reden Sie und hören Sie zu!
Teilen Sie das Offensichtliche mit, sprechen Sie ruhig, laut und deutlich. Hören Sie zu, was Ihr Gegner sagt. Daraus können Sie Ihre nächsten Schritte ableiten.

Verhalten, das zu einem positiven Image beiträgt 3.8

Nicht drohen oder beleidigen!
Machen Sie keine geringschätzigen Äußerungen über den Angreifer. Versuchen Sie nicht, ihn einzuschüchtern, ihm zu drohen oder Angst zu machen. Kritisieren Sie sein Verhalten, aber werten Sie ihn nicht persönlich ab.

Holen Sie sich Hilfe!
Sprechen Sie dabei nicht eine anonyme Masse an, sondern einzelne Personen. Dies gilt sowohl für Opfer als auch für Zuschauer. Viele sind bereit zu helfen, wenn jemand anders den ersten Schritt macht oder sie persönlich angesprochen werden.

Tun Sie das Unerwartete!
Fallen Sie aus der Rolle, seien Sie kreativ und nutzen Sie den Überraschungseffekt zu Ihrem Vorteil aus.

Vermeiden Sie möglichst jeden Körperkontakt!
Wenn Sie jemandem zu Hilfe kommen, vermeiden Sie möglichst, den Angreifer anzufassen, es sei denn, Sie sind in der Überzahl, so dass Sie jemanden beruhigend festhalten können. Körperkontakt ist in der Regel eine Grenzüberschreitung, die zu weiterer Aggression führt. Wenn möglich, nehmen Sie lieber direkten Kontakt zum Opfer auf.

Natürlich sollten Sie sich auch Maßnahmen überlegen, wie Sie im Beruf die Wahrscheinlichkeit verringern können, in Bedrohungssituationen zu geraten. Grundsätzlich gilt:
- Vermeiden Sie es, über Ihre Ladungen zu sprechen
- Suchen Sie zum Übernachten, wenn möglich, bewachte Parkplätze auf
- Lassen Sie keine teuren Gegenstände sichtbar im Auto liegen
- Protzen Sie nicht mit dicken Goldkettchen, teuren Uhren oder einem dicken Geldbeutel
- Verschließen Sie nachts Fenster, Türen und wenn möglich auch die Dachluke (Betäubungsgas)
- Verbinden Sie ggf. die Fahrer- und Beifahrertüre mit einem Spanngurt oder Ähnlichem. So können die Türen nicht aufgerissen werden.
- Verwenden Sie Alarmanlagen (gegen unbefugtes Öffnen oder Betäubungsgase). Auch preisgünstiges Zubehör zum Nachrüsten kann Hilfe leisten.

**Beschleunigte Grundqualifikation
Spezialwissen Lkw**

3.9 Kommerzielle und finanzielle Folgen eines Rechtsstreites

▶ Die Teilnehmer sollen:
- die finanziellen und kommerziellen Folgen kennenlernen, die durch einen Rechtsstreit auf ein Unternehmen zukommen können
- wissen, wie sie in allen Bereichen des Berufes einem Rechtsstreit vorbeugen können

↻
- Stellen Sie als Einleitung die Frage, welcher Schulungsteilnehmer bereits einmal in einen Rechtsstreit verwickelt war. (Mietrecht, Schadensersatzrecht, Verkehrsrecht o. ä.). Anhand dieser Erfahrungen leiten Sie über zu den Kosten und Problemen eines Rechtsstreites.
- Erinnern Sie an das Unterrichtsthema „Konflikte". Erinnern Sie an die Eskalationsstufen und daran, dass kleine Anlässe schwerwiegenden Folgen haben können, wenn nicht angemessen gehandelt wird.
- Zeigen Sie auf, dass Rechtssprechung nicht zwingend auch gerecht sein muss.
- Wecken Sie in den Teilnehmern die Bereitschaft, einen Rechtsstreit verhindern zu wollen

Methoden:
- Diskussion
- Lehrgespräch

⏱ Ca. 60 Minuten

🖥 Dieses Thema wird in der Führerschein-Ausbildung und in der Weiterbildung nicht oder nur ansatzweise behandelt.

Vier Millionen Rechtsstreitigkeiten werden in Deutschland jährlich ausgetragen, die meisten davon vor Gericht. Selbst bei geringen Streitwerten summieren sich Rechtsanwaltshonorare und Gerichtskosten zu beachtlichen Beträgen. Gelder für Zeugen oder Sachverständige können die Kosten zudem weiter in die Höhe treiben.

Verhalten, das zu einem positiven Image beiträgt 3.9

Abbildung 215: Unzureichend gesicherte Ladung – möglicher Auslöser eines Rechtsstreites

Streitwert	1. Instanz	1. + 2. Instanz	1., 2. + 3. Instanz
300,– €	253,50 €	253,50 €	253,50 €
2.000,– €	1.057,95 €	2.283,86 €	3.899,31 €
10.000 €	3.527,30 €	7.597,60 €	13.020,59 €
110.000 €	10.671,00 €	23.166,56 €	39.739,73 €

Abbildung 216: Beispiele für Prozesskosten (eigener und gegnerischer Anwalt + Gerichtskosten) Quelle: R+V Rechtsschutzversicherung AG (www.ruv.de)

> ➕ **Hintergrundwissen** → Rechtsschutzversicherung
> Für Unternehmen besteht die Möglichkeit, sich gegen die Folgen eines Prozesses zu versichern. Einige Transportunternehmen werden sich wohl tatsächlich diese Form der Sicherheit leisten. Denn die Möglichkeiten, dass es im Transportgewerbe zu Streitigkeiten kommt, die letztendlich vor Gericht landen, sind zahlreich und die Streitwerte oft beträchtlich. Sie betreffen meist die Schnittstellen „Fahrer – Verkehrsteilnehmer" oder „Spediteur – Kunde".

> Aber diese Sicherheit hat ihren Preis:
>
> - Rechtsschutzversicherungen im gewerblichen Bereich sind teuer und beinhalten meist eine hohe Selbstbeteiligung.
> - Die Versicherungsprämie, also der an die Versicherung zu zahlende Betrag, kann nach Gerichtsfällen, bei denen die Versicherung die Kosten übernehmen musste, deutlich ansteigen oder es werden bestimmte, häufig vorkommende Rechtsstreitigkeiten vom Versicherungsschutz ausgeschlossen.
> - Zudem können Versicherungen nach einer Reihe von teuren Gerichtsverfahren den Vertrag kündigen. Dann wird es schwierig und teuer einen neuen Versicherer zu finden.
>
> Rechtsschutzversicherungen decken nur die Prozesskosten ab. Sie treten also nicht ein im Fall von:
> - Schadenersatzforderungen
> - Schmerzensgeld
> - Geldstrafen

Zusätzlich zu den Prozesskosten können folgende Kosten entstehen:
- Schadenersatzforderungen
- Schmerzensgeld
- Geldstrafen
- Arbeitsaufwand in der Firma zur Bearbeitung des Vorgangs (Buchhaltung, Schadensabteilung, Kundenbetreuung usw.)
- Zinsen für die durch den Kunden u. U. noch nicht bezahlte Transportrechnung
- Kosten für durch Behörden beschlagnahmte Fahrzeuge oder Waren (Gelder für die Verwahrung und u. U. für Ersatzfahrzeuge)

Das größte Risiko bei einem Rechtsstreit besteht jedoch im Verlust des guten Rufes, den sich eine Firma über viele Jahre mühevoll aufgebaut hat. Denn ein Rechtsstreit verläuft meist nicht im Verborgenen, sondern wird von der Öffentlichkeit wahrgenommen. Unabhängig vom

Verhalten, das zu einem positiven Image beiträgt 3.9

Prozessausgang bleibt oft an beiden Parteien ein Makel haften. Dann wenden sich u. U. auch bewährte Kunden einem anderen Spediteur zu, der die gleiche Transportleistung zu gleichen Bedingungen anbietet.

Möglichkeiten, um einen Rechtsstreit zu verhindern

Oft sind es Kleinigkeiten, die zu Streitigkeiten mit anschließender Eskalation führen. Streitigkeiten müssen aber nicht zwingen beim Anwalt, Schlichter oder im Gerichtssaal enden. Um das zu verhindern, können Sie als verantwortungsbewusster Fahrer ein wichtige Rolle übernehmen.

Sie können helfen, Rechtsstreitigkeiten zu vermeiden:

- Sie sind das Ohr Ihres Unternehmens am Mund des Kunden. Sie sind es auch, der durch ein passendes Wort Verständnis bei einem verärgerten, geschädigten Kunden erreichen kann.

- Einen drohenden Rechtsstreit können Sie auch vermeiden, indem Sie Ihr Unternehmen möglichst zeitnah informieren, welche schwerwiegenden Folgen eine verspätet gelieferte Palette mit wichtigen Ersatzteilen bei einem Kunden hatte. Ein Anruf des Disponenten und eine ehrliche Entschuldigung können dann Wunder wirken.

- Durch korrektes Führen von Transport- oder Ladepapieren können Sie einen Rechtsstreit verhindern. Damit lässt sich leichter beweisen, wer einen Schaden an teurer Ware verursacht hat.

- Seien Sie aufmerksam und sammeln Sie Hinweise darauf, welche Hintergründe zu dem Schaden geführt haben, der Ihrem Unternehmen angelastet wird. Beweissicherung mit einem Fotoapparat oder Fotohandy kann dann angebracht sein.

- Auf keinen Fall sollten Sie in zweifelhaften Schadensfällen eine Schuld durch Unterschrift bestätigen. Dies würde die Chance auf eine Schadensregulierung, die im Interesse Ihres Unternehmens liegt, unnötig schmälern!

**Beschleunigte Grundqualifikation
Spezialwissen Lkw**

- Vermeiden Sie es, unklare Situationen zu schaffen: Wenn Sie beim Be- oder Entladen Ware oder im Straßenverkehr ein Fahrzeug beschädigt haben, sollte es kein Problem sein, diesen Fehler gegenüber Ihrem Chef zuzugeben. Der kann dann entscheiden, was weiter unternommen werden soll. Mit unwahren Behauptungen schädigen Sie die Firma und mit großer Wahrscheinlichkeit auch sich selbst. Dann laufen Sie Gefahr, dass die Folgen eines Rechtsstreites an Ihnen hängen bleiben.

PRAXIS-TIPP

Immer wieder werden Firmenfahrzeuge beim Be- oder Entladen durch Kundenpersonal (Staplerfahrer, Ladepersonal etc.) beschädigt. In solchen Fällen sollten Sie besonders sensibel vorgehen. Sie können den Schaden z. B. mit einem Fotohandy protokollieren und das „Bildmaterial" zeitnah per MMS an den Fuhrparkleiter Ihrer Firma schicken. Der kann die Schadenshöhe abschätzen und das weitere Vorgehen mit der Firmenleitung abstimmen. Eine Überreaktion kann zum Verlust des Kunden führen.

Neben den finanziellen und kommerziellen Folgen darf auch die psychische Belastung durch einen Rechtsstreit nicht vergessen werden. Die manchmal existenzbedrohenden Folgen binden die Gedanken der Betroffenen, können zu Ängsten, Depressionen und so zu erheblichen weiteren Problemen im beruflichen wie auch privaten Umfeld führen.

AUFGABE/LÖSUNG

Erläutern Sie die Auswirkungen eines Rechtsstreites. Nennen Sie dabei vier mögliche wirtschaftliche Folgen.

- Kosten für Anwälte, Gericht, Zeugen und Sachverständige
- Steigende Versicherungskosten
- Kommerzielle Einbußen durch Verlust des guten Rufes und von Kunden
- Sekundäre Kosten wie Arbeitsaufwand, Ausfall von Mitarbeitern usw.

Umgang mit Beschwerden

Beschwerden von Kunden sind der erste Hinweis darauf, dass etwas im Verhältnis Spediteur-Kunde nicht stimmt, was später zu einer Eskalation führen könnte. Daher sollten Sie wissen, wie Sie adäquat auf Beschwerden reagieren können.

Zunächst ist es wichtig, dass Sie die Angelegenheit nicht als Angriff auf Ihre Person verstehen, auch wenn der Kunde seine Enttäuschung an Ihnen auslässt. Keinesfalls sollten Sie aggressiv reagieren oder versuchen, sich selbst oder die Firma zu rechtfertigen. Das verlangt unter Umständen gute Nerven, hat aber den Vorteil, dass Sie später mit dem guten Gefühl nach Hause gehen können, etwas Positives geschafft zu haben, anstatt zur Verschlimmerung der Situation beigetragen zu haben.

APO-Methode
Am besten wenden Sie in einer solchen Situation die APO-Methode an:
- **A** = Akzeptanz äußern
- **P** = Problembewusstsein zeigen
- **O** = Offenheit praktizieren

A: Mit *Akzeptanz* erreichen Sie selbst wütende Kunden auf der Gefühlsebene und können so Reklamationen positiv beeinflussen.
„Ich kann verstehen, dass Sie enttäuscht sind, weil…" ist ein guter Einstieg

Das **A** kann aber auch für Authentizität (Echtheit) stehen. Das meint, dass Sie wirklich hinter dem stehen sollten, was Sie da zum Kunden sagen. Ist das nicht der Fall, kann dies zusätzliche Verstimmung beim Kunden hervorrufen. Typisch für eine nicht authentische Aussage ist „…ja, aber…". Zudem sollten Sie „Man…"-, „Wir…"- oder „Es ist…"- Aussagen vermeiden. Am weitesten kommen Sie mit ehrlichen „Ich…"-Sätzen.

P: Zeigen Sie dem Kunden, dass Sie sein Problem verstehen, z.B. dass gerade heute eine wichtige Palette nicht geliefert wird.
„Ja, das ist jetzt natürlich eine sehr schwierige Situation für Sie…"

O: Seien Sie offen und suchen Sie eine Lösung für und mit dem Kunden.

Beschleunigte Grundqualifikation
Spezialwissen Lkw

(Sprechblase links): Jetzt ganz ruhig bleiben und die APO-Methode anwenden!

„Würde es Ihnen denn helfen, wenn ich nachfrage, wann die Palette eintrifft?"
Mit einem solchen Hilfsangebot vermitteln Sie, dass Sie dazu beitragen wollen, das Problem zu lösen.

AUFGABE/LÖSUNG

Erläutern Sie Abkürzungen, die sich hinter dem Begriff APO verstecken!
A = Akzeptanz äußern
P = Problembewusstsein zeigen
O = Offenheit praktizieren

Was bedeutet der Begriff Authentizität?
Authentizität = Echtheit

Wann sollten Sie die APO-Methode praktizieren?
Bei Beschwerden von Kunden

4 Kenntnis des wirtschaftlichen Umfelds des Güterkraftverkehrs und der Marktordnung

> Dieses Kapitel behandelt Nr. 3.7 der Anlage 1 der BKrFQV

4.1 Einführung: „Netzwerk Warenfluss"

… oder: Warum jedes Rädchen im Getriebe wichtig ist.

▶ Bereits zu Beginn dieses Kapitels sollen die Teilnehmer dafür sensibilisiert werden, dass der Bereich Güterverkehr – und insbesondere der Straßengüterverkehr – als Motor der Konjunktur enorm wichtig ist. Ihre Aufgabe als Trainer ist es, in den nächsten Minuten die Aufmerksamkeit der Teilnehmenden zu wecken und ihnen „Lust auf mehr" zu machen.

↻ Methode: Brainstorming und Gruppenarbeit
Stellen Sie den Teilnehmern Fragen wie
- Was kann passieren, wenn plötzlich keine Lkw mehr fahren?
- Was bedeutet das für unsere Wirtschaft?
- Was bedeutet das für das eigene Konsumverhalten und die eigene Lebensweise?

Sammeln Sie in Stichpunkten die Antworten auf Moderationskärtchen oder Flipchart und präsentieren Sie diese den Teilnehmern.

Führen Sie anschließend die praktische Übung als Gruppenarbeit durch.

⏱ Ca. 40 Minuten, davon:
- ca. 10 Minuten für das Brainstorming
- ca. 30 Minuten für die praktische Übung

🖥 Dieses Thema wird in der Führerschein-Ausbildung nicht oder nur ansatzweise behandelt.
Weiterbildung: Modul 4, Schaltstelle Fahrer

Beschleunigte Grundqualifikation
Spezialwissen Lkw

PRAKTISCHE ÜBUNG

▶ Die Teilnehmer sollen für die Bedeutung des Straßengüterverkehrs in der Wirtschaft sensibilisiert werden.

↪ Bilden Sie 2 Gruppen und stellen Sie Folgendes zur Diskussion: „Stellen Sie sich einmal vor, dass von heute auf morgen der Straßengüterverkehr eingestellt würde und betrachten Sie sich die Folgen anhand der beiden Beispiele Öl (Gruppe 1) und Nahrungsmittel (Gruppe 2)."

Lassen Sie das Thema in den Gruppen diskutieren und anschließend im Plenum vorstellen, und fassen Sie danach die Ergebnisse und die Inhalte dieses Kapitels in einem kurzen Vortrag nochmals zusammen.

Zur Information:
Die Reserven einer durchschnittlichen Tankstelle reichen zwischen 12 Stunden und 3 Tagen. Sind diese Reserven aufgebraucht und erreicht die Tankstellen kein Nachschub mehr, wird auch der Individualverkehr zusammenbrechen. Auch die Ölheizungen werden in absehbarer Zeit ebenfalls kalt bleiben.

Der Lagerbestand an Frischwaren eines Supermarktes reicht für 1–2 Tage. Haltbare Lebensmittel und Konserven sind nach spätestens einer Woche ausverkauft.

🕒 Ca. 30 Minuten, davon
- ca. 15 Minuten für die Gruppenarbeit
- ca. 10 Minuten für die Präsentation
- ca. 5 Minuten für die Zusammenfassung

Erdöl ist einer der wichtigsten Rohstoffe unserer Zeit. Die Transportwege beginnen meistens auf den Erdölfeldern mit der Durchleitung über Pipelines. Danach wird das „schwarze Gold" über weitere Pipelineverbindungen oder über den Seeweg zu den einzelnen Abnehmerländern transportiert. In den Überseehäfen erfolgt ein Wechsel der Transportmittel. Das Öl wird entweder über Binnengewässer mit Schiffen oder per Bahntransport zu den Raffinerien transportiert. Spätestens dort werden die raffinierten Öle auf Lkw umgeladen und gehen

Kenntnis des wirtschaftlichen Umfelds des Güterkraftverkehrs und der Marktordnung

4.1

als Heizöl, Kraftstoff oder sonstige Endprodukte zu Zwischenhändlern und anschließend zu den Endkunden.

Im Bereich der Versorgung mit Grundnahrungsmitteln ist der Lkw noch deutlich stärker beteiligt: Bereits bei der Ernte werden Lastkraftwagen eingesetzt, um Kartoffeln, Getreide und Gemüse vom Feld zu den Händlern zu transportieren.

Abbildung 217:
Rädchen im Getriebe
Quelle: Gerd Altmann (geralt), pixelio.de

Um die komplizierten Zusammenhänge der verschiedenen Verkehrsträger und den Stellenwert des Straßengütertransportes klarer darzustellen, finden Sie in diesem Lehrbuch verschiedene Betrachtungsweisen der einzelnen Tätigkeitsbereiche der Logistik. Man unterscheidet hier nach:
- Aufgabe des Tätigkeitsbereiches
- Art der Tätigkeit

In den folgenden Kapiteln werden diese Betrachtungsweisen näher erläutert. Das Kapitel „Logistik" behandelt hauptsächlich die Aufteilung nach Aufgaben und Zweck der Transporte, im Kapitel „Unterschiedliche Tätigkeiten im Kraftverkehr" stehen die einzelnen Tätigkeiten im Vordergrund.

Beschleunigte Grundqualifikation
Spezialwissen Lkw

4.2 Grundlagen des Verkehrs

▶ In diesem Kapitel sollen die Teilnehmer die Grundlagen des Verkehrs kennenlernen. Ziel ist es, die Wichtigkeit des Straßengüterverkehrs zu erkennen, die einzelnen Verkehrsträger zu kennen und deren Zusammenspiel zu begreifen. Der Begriff „Modal Split" soll am Ende des Kapitels von den Teilnehmern umfassend erklärt werden können.

↻ Erfragen Sie die verschiedenen Verkehrsträger (Straße, Schiene, Wasser und Luft) und bitten Sie die Teilnehmer, die jeweiligen Vor- und Nachteile zu nennen. Sammeln Sie die Ergebnisse auf einem Flipchart in Form einer Tabelle. Lassen Sie anschließend die Teilnehmer schätzen, wie viel Prozent des gesamten Güterverkehrs in Deutschland über den jeweiligen Beförderungsweg abgewickelt werden.
Stellen Sie anhand aktueller Statistiken die momentane Situation dar und legen Sie Ihren Argumentationsschwerpunkt auf die gegenseitige Abhängigkeit zwischen Industrie und Transport-/Logistikgewerbe.

Methoden:
- Brainstorming
- Lehrgespräch/Diskussion/Präsentation

⏱ Ca. 60 Minuten

☕ Dieses Thema wird in der Führerschein-Ausbildung nicht oder nur ansatzweise behandelt.
Weiterbildung: Modul 4, Schaltstelle Fahrer

> ↻ Sie finden detaillierte Angaben über den Anteil am Güterverkehrsaufkommen der verschiedenen Verkehrsträger im folgenden Abschnitt „Anteile/Bedeutung des Straßengüterverkehrs im Verhältnis zu anderen Verkehrsträgern" ab Seite 319. Um eine Schätzung der Teilnehmer zu ermöglichen, sollte das Kapitel natürlich nicht vorab durchgelesen werden.

4.2 Kenntnis des wirtschaftlichen Umfelds des Güterkraftverkehrs und der Marktordnung

Gegenüberstellung der einzelnen Verkehrsarten		
Art	**Vorteile**	**Nachteile**
Straße	▬ Zeit- und Kostenersparnis im Nah- und Flächenverkehr ▬ Flexible Terminplanung	▬ Keine zeitgenauen Fahrpläne ▬ Abhängigkeit von Verkehrsbelastung und Wetter
Straße (Fortsetzung)	▬ Gute Eignung für verschiedenste Ladegüter	▬ Ausschluss bestimmter Gefahrgüter
Schiene	▬ Größere Einzelgewichte möglich ▬ Exakte Fahrpläne ▬ Gefahrgüter zulässig ▬ Weniger Verkehrsstörungen	▬ Gleisanschluss nötig ▬ Eingeschränktes Streckennetz ▬ Zusatzkosten für spezielle Wagen
Schiff	▬ Große Einzelgewichte und Laderäume ▬ Günstige Beförderungskosten	▬ Stark eingeschränktes Streckennetz im Binnenverkehr ▬ Anlegestellen erforderlich
Luft	▬ Hohe Transportgeschwindigkeit ▬ Wegfall seemäßiger Verpackung	▬ Hohe Transportkosten ▬ Flughafen erforderlich
Kombinierter Verkehr	▬ Nutzung spezifischer Vorteile der einzelnen Verkehrsträger ▬ Im begleiteten Verkehr Ausnutzung von Ruhezeiten ohne großen Zeitverlust auf Langstrecken	▬ Zeitaufwand für Umschlagzeiten ▬ Bindung an Fahrpläne

**Beschleunigte Grundqualifikation
Spezialwissen Lkw**

Bedeutung des Straßengüterverkehrs für Bevölkerung und Wirtschaft

Der Begriff „Kraftverkehr" beschreibt im Allgemeinen den kompletten Bereich des motorisierten Straßenverkehrs, unabhängig von der Beförderungsart oder der Art des Fahrzeugs. Man unterscheidet grundsätzlich zwischen:

- Individualverkehr (Privat- und Dienstfahrten mit Pkw und Krafträdern)
- Personenverkehr (Verkehr mit Omnibussen)
- Güterverkehr (Verkehr mit Lastkraftwagen)

In der statistischen Entwicklung ist interessant, dass die Anzahl der zugelassenen Lkw (einschließlich Transporter und kleiner Lkw) auf unseren Straßen seit 2002 stetig abnimmt obwohl die Transportleistung kontinuierlich steigt. Dies lässt auf eine steigende Effektivität beim Fahrzeugeinsatz schließen.

Spricht man von „Güterverkehr", ist damit der Bereich der Logistikdienstleistungen gemeint, in dem Güter von A nach B transportiert werden.

Güterverkehr findet täglich auf der ganzen Welt statt: Fast jedes Produkt wird in Teilen vor seiner Herstellung oder im Ganzen nach seiner Produktion über eine bestimmte Strecke transportiert.

In der Wirtschaft besteht somit eine gegenseitige Abhängigkeit: das Transportwesen hätte ohne Industrie und Produktionswirtschaft keine Daseinsberechtigung, andererseits wären Industrie und Produktionswirtschaft ohne Transportwesen nicht handlungsfähig. Ohne Straßengüterverkehr müssten Sie zukünftig alle Waren Ihres täglichen Bedarfs direkt beim Hersteller, Produzenten oder am Bahnhof, Hafen oder Flughafen selbst abholen.

In unserem Wirtschaftssystem ist der Güterverkehr nicht mehr wegzudenken. Ermöglicht er uns doch im Rahmen der Globalisierung, Waren aller Art an fast allen Orten der Welt verfügbar zu machen: regionale Produkte sind überregional verfügbar, die Produktion kann dorthin verlagert werden wo günstig produziert werden kann und muss nicht vor Ort stattfinden (ökonomische Arbeitsteilung).

Der Güterverkehr hat aber auch seine Schattenseiten: Um all diese Waren zu transportieren sind enorme Mengen an Ressourcen nötig. Transportmittel müssen gebaut, gepflegt und gewartet werden, ungeheure Mengen an Energie sind erforderlich und die Verkehrsbelastung nimmt ständig zu. Nach einer Studie, die vom Bundesministerium für

Kenntnis des wirtschaftlichen Umfelds des Güterkraftverkehrs und der Marktordnung

4.2

Abbildung 218:
Steigende Verkehrsbelastung durch Güterverkehr
Quelle: Rainer Sturm/pixelio.de

Verkehr, Bau und Stadtentwicklung in Auftrag gegeben wurde[1], ist infolge dieses Handelns mit einem Anstieg der Güterverkehrsleistung zwischen 2004 und 2025 von 71 % zu rechnen. Am stärksten betroffen sind hier die Bereiche Straßengüterverkehr insgesamt (einschließlich Nah- und Regionalverkehr) mit 79 % und Straßengüterfernverkehr (nur Fernverkehr, national und international) mit 84 % Steigerung. Dies zu bewältigen ist für die Branche eine der Herausforderungen der nächsten Jahrzehnte.

Anteile/Bedeutung des Straßengüterverkehrs im Verhältnis zu anderen Verkehrsträgern

Welchen Stellenwert nimmt der Straßengüterverkehr eigentlich im Verhältnis zu anderen Verkehrsträgern ein? Um dies zu beantworten betrachtet man sich zunächst einmal, welche Verkehrsträger es insgesamt

- Straßengüterverkehr
- Schienenverkehr
- Schifffahrt (Binnen- und Seeschifffahrt)
- Luftfracht
- Rohrleitungsverkehr
- Sonderformen im Tagebau: Bandanlagen und Förderbrücken

Jede Verkehrsart hat ihre Daseinsberechtigung, ihre Vorteile und ihre Nachteile. Eine grundsätzliche Aussage über „gut" und „schlecht" zu

---

[1] Intraplan Consult GmbH und BVU Beratergruppe Verkehr und Umwelt GmbH (2007): Prognose der deutschlandweiten Verkehrsverflechtungen 2025, FE-Nr. 96.0857/2005)

Beschleunigte Grundqualifikation
Spezialwissen Lkw

treffen wäre kurzsichtig. Einzig und allein der einzelne Transportauftrag kann als Grundlage dazu dienen, um eine Entscheidung über den optimalen Verkehrsträger oder über die optimale Kombination zu treffen.

Einen Überblick über die Aufteilung auf die verschiedenen Verkehrsträger bietet die nachfolgende Grafik:

Abbildung 219:
Güterverkehr nach Verkehrszweigen auf Basis der Transportleistung (Tonnen/km) im Jahr 2006
Quelle: Datenreport 2008 des Deutschen Statistischen Bundesamtes, Kapitel 11 – Verkehr

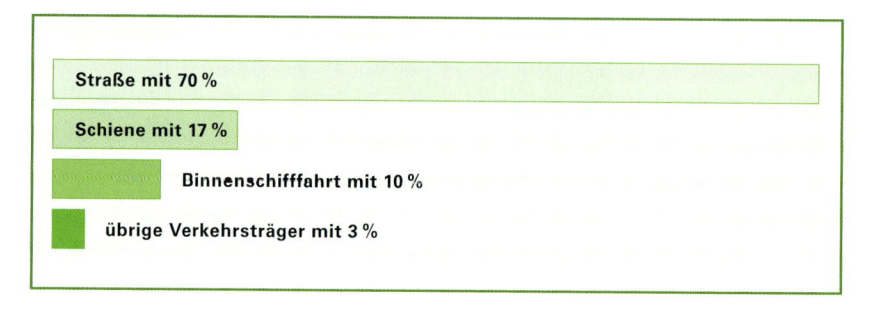

- Straße mit 70 %
- Schiene mit 17 %
- Binnenschifffahrt mit 10 %
- übrige Verkehrsträger mit 3 %

Betrachtet man nur die beförderte Gütermenge unabhängig von der Transportentfernung, so werden die Unterschiede noch deutlicher: 76 % aller transportierten Güter entfielen auf den Straßengüterverkehr, 8 % auf die Schiene, 6 % auf die Binnenschifffahrt und 7 % auf die Seeschifffahrt.

Welcher Verkehrsträger (oder welche Kombination) für einen Transportauftrag am besten geeignet ist, wird von den jeweiligen Anforderungen bestimmt und ist unter anderem von folgenden Faktoren abhängig:

- Verfügbarkeit der einzelnen Transportmittel
- Zeitaufwand
- Größe/Menge des transportierten Gutes
- Besondere Anforderungen an das Transportmittel
- Preis

Häufig werden Transporte in Kombination von mehreren Transportmitteln durchgeführt. Dies ist insbesondere bei größeren Entfernungen der Fall. Man unterscheidet hier zwischen verschiedenen Teilabschnitten des Transportes:

- Vorlauf
- Hauptlauf
- Nachlauf

Kenntnis des wirtschaftlichen Umfelds des Güterkraftverkehrs und der Marktordnung

4.2

> ↻ Zur Verdeutlichung der Problematik können Sie folgendes Beispiel anbringen:
> Stellen Sie sich vor, Sie müssten Ihren eigenen Umzug, z. B. von Deutschland nach Finnland, organisieren. Was würden Sie selbst überprüfen, bevor Sie eine Entscheidung treffen, wie Sie Ihre Möbel transportieren?
> Können in Ihrem Vorgarten der alten und neuen Wohnung
> - Flugzeuge landen?
> - Schiffe anlegen?
> - Züge halten?
>
> Nein? – Vorausgesetzt Ihre Möbel sind nicht flüssig (dann wäre das Vorhandensein einer Pipeline zusätzlich zu prüfen) bietet sich hier zunächst einmal der Straßentransport als erste Verkehrsform an.
> Als nächstes könnte die Überlegung folgen, ob es beim Straßentransport bleibt, oder ob eine Kombination möglich und sinnvoll ist. Dies klärt die Frage nach Lkw oder Container.
> Am Beispiel Ihres Umzuges wäre somit der Transport des gepackten Containers von Ihrer alten Wohnung zu einem Seehafen oder einem Verladeterminal eines Schienentransportunternehmens der Vorlauf. Nun wird der Container auf ein Schiff oder einen Zug verladen – man spricht hier von „Umschlag" – und im Hauptlauf von diesem Schiff oder Zug nach Finnland transportiert. Dort erfolgt ein weiterer Umschlag und der Container wird im Nachlauf mittels Lkw zu Ihrer neuen Wohnung gebracht. Vor- und Nachlauf können auch über mehrere Stationen und mit mehreren verschiedenen Verkehrsträgern erfolgen.

Aufgrund der Verfügbarkeit haben hier Schiffs-, Schienen- und Luftfracht deutliche Nachteile. Güter müssen erst einmal zu vorgegebenen Umschlagstationen gebracht werden, was in den meisten Fällen mittels eines Straßentransportes geschieht. Dies muss bei der Errichtung einer Fabrik oder eines Speditionsgebäudes schon mit eingeplant werden. Nicht jeder Standort ist den logistischen Herausforderungen gewachsen. Bereits bei der Standortwahl müssen die Möglichkeiten eines Bahnanschlusses, eines Hafens oder Flugplatzes sowie eine verkehrsgünstige Fernstraßenanbindung in Betracht gezogen werden.

**Beschleunigte Grundqualifikation
Spezialwissen Lkw**

Abbildung 220:
Verladen eines Wechselbehälters
Quelle: Kombiverkehr

Die Binnenschifffahrtstraßen sind einer natürlichen Begrenzung unterworfen und die Länge des deutschen Schienennetzes wurde in den letzten Jahren drastisch reduziert. Luftfracht ist an Flughäfen gebunden und außerdem sehr kostenintensiv. (Auf eine genauere Beschreibung von Rohrleitungstransporten kann in diesem Rahmen verzichtet werden). Anhand dieser Beispiele erkennen Sie sicherlich, dass der Straßengüterverkehr nicht mehr wegzudenken ist.

Abbildung 221:
Länge der innerdeutschen Verkehrswege
Quelle: Datenreport 2008 des Deutschen Statistischen Bundesamtes, Kapitel 11-Verkehr

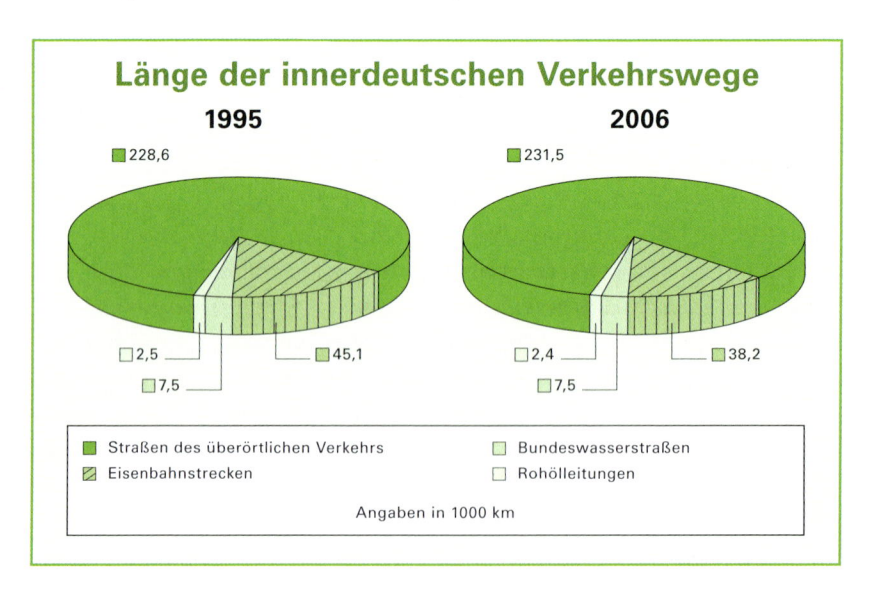

Länge der innerdeutschen Verkehrswege

1995	2006
228,6	231,5
2,5	2,4
7,5	7,5
45,1	38,2

- Straßen des überörtlichen Verkehrs
- Eisenbahnstrecken
- Bundeswasserstraßen
- Rohölleitungen

Angaben in 1000 km

Kenntnis des wirtschaftlichen Umfelds des Güterkraftverkehrs und der Marktordnung

4.2

Modal Split

Der Begriff „Modal Split" kommt aus dem Englischen und bedeutet so viel wie „Verkehrsteilung". Im Zusammenhang mit dem Gütertransport ist hiermit die Aufteilung des Güterverkehrsaufkommens nach einzelnen Verkehrsträgern gemeint.

> **Hintergrundwissen →** „Modal-Split-Modelle" werden unter anderem für verkehrsplanerische Maßnahmen herangezogen und beinhalten als Grundangaben sowohl das Verkehrsaufkommen als auch die Verkehrsleistung. (Vgl.: Bloech/Ihde: Vahlens großes Logistiklexikon).
>
> Es genügt nicht, nur die Anzahl der vorhandenen Lkw mit der Anzahl der vorhandenen Güterwagen oder die Länge der Straßen mit der Länge der vorhandenen Schienenstrecken zu vergleichen. Ebenso würde ein reiner Vergleich der beförderten Güter in Tonnen zu Falschinterpretationen führen. Hier wird die Verkehrsleistung in allen Zusammenhängen betrachtet: wie viel Tonnen von Gütern wurden mit welchem Verkehrsmittel über welche Strecke und in welcher Zeit transportiert? Vergleicht man nun die Zahlen eines Jahres mit den Werten der Vorjahre und setzt diese ins Verhältnis zu den erwarteten Gütermengen der Zukunft, so lassen sich recht deutliche Prognosen aufstellen, wo zukünftig die Reise hingeht.

Die sogenannten Modal-Split-Modelle machen sich Spediteure und Logistiker bei der Planung ihrer eigenen Warenströme zunutze und verteilen einzelne Transporte auf mehrere Verkehrsträger. Je nach Voraussetzungen (räumliche Erreichbarkeit, Länge des Transportweges, mögliche Transportdauer, Umschlagfähigkeit des Transportgutes...) werden innerhalb eines Transportes oftmals mehrere Verkehrsträger gemeinsam genutzt. Die Ware wird somit im „gebrochenen Verkehr" (die Ware selbst wechselt das Verkehrsmittel) oder im „kombinierten Verkehr" (der komplette Ladungsträger oder das komplette Fahrzeug wechseln das Verkehrsmittel) transportiert.

**Beschleunigte Grundqualifikation
Spezialwissen Lkw**

Kombinierter Verkehr

Von kombiniertem Verkehr spricht man, wenn unter Einsatz von mindestens zwei unterschiedlichen Verkehrsträgern komplette Verkehrsmittel oder Ladungsträger das Verkehrsmittel wechseln. Beispiele:
- Straße – Schiene
- Straße – Schiff
- Schiene – Schiff
- Straße – Luft (selten)

Beim kombinierten Verkehr unterscheidet man zwischen folgenden Formen:
- Begleiteter Verkehr (komplettes Fahrzeug wird verladen, Fahrpersonal fährt ebenfalls mit). Bekannt als „RoLa" = „Rollende Landstraße", beziehungsweise „Rollende Autobahn" oder auch als „Huckepack Verkehr"
- Unbegleiteter Verkehr (nur die Lademittel werden verladen)

Diese Formen des Güterverkehrs existieren schon sehr lange in den Bereichen, in denen es keine Alternativen gibt, wie bei Fährüberfahrten zu Inseln. Hier bleibt dem Transporteur nichts anderes übrig, als den kompletten Ladungsträger (Wechselbehälter, Container, Anhänger, Sattelauflieger oder sogar das komplette Fahrzeug) mit einer Fähre zur Zielinsel zu bringen.
Diese Verkehrsform gewinnt aber auch in anderen Bereichen immer

Abbildung 222:
Rollende Landstraße
Quelle: Hupac

Kenntnis des wirtschaftlichen Umfelds des Güterkraftverkehrs und der Marktordnung

4.2

Abbildung 223:
Verladen eines Sattelaufliegers im unbegleiteten Kombiverkehr
Quelle: Kombiverkehr

mehr an Bedeutung: Unabhängig davon, ob ein Transport beispielsweise auch alleine auf der Straße möglich wäre, werden trotzdem auf verschiedenen Teilstücken andere Verkehrsträger genutzt. Dies kann zum Beispiel im begleiteten Verkehr sinnvoll sein, um die gesetzlich vorgeschriebenen Ruhezeiten einzuhalten, ohne den Transport zu unterbrechen. Das komplette Fahrzeug wird auf einen Zug verladen und der Fahrer fährt in einem Personenwagen mit Schlafmöglichkeit mit. Während der Zug nun eine bestimmte Strecke – etwa eine Alpenüberquerung – zurücklegt, genießt der Fahrer seine Ruhezeit und kann am Zwischenziel seine Fahrt erholt weiter fortsetzen. Weiterer Vorteil des kombinierten Verkehrs in Deutschland: Fahrzeuge, die ausschließlich im Vor- und Nachlauf des kombinierten Verkehrs innerhalb bestimmter Maximalentfernungen eingesetzt werden, genießen Steuerfreiheit (KraftStG, §3, Satz 9) und dürfen ohne Ausnahmegenehmigung eine zulässige Gesamtmasse von 44 Tonnen erreichen (53. Ausnahmeverordnung zur StVZO).

PRAXIS-TIPP

Fahrten im kombinierten Verkehr unterliegen bis zu bestimmten Entfernungen nicht dem Sonntagsfahrverbot (StVO § 30, (2), 1+1a)
- Beim Verkehr Straße – Schiene: bis maximal 200 km ab/bis Verladebahnhof

Beschleunigte Grundqualifikation
Spezialwissen Lkw

- Beim Verkehr Straße – Hafen: bis maximal 150 km ab/bis Verladehafen

Fahrten im kombinierten Verkehr unterliegen ebenso bis zu bestimmten Entfernungen nicht der Ferienreiseverordnung
- Beim Verkehr Straße – Schiene: bis zum nächsten erreichbaren Verladebahnhof
- Beim Verkehr Straße – Hafen: bis maximal 150 km ab/bis Verladehafen

AUFGABE/LÖSUNG

Erklären Sie den Begriff „Modal Split"!

Verteilung des Güterverkehrs auf die verschiedenen Verkehrsträger (Straßenverkehr, Schienenverkehr, Luftverkehr, Binnenschifffahrt, Seeschifffahrt, Rohrleitungsverkehr).

4.3 Logistik

▶ In diesem Themengebiet sollen die Teilnehmer die verschiedenen Arten der Tätigkeitsbereiche der Logistik kennenlernen. Die Zusammenhänge zwischen Versorgung, Lagerung und Entsorgung anhand der verschiedenen logistischen Aufgabengebiete sollen erkannt werden und beschrieben werden können.

↳ Methode: Lehrvortrag zur allgemeinen Einführung, anschließend moderierte Diskussion. Sprechen Sie hier ruhig auch gezielt einzelne, zurückhaltende Teilnehmer an.
Arbeiten Sie mit „greifbaren" Materialien, indem Sie beispielsweise den Weg dieses Lehrbuches vom Rohmaterial bis zur Entsorgung von den Teilnehmern beschreiben lassen, und führen Sie auf die im Folgenden beschriebenen Logistikarten hin. Schließen Sie jede beschriebene Logistikart mit einer kurzen wiederholenden Abfrage der Definition ab und fassen Sie am Ende die Arten nochmals in einem kurzen Vortrag zusammen.

- In kleine Stücke zerrissenes Papiertaschentuch (als Ersatz für Zellulose zur Papierherstellung) = Beschaffungslogistik

- Ein Blatt Papier

- Tintenfass (oder Patrone für Füller) = Produktionslogistik

- Ein Lehrbuch = Lagerlogistik, Distributionslogistik

- Lkw, Schiff, Güterwagen, Flugzeug als Modell = alle Logistikbereiche (Hinweis auf „Modal Split")

- Eventuell auch Schnipsel aus dem Aktenvernichter = Entsorgungslogistik

🕒 Ca. 60 Minuten

🖥 Dieses Thema wird in der Führerschein-Ausbildung nicht oder nur ansatzweise behandelt.
Weiterbildung: Modul 4, Schaltstelle Fahrer

**Beschleunigte Grundqualifikation
Spezialwissen Lkw**

Einführung

> **Hintergrundwissen** → Zur „Logistik" gehören sowohl alle Güterbewegungen von der Beschaffung über die Produktion und den Absatz bis hin zur Entsorgung, als auch die Lagerung und Zwischenlagerung von Waren aller Art.
> Große Logistikkonzerne gehen mittlerweile so weit, dass den Kunden bereits in der Planungsphase für spätere Produktionen Konzepte angeboten werden, die sogar den Bau von Logistikzentren und die Beschaffung aller personellen und materiellen Ressourcen (Maschinen, Räumlichkeiten und Personal) beinhalten. Die Arbeit dieser Logistikprofis beginnt also schon lange bevor etwas produziert wird mit der Planung der nötigen Strukturen.

Der Begriff Logistik beschreibt im Güterverkehr unter anderem die Planung, Ausführung, Nachverfolgung und Kontrolle von Warenbewegungen. Aufgabe der Logistik ist es, eine bestimmte Menge an Gütern in einer bestimmten Zeit von einer Stelle zu einer anderen zu befördern. In weniger als 24 Stunden werden komplette Bestellungen aufgenommen, kommissioniert, verpackt und zum Kunden geliefert. Europaweit sind Lieferzeiten unter 48 Stunden ebenfalls möglich. Um dies bewerkstelligen zu können, erfordert es ein Höchstmaß an Planung, Zuverlässigkeit und Kenntnis des Transportmarktes.
Im Fachjargon spricht man von „Supply Chain Management – SCM" (Optimierung der Lieferkette durch ausgereifte Planung, Steuerung und Überwachung).

> **Hintergrundwissen** → Eine hochkomplexe Verknüpfung der einzelnen Verkehrsträger („Modal Split") macht dies erst möglich. Dies setzt auch voraus, dass alle Beteiligten – Spediteure, Transporteure und sonstige Dienstleister – absolut zuverlässig arbeiten. Ein guter persönlicher Kontakt zwischen den Ansprechpartnern ist hier genauso sinnvoll wie eine zuverlässige Infrastruktur: EDV, Qualitätsmanagementsysteme und klare Kompetenz- und Aufgaben-

Kenntnis des wirtschaftlichen Umfelds des Güterkraftverkehrs und der Marktordnung 4.3

> verteilung sind nur einige Punkte im „Netzwerk Warenfluss", die im Bereich der Logistik äußerst wichtig sind.

Millionen Tonnen von Waren sind täglich „auf Achse". Für die Herstellung dieses Buches, welches Sie gerade in Händen halten, musste aus einem Rohstoff (Holz) über das Zwischenprodukt (Zellulose) erst einmal Papier hergestellt und zur Druckerei geliefert werden. Drucktinte, Verpackungen und andere Nebenprodukte kamen hinzu. Erst dann konnte das Endprodukt (dieses Buch) hergestellt werden. Zum Glück mussten Sie es nicht in der Druckerei abholen, es wurde dort hin gebracht, wo man es Ihnen überreichte: im Idealfall zu Hause oder direkt im Unterrichtsraum.

Eine ausgereifte Logistik unter Einbeziehung von Einkaufs- und Verkaufsabteilung, sowie die Verteilung des Güterverkehrs (Modal Split, vgl. Kapitel 4.2) auf die verschiedenen Verkehrsträger (Straßenverkehr, Schienenverkehr, Luftverkehr, Binnen- und Seeschifffahrt, Rohrleitungsverkehr) machte das erst möglich.

Beschaffungslogistik

Definition:
Alle logistischen Prozesse während des Warenflusses vom Lieferant zum Unternehmen.

Der erste Bereich, die Beschaffungslogistik, hängt bereits unmittelbar mit den Anforderungen von Ein- und Verkauf zusammen. Durch die Vorgaben der Verkaufsabteilung über den erwarteten Absatz eines Produktes erhält die Einkaufsabteilung ihre Angaben, welche Mengen an Material benötigt werden. Diese Angaben werden benötigt, um im Bereich der Beschaffungslogistik dafür zu sorgen, dass immer eine optimale Menge an Grundstoffen zur Verfügung steht. Optimal heißt hier: soviel, dass die Produktion nicht unterbrochen werden muss, weil Material fehlt, aber auch nur so wenig, dass keine unnötigen Lagerkosten entstehen.

Am Beispiel unseres Buches heißt das also für die Druckerei, immer die Menge an Papier und Drucktinte vorrätig zu haben, um für den Verlag und damit für Sie als Leser pünktlich zu Ihrer Ausbildung genügend Bücher drucken und liefern zu können.

Beschleunigte Grundqualifikation
Spezialwissen Lkw

Just-in-time (JIT)

Wie wichtig eine strikte Termineinhaltung im Bereich der Beschaffungslogistik ist, wird am Beispiel der Automobilindustrie noch deutlicher. Hier werden die Lieferungen häufig „Just-in-time" (Lieferung zum Zeitpunkt des Bedarfs) durchgeführt. Die Ware wird genau dann angeliefert, wenn sie im Produktionsablauf gerade benötigt wird. Die Warenbestände in den Produktionsbetrieben können auf ein Minimum reduziert werden und die Lagerkosten verringern sich. Voraussetzung ist höchste Zuverlässigkeit der Lieferanten, da bereits ein kurzer Lieferverzug ausreichen kann, um die gesamte Produktion zu stoppen. Oft reichen die vorhandenen Einzelteile nur für Überbrückungszeiten von einigen Minuten bis wenige Stunden.

> **Hintergrundwissen** → Ein Pkw besteht aus mehreren tausend Einzelteilen. Fehlt auch nur eines dieser Teile, muss im schlimmsten Fall die komplette Produktion dieses Automobilwerkes gestoppt werden. Mehrere hundert Mitarbeiter stellen ihre Arbeit ein und warten auf den Lkw-Fahrer, der diese Teile gerade auf der Ladefläche hat. Und hierbei spielt es keine Rolle, ob nun komplette Motoren oder kleinste Einzelteile geladen sind, da die Automobilwerke nur noch geringe Lagerkapazitäten haben, die zwischen einigen Minuten und wenigen Stunden die Fließbandbeschickung gewährleisten.

Just-in-sequence (JIS)

„Just-in-sequence" ist eine Weiterentwicklung von „Just-in-time".
Es wird nicht nur die benötigte Menge an Teilen zum richtigen Zeitpunkt geliefert, sondern die verschiedenen Teile auch in der richtigen Reihenfolge. Diese Lieferreihenfolge kann bereits mehrere Tage vor der eigentlichen Auslieferung festgelegt werden und wird mit der Fertigungsreihenfolge am Fließband synchronisiert. Dies geschieht vorwiegend in den Bereichen, in denen es starke Abweichungen zwischen einzelnen Modellen gibt, beispielsweise bei Karosserieteilen oder der Innenausstattung.

Kenntnis des wirtschaftlichen Umfelds des Güterkraftverkehrs und der Marktordnung 4.3

Abbildung 224:
Dynamische Logistik
Quelle: Marcus Walter (figurius)/ pixelio.de

> Als Beispiel kann hier die Endmontage eines Automobilwerkes herangezogen werden: Die Reihenfolge der Fahrzeuge auf dem Endmontageband ist festgelegt. Werden beispielsweise die Sitze per JIS-Anlieferung bereitgestellt, so werden diese vom Zulieferer bereits in jener Reihenfolge auf den Lkw verladen, in der sie vom Montagearbeiter später am Band benötigt werden. Somit wird kostenintensive Lagerfläche und Vorratshaltung eingespart. Es müssen nicht mehr alle möglichen Sitzvariationen bereit stehen.

Produktionslogistik

Definition:
„Produktionslogistik" beschreibt den kompletten Warenfluss innerhalb eines Produktionsprozesses.

Zur Produktionslogistik gehören alle Versorgungsprozesse, die innerhalb eines Produktionsablaufes anstehen.

Beispiel:
Ein Autohersteller fertigt vier verschiedene Baureihen von Fahrzeugen: Kleinwagen, Mittelklassewagen, Oberklassewagen und Lieferwagen an jeweils verschiedenen Standorten. In diesen Baureihen kommen auch insgesamt drei verschiedene Motoren zum Einsatz. Motor 1 wird in den Kleinwagen und in den Lieferwagen verbaut, Motor 2 in den Lieferwagen und in der Mittelklasse und Motor 3 in der Mittel- und Oberklasse. Um nun nicht an jedem Produktionsstandort ein eigenes Motorenwerk betreiben zu müssen, lässt der Hersteller alle Motoren an einem einzigen Standort fertigen und liefert diese an die einzelnen Montagewerke. Diese Lieferungen erfolgen oftmals auch im JIS- oder JIT-Verfahren.

Abbildung 225:
Mindmap Produktionslogistik

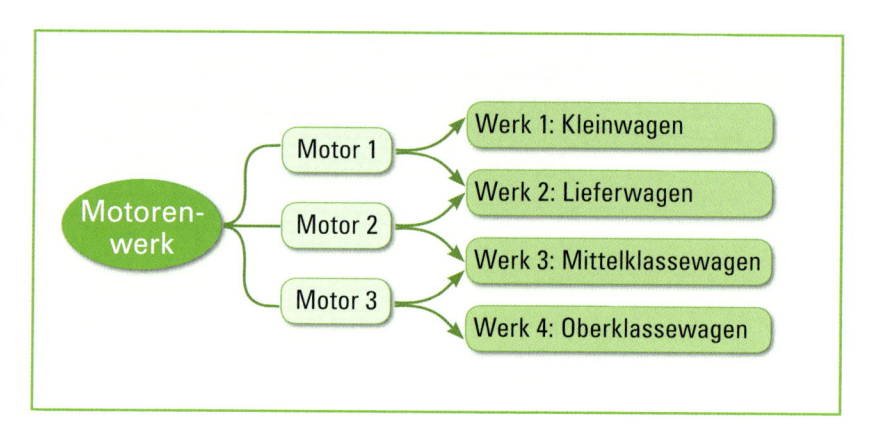

Lagerlogistik

Definition:
„Lagerlogistik" beschreibt alle logistischen Prozesse für den Betrieb von Lagern.

Um in den Bereichen der Beschaffungs-, Produktions- und Distributionslogistik immer genügend Waren zur Verfügung zu haben, müssen bestimmte Mengen stets abrufbar sein. Hier kommt die Lagerlogistik ins Spiel.
Entsprechend der regelmäßig benötigten Waren und dem möglichen Nachschub sind „Warenpuffer" unerlässlich. Durch Vorhalten bestimmter Mengen können so Schwierigkeiten im Nachschub ausgeglichen werden und kurzfristige Über- beziehungsweise Unterproduktionen aufgefangen werden. Ausgeklügelte Systeme der Lagerhaltung er-

4.3 Kenntnis des wirtschaftlichen Umfelds des Güterkraftverkehrs und der Marktordnung

Abbildung 226:
Lagerhalle
Quelle: Paul-Georg Meister (pgm)/ pixelio.de

möglichen somit eine schnelle Reaktion auf den Bedarf von Produktion und Verkauf/Distribution. „Lagerlogistik" beschreibt alle logistischen Prozesse für den Betrieb von Lagern.

Distributionslogistik

Definition:
Alle logistischen Prozesse des Warenflusses vom Produzenten zum Händler oder Endkunden.

Sind die Bücher gedruckt und die Autos gebaut, werden diese ausgeliefert. Die Ware wird zu den Händlern oder direkt zum Kunden gebracht. Für beides ist die Distributionslogistik verantwortlich.

Citylogistik
Als relativ neuer Begriff taucht in den letzten Jahren vermehrt die „Citylogistik" auf. Man kann sie als Teilbereich der Distributionslogistik betrachten.
Mit Citylogistik-Konzepten versucht man die innerstädtische Verkehrsbelastung zu reduzieren, die durch den stetig ansteigenden Lieferverkehr zwangsweise entsteht. Mit der Einrichtung von Warenverteil-

Beschleunigte Grundqualifikation
Spezialwissen Lkw

zentren wird die Anzahl der Lieferfahrzeuge im städtischen Bereich verringert. Waren werden nicht mehr von den einzelnen Speditionen und Zulieferbetrieben direkt zu den Kunden gebracht, sondern zunächst gebündelt und kundengerecht sortiert. So erhalten die innerstädtischen Kunden nicht mehr täglich Kleinstlieferungen von den verschiedensten Spediteuren, sondern die Anlieferung erfolgt im optimalen Fall gebündelt mit einem einzigen Fahrzeug. Dies setzt aber eine gute Zusammenarbeit der einzelnen Zulieferfirmen, speziell im Bereich KEP voraus (siehe Kapitel 4.4, Kurier,- Express- und Paketdienste).

> **Hintergrundwissen** → Auf www.stadtlogistik.info finden Sie eine Präsentation erfolgreich umgesetzter Citylogistik Konzepte mit Projektbeschreibung, Ergebnissen und Tipps zur Umsetzung für Ver- und Entsorgung, sowie Links zu weiteren Projekten im Bereich der Citylogistik.

Entsorgungslogistik

Definition:
Alle logistischen Prozesse während des Abtransportes und der Entsorgung von Wertstoffen, Abfällen, Verpackungen und verbrauchten Hilfsstoffen.

Abbildung 227:
Abholen bitte!
Quelle: aboutpixel.de/Uwe Dreßler

4.3 Kenntnis des wirtschaftlichen Umfelds des Güterkraftverkehrs und der Marktordnung

Wir müssen nicht nur mit Gütern versorgt werden, alte verbrauchte Waren müssen auch entsorgt werden.

Die „Entsorgungslogistik" übernimmt die Planung, Koordination und den Abtransport von Wertstoffen, Abfällen, Verpackungen und verbrauchten Hilfsstoffen, sowie deren komplette Überwachung.

Im Bereich der Entsorgung sind viele zusätzliche Gesetze und Vorschriften zu beachten um beispielsweise den Schutz von Mensch und Umwelt zu gewährleisten.

AUFGABE/LÖSUNG

Was gehört nicht zur Entsorgungslogistik?

- ❏ Abtransport von Restmüll
- ☒ Transport von Gebrauchtwagen zum Wiederverkauf
- ❏ Zwischenlagerung von Altpapier

Beschleunigte Grundqualifikation
Spezialwissen Lkw

4.4 Unterschiedliche Tätigkeiten im Kraftverkehr

▶ In diesem Kapitel sollen die Teilnehmer einen Überblick über die verschiedenen Geschäftsfelder bekommen, die mit dem Bereich Güterverkehr zu tun haben. Die Zusammenhänge zwischen dem Bereich der Logistik und den einzelnen Geschäftsfeldern werden erklärt.

↻ Methoden: Lehrvortrag, Gruppenarbeit und Lehrgespräch

Beginnen Sie mit einem kurzen Vortrag zu den Themen Werkverkehr und gewerblicher Güterkraftverkehr (wurde bereits detailliert im Kapitel 2 „Vorschriften im Güterverkehr" behandelt) und erläutern Sie die wesentlichen Unterschiede.

Bilden Sie anschließend 5 Arbeitsgruppen zur Bearbeitung der folgenden Unterkapitel:
- Gruppe 1: Spedition
- Gruppe 2: Transportunternehmen
- Gruppe 3: KEP (Kurier-, Express- und Paketdienst)
- Gruppe 4: Frachtvermittler
- Gruppe 5: Werkverkehr

Stellen Sie den Gruppen folgende Aufgabe:
„Sie sollen eine Druckerei davon überzeugen, dass sie Ihr Unternehmen als festen Partner für alle anfallenden Transportaufgaben engagiert, beziehungsweise einen Werkverkehr einrichtet. Zeigen Sie die Vorteile Ihres Unternehmens (oder des Werkverkehrs) auf und präsentieren Sie diese mit Hilfe eines Werbeplakates. Zur Bearbeitung der Aufgabe lesen Sie sich bitte das entsprechende Kapitel durch und besprechen in Ihrer Gruppe die Vor- und Nachteile."

Schließen Sie das Kapitel mit einer Zusammenfassung ab und beziehen Sie die Fragen/Antworten als Definitionen nochmals mit ein. Verknüpfen Sie die bisherigen Ergebnisse mit den Berufsfeldern des Güterverkehrs und beschreiben Sie diese.

Kenntnis des wirtschaftlichen Umfelds des Güterkraftverkehrs und der Marktordnung

4.4

- Insgesamt ca. 90 Minuten, davon:
  - Ca. 10 Minuten für den Vortrag
  - Ca. 5 Minuten für Beschreibung der Gruppenarbeit
  - Ca. 20 Minuten Bearbeitungszeit in den einzelnen Gruppen
  - Ca. 25 Minuten für die Präsentation der Gruppenergebnisse (je 5 Minuten)
  - Ca. 30 Minuten für die Zusammenfassung und die Vorstellung der Berufe, eventuell weniger, falls die Präsentation der Gruppenergebnisse länger dauert.

- Flipchart-Blätter für Plakatgestaltung
- Ausreichend Buntstifte/Marker

Dieses Thema wird in der Führerschein-Ausbildung nicht oder nur ansatzweise behandelt.
Weiterbildung: Modul 4, Schaltstelle Fahrer

Beschleunigte Grundqualifikation
Spezialwissen Lkw

Werkverkehr

> ⊕ **Hintergrundwissen** → „Werkverkehr ist Güterkraftverkehr für eigene Zwecke eines Unternehmens ... sofern die Transporttätigkeit nicht das Kerngeschäft des Unternehmens ist", so lautet sinngemäß der Anfang des § 1 (2) des Güterkraftverkehrs Gesetzes (GüKG).
> Da im Werkverkehr ausschließlich eigene Waren befördert werden, muss ein Unternehmen keine Haftpflichtversicherung für Güterschäden abschließen – dies ist beim gewerblichen Güterkraftverkehr gesetzlich vorgeschrieben (GüKG, §§ 7a + 9). Weiterhin ist der Werkverkehr nicht erlaubnispflichtig. Die Aufnahme eines Werkverkehrs muss jedoch dem Bundesamt für Güterverkehr angezeigt werden (§15a (2), GüKG).

Die Abgrenzung des Werkverkehrs von den übrigen Verkehrsarten im Güterverkehr liegt darin, dass hier ausschließlich Güter durch ein Unternehmen für den eigenen Bedarf transportiert werden. Dies ist sowohl bei der Beschaffung, als auch bei der Produktion oder Verteilung von Waren möglich. Mit Fahrzeugen im Werkverkehr können

- Roh-, Hilfs- und Betriebsstoffe zur Produktion herangeschafft werden
- Halbfertigprodukte zwischen verschiedenen Betriebsstätten transportiert
- Endprodukte zu den Verbrauchern oder Händlern gebracht werden.

Keinesfalls darf jedoch die Transportaufgabe der Kernbereich des Unternehmens sein. Die Vorteile, einen eigenen Werkverkehr zu betreiben, liegen darin, dass durch die eigene Fahrzeugflotte und das eigene Personal eine flexiblere Disposition möglich ist. Ein Unternehmen kann schneller auf Kundenwünsche eingehen und Auslieferungen terminlich genauer planen. Weiterhin wird ein eigener Werkverkehr oftmals als Imagegewinn angesehen.

Das eingesetzte Fahrpersonal identifiziert sich häufig mehr mit dem eigenen Unternehmen und den transportierten Produkten, was oftmals zu einer höheren Transportqualität führt.

4.4 Kenntnis des wirtschaftlichen Umfelds des Güterkraftverkehrs und der Marktordnung

> **Hintergrundwissen** → Da der Werkverkehr nicht zum gewerblichen Güterverkehr gehört, finden auch die hierfür geschlossenen Tarifverträge keine Anwendung. Fahrer im Werkverkehr unterliegen somit in den meisten Fällen den Tarifen der jeweiligen Branche, was nicht selten zu höheren Gehältern führt.

AUFGABE/LÖSUNG

Was versteht man unter „Werkverkehr"?

Werkverkehr ist Güterkraftverkehr für eigene Zwecke eines Unternehmens, sofern die Transporttätigkeit nicht das Kerngeschäft des Unternehmens ist.

Gewerblicher Güterkraftverkehr

Im Gegensatz zum Werkverkehr handelt es sich beim gewerblichen Güterkraftverkehr um eine Tätigkeit, die entgeltlich oder geschäftsmäßig mit Fahrzeugen mit einer zGm von mehr als 3,5 t durchgeführt wird. Hier ist die Transportaufgabe das eigentliche Kerngeschäft, mit dem die wirtschaftliche Grundlage des Unternehmens erhalten wird.

> **Hintergrundwissen** → Da im Rahmen des gewerblichen Güterkraftverkehrs Waren befördert werden, die Eigentum Dritter sind, sind die Unternehmen verpflichtet, eine Haftpflichtversicherung für Güterschäden abzuschließen und aufrecht zu erhalten. Dies ist ein weiteres Unterscheidungsmerkmal gegenüber dem Werkverkehr (GüKG, §§ 7a + 9).

Im ersten Halbjahr 2008 wurden etwas mehr als 62 % aller beförderten Waren (in Tonnen) im Straßengüterverkehr deutscher Unternehmen im Rahmen von gewerblichen Güterkraftverkehren befördert (Quelle: BAG Marktbeobachtung, Herbst 2008).

Beschleunigte Grundqualifikation
Spezialwissen Lkw

Abbildung 228: Anteile der beförderten Güter in Tonnen im Werkverkehr und gewerblichen Güterverkehr

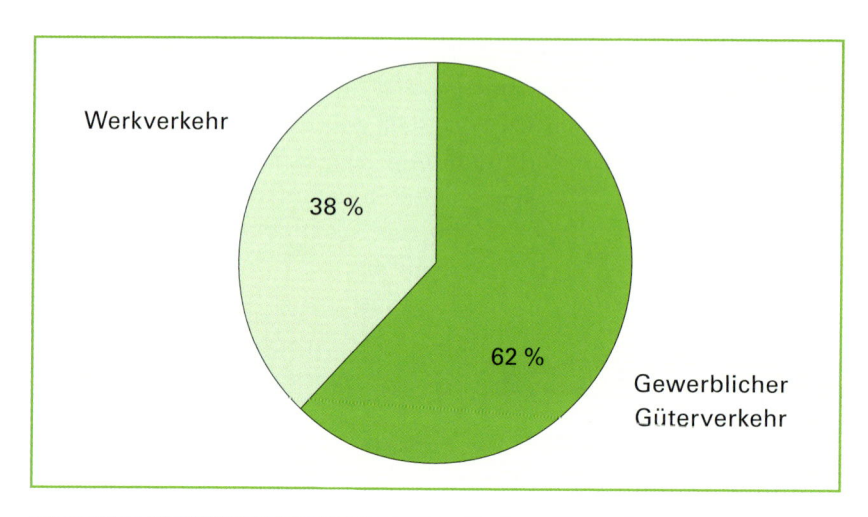

Werkverkehr 38 %

Gewerblicher Güterverkehr 62 %

AUFGABE/LÖSUNG

Was versteht man unter „gewerblichem Güterkraftverkehr"?

Gewerblicher Güterkraftverkehr ist die entgeltliche oder geschäftsmäßige Beförderung von Gütern mit Kfz > 3,5 t zGm einschließlich Anhänger.

Spedition

Die Aufgabe eines Spediteurs besteht darin, „für die Versendung eines Gutes zu sorgen" (§ 453 HGB).

> **Hintergrundwissen** → Im Abschnitt „Spediteur" in Kapitel 2.2 dieses Lehrbuchs werden die Aufgaben eines Spediteurs definiert und Pflichten und Rechte formuliert (vgl. auch §§ 453–466 HGB).

Dies beinhaltet alle für den Transport einer Ware notwendigen Schritte. Es steht hier also nicht die reine Transportleistung im Vordergrund, sondern es werden logistische Dienstleistungspakete geschnürt, die Leistungen aus den Bereichen Transport, Umschlag (Wechsel des transportierten Gutes auf einen anderen Verkehrsträger – beispielsweise Umladen von Schiff auf Lkw) und Lagerung enthalten können.

Kenntnis des wirtschaftlichen Umfelds des Güterkraftverkehrs und der Marktordnung

4.4

Weiterhin können den Spediteursleistungen die Bereiche Gefahrgutabfertigung sowie Zollabfertigung bei Im- und Export zugeordnet werden. Der Spediteur bedient sich hier der verschiedenen Verkehrsträger Straße, Schiene, Wasser und Luft. Transportleistungen werden grundsätzlich an Drittfirmen vergeben, können aber auch selbst ausgeführt werden (Selbsteintrittsrecht).

Zum Leistungsangebot von Speditionen gehören unter anderem folgende Bereiche:

- Planung und Durchführung von Stück-/Sammelgutverkehren
- Nationale und internationale Verkehre mit eigenen Transportmitteln
- Befrachtung von Fremdtransportmitteln im nationalen und internationalen Verkehr
- Bahnbefrachtung, Luftfracht, Seefracht, Binnenschifffahrt
- Gefahrgutabfertigung und Lagerung
- Zollabwicklung
- Verpackungs- und Beschriftungsarbeiten
- Montagearbeiten – als Beispiel: Möbelspediteur

Im Gegensatz zum Transportunternehmen, das nur reine Transportaufgaben „von Rampe zu Rampe" durchführt (siehe folgend „Transportunternehmen"), kümmert sich ein Spediteur somit um die gesamte Abwicklung der Transportaufgaben vom Produktionsbetrieb bis zum Endkunden. Sämtliche Tätigkeiten im Ablauf der verschiedenen Logistikbereiche (Beschaffungslogistik, Produktionslogistik …) können somit von Spediteuren durchgeführt werden. Die Arbeit des Spediteurs wird

Abbildung 229:
EDV im Speditionsgeschäft
Quelle: GRIESHABER Logistik AG

Beschleunigte Grundqualifikation
Spezialwissen Lkw

Abbildung 230:
Fertig zum
Transport
Quelle: aboutpixel.
de/Horst Uhlen

durch modernste EDV, Tracking-Systeme und Telematikdienste unterstützt.

Am Beispiel der Druckerei könnte das dann wie folgt aussehen:
- Regelmäßige Abholungen aller Sendungen bei der Druckerei und Transport zum Speditionsunternehmen
- Sortierung der einzelnen Sendungen nach Zielort und Verteilung auf verschiedene Transportmittel
- Transport in die verschiedenen Zielregionen – eventuell als Sammelgutladungen gemeinsam mit Waren von anderen Absendern
- Verteilung der eintreffenden Sammelgutladungen auf einzelne Zustellfahrzeuge, die die Waren direkt zu den Kunden ausliefern.

Um diese Aufgaben schnell und wirtschaftlich lösen zu können, schließen sich verschiedenen Spediteure oft zu Verbünden zusammen (siehe Kapitel 4.5, Kooperationen/Zusammenschlüsse von Unternehmen).

Hausspediteur
Größere Unternehmen binden sich häufig mittels fester Verträge an bestimmte Speditionen und bieten diesen die Möglichkeit, einen Betriebssitz direkt im Haus einzurichten. Dies hat den Vorteil, dass Entscheidungen bezüglich der Logistik und des Transports direkt vor Ort getroffen werden können und die Kundennähe optimal genutzt werden kann. Man bezeichnet dies dann als „Hausspediteur".

Kenntnis des wirtschaftlichen Umfelds des Güterkraftverkehrs und der Marktordnung

4.4

AUFGABEN/LÖSUNGEN

Erklären Sie den Begriff „Spedition".

Speditionen sind Unternehmen, die sich gewerbsmäßig dazu verpflichten, den Versand von Gütern für den Versender zu besorgen.

Nennen Sie 5 typische Tätigkeiten, die zum Aufgabengebiet einer Spedition zählen:

- Planung und Durchführung von Stück- und Sammelgutverkehren
- Durchführung von nationalen und internationalen Verkehren mit eigenen Transportmitteln
- Befrachtung von Fremdtransportmitteln im nationalen und internationalen Verkehr
- Befrachtung verschiedener Verkehrsträger
- Gefahrgutabfertigung
- Lagerung
- Zollabwicklung
- Verpackungs- und Beschriftungsarbeiten
- Montagearbeiten – als Beispiel: Möbelspediteur

Transportunternehmen

Im Gegensatz zu den Spediteuren, die logistische Gesamtkonzepte anbieten, beschränken sich die Transportunternehmen normalerweise auf die reinen Transportaufgaben. Planung, Ablauf, Warenvorbereitung und Zwischenlagerung gehören nicht zum Kerngeschäft. Ein Transportunternehmen unterhält in der Regel auch keine eigenen Lager- oder sonstige Logistikflächen.

> **Hintergrundwissen** → Kleinere Transportunternehmen betreiben häufig keine eigene Werkstatt sondern lassen Wartungs- und Reparaturarbeiten durch Drittfirmen durchführen. Dies verringert die Fixkosten für Gebäude und

Beschleunigte Grundqualifikation
Spezialwissen Lkw

> Personal und ermöglicht so eine wettbewerbsfähige Preisgestaltung. In vielen Fällen verfügen Transportunternehmen über kein eigenes Betriebsgelände. Fahrzeuge werden im öffentlichen Verkehrsraum abgestellt oder die Fahrer nehmen den Lkw am Wochenende „mit nach Hause".
> Ihre Aufträge erhalten Transportunternehmen meist von Speditionen oder Frachtvermittlern. Seltener, aber möglich, ist es, dass Aufträge direkt von Industrie und Handel kommen. Die Transportunternehmen führen dann entweder Direktlieferungen vom Absender zum Empfänger in Form von Komplettladungen durch, nehmen Teilladungen von verschiedenen Auftraggebern an oder führen im Auftrag von Speditionen Sammelguttransporte durch.

Oftmals werden von Transportunternehmen Frachten angenommen, ohne am Zielort eine weitere Ladung (Rückladung) in Aussicht zu haben. Dies führt dann häufig zu langen Standzeiten oder hohen Anteilen an Leerkilometern, um zum nächsten Auftraggeber zu gelangen. Transportunternehmen versuchen daher, Festaufträge zu erhalten, die eine regelmäßige und dauerhafte Auslastung ihrer Fahrzeuge garantieren. Dadurch ist eine wirtschaftliche Unternehmensführung deutlich einfacher und unnötige Verkehrs- und Umweltbelastungen werden vermieden.

AUFGABE/LÖSUNG

Was unterscheidet ein Transportunternehmen von einer Spedition?

Transportunternehmen führen in der Regel nur reine Transportaufgaben durch. Nebentätigkeiten wie Lagerung, Zollabwicklung usw. gehören nicht dazu.

KEP – Kurier-, Express- und Paketdienste

Die KEP-Dienste sind eine eigene Form der Speditionen. Ihr Spezialgebiet liegt im Transport von Kleinsendungen. Häufig werden hierfür bei

der Endzustellung zum Kunden Fahrzeuge mit einer zulässigen Gesamtmasse von bis zu 3,5 t eingesetzt, deren Fahrer dafür nur den Führerschein der Klasse B besitzen müssen und nicht den Bestimmungen des Berufskraftfahrer Qualifikationsgesetzes unterliegen. 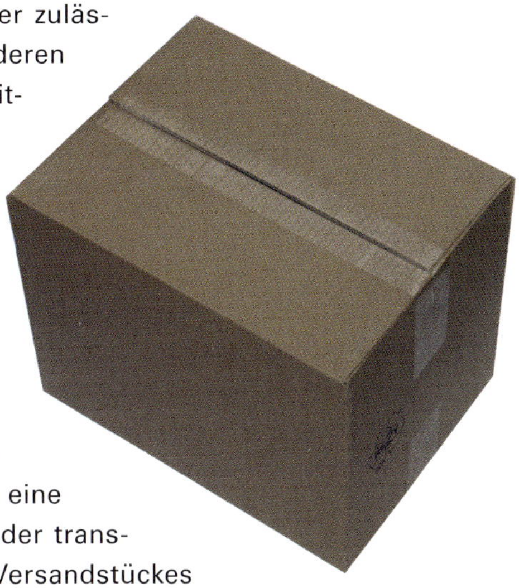
Die Abkürzung „KEP" steht für „Kurier-, Express- und Paketdienste" oder (seltener) für „Kurier-, Express- und Postdienste".
Im Gegensatz zum Spediteur, der durchaus auch in der Lage ist, einen kompletten Schwertransport durch mehrere Länder zu planen und durchzuführen, grenzen sich KEP-Dienste in der Regel durch eine Einschränkung des Gewichts und/oder der Größe der transportierten Güter ab. Das Maximalgewicht eines Versandstückes liegt bei den meisten Paketdiensten bei ca. 30-40 kg. Die Maximalgröße wird oft durch eine Addition von Kantenlänge (längste Seite) und Umfang berechnet. Man nennt dies dann „Gurtmaß" oder „Gurtumfang". Beispiel:
[Höhe + Breite] x 2 + Länge = maximal 3 Meter.
Insbesondere im Bereich „KEP" sind Sendungsverfolgung und Sendungserkennung automatisiert und solche Systeme weit verbreitet (Siehe Kapitel 4.7, „Sendungserkennung und Sendungsverfolgung")

Abbildung 231:
Paket
Quelle: Hofschlaeger/pixelio.de

Paketdienste
Paketdienste nutzen eine automatisierte Sortierung der Versandstücke und feststehende Transportabläufe.
Waren werden zu Paketshops gebracht oder direkt beim Kunden abgeholt und von dort zu den Paketzentren gebracht, die es in allen größeren Städten gibt. Dort werden Sendungen für alle Welt automatisch sortiert und in Transportmittel verladen, die die Sendungen dann zu verschiedenen überregionalen Verteilzentren bringen. Nach einer weiteren automatischen Sortierung werden die Sendungen dann zu den Zustellpaketzentren geliefert, in denen wiederum ein Umladen in die Zustellfahrzeuge erfolgt.

Kurierdienste
Die Besonderheit der Kurierdienste liegt darin, dass einzelne Versandstücke direkt abgeholt und zugestellt werden. Ein Fahrer holt somit eine Sendung bei dem Kunden ab und bringt diese direkt zum Emp-

Abbildung 232:
Eilzustellung
Quelle: Rainer
Sturm/aboutpixel.de

fänger. Dies ist die schnellste, aber auch teuerste Methode des Versands.

Expressdienste

Expressdienste arbeiten ähnlich wie Paketdienste, bieten aber ihren Kunden die Möglichkeit (meist gegen Aufpreis zur Normalzustellung) einer schnelleren Zustellung an. Im internationalen Verkehr wird hier oftmals der Weg mittels Luftfracht gewählt.

AUFGABEN/LÖSUNGEN

Was ist die grundsätzliche Besonderheit von „KEP-Diensten"?

KEP-Dienste grenzen sich in der Regel durch eine Einschränkung des Gewichts und/oder der Größe der transportierten Güter ab.

Frachtvermittler

Frachtvermittler besitzen weder Fahrzeuge noch Logistikflächen. Um als Frachtvermittler tätig zu werden, genügt ein kleines Büro mit den üblichen Kommunikationsmitteln wie Telefon, Fax und Internet/Email. Viele Transportunternehmen nehmen die Dienstleistungen von Frachtvermittlern in Anspruch, in dem sie ihre Fahrzeuge von den Vermittlern dauerhaft oder im Einzelfall disponieren lassen. Die Frachtvermittler handeln hier zwischen Auftraggebern wie Speditionen, Handel und Industrie und den Transportunternehmen als Vermittler.

Kenntnis des wirtschaftlichen Umfelds des Güterkraftverkehrs und der Marktordnung

4.4

> **Hintergrundwissen** → Um die Vermittlung von Transportaufträgen zu realisieren, gibt es so genannte Frachtbörsen, wo Auftraggeber und Auftragnehmer entsprechende Transportkapazitäten anbieten, beziehungsweise nachfragen können. Die Vermittlung kommt gegen Provision durch einen Frachtvermittler zustande.
>
> Diese Börse bietet beispielsweise für selbst fahrende Unternehmer Vorteile, die unterwegs nur wenige Möglichkeiten haben, sich um entsprechende Aufträge zu bemühen. Nachteile bestehen darin, dass durch die Provision an den Frachtvermittler entsprechend geringere Frachtpreise zu erzielen sind.

Berufe in Güterkraftverkehrsgewerbe und Logistik

Um der Entwicklung der Branche gerecht zu werden, sind in den letzten Jahren neben bereits existierenden Berufsbildern auch einige neue hinzugekommen. Im Folgenden werden einige praxisbezogene Berufsbilder vorgestellt:

Abbildung 233:
Frachtvermittlung am Telefon
Quelle: GRIESHABER Logistik AG

Berufskraftfahrer/in

Berufskraftfahrer/innen arbeiten im Güterverkehr oder in der Personenbeförderung. Sie transportieren Güter mit Lkw aller Art. Im Personenverkehr führen sie Linien- bzw. Reisebusse.

**Beschleunigte Grundqualifikation
Spezialwissen Lkw**

Hauptsächlich arbeiten Berufskraftfahrer/innen in Transportunternehmen des Güter- und Personenverkehrs, z. B. Speditionen, kommunalen Verkehrsbetrieben oder Bus-Reiseunternehmen. Darüber hinaus sind sie unter anderem bei Post- und Kurier- oder Abschlepp- und Pannendiensten tätig. Der Baustofftransport und Betriebe der Getränkeherstellung oder der Abfallwirtschaft eröffnen weitere Arbeitsfelder.

Abbildung 234: Berufskraftfahrer im Einsatz
Quelle: GRIESHABER Logistik AG

Berufskraftfahrer/in ist ein anerkannter Ausbildungsberuf nach dem Berufsbildungsgesetz (BBiG). Diese bundesweit geregelte 3-jährige Ausbildung wird in Industrie und Handel angeboten.
(Quelle der Berufsbeschreibung: Arbeitsagentur/Berufenet)

Ein Abschluss als „Berufskraftfahrer/in" beinhaltet gleichzeitig die Grundqualifikation nach BKrFQG (Berufskraftfahrer Qualifikationsgesetz). Weiterbildungsmöglichkeit z. B.: Industriemeister Kraftverkehr

Fachkraft für Kurier-, Express- und Postdienstleistungen
Fachkräfte für Kurier-, Express- und Postdienstleistungen sortieren Sendungen, planen die Zustellfolge, stellen Sendungen zu und beraten Kunden.
Hauptsächlich arbeiten diese Fachkräfte für Brief- und Paketdienste sowie Kurier- und Expressdienste. Darüber hinaus sind sie in Speditionen, die kleinteilige Güter transportieren, tätig.
Fachkraft für Kurier-, Express und Postdienstleistungen ist ein anerkannter Ausbildungsberuf nach dem Berufsbildungsgesetz (BBiG).
Diese bundesweit geregelte 2-jährige Ausbildung wird bei Post- und Kurierdiensten angeboten.
(Quelle der Berufsbeschreibung: Arbeitsagentur/Berufenet)
Fachkräfte für Kurier- Express- und Postdienstleistungen sind häufig mit Fahrzeugen unter 3,5 t oder unter 7,5 t zulässiger Gesamtmasse unterwegs. Die Fahrerlaubnis der Klasse B oder C1 genügt hier meistens.

Servicefahrer/in
Servicefahrer/innen liefern Waren aus. Sie planen ihre täglichen Routen, nehmen die auszuliefernden Waren in Empfang, beladen ihre Fahr-

zeuge und liefern die Waren beim Kunden ab. Teilweise stellen sie auch Geräte bei Kunden auf oder warten sie.
Servicefahrer/innen sind in Unternehmen beschäftigt, die Servicedienstleistungen beim Kunden erbringen. Dies sind z. B. Unternehmen im Textilmietservice, Unternehmen, die mobile Sanitärsysteme oder Büromaschinen vermieten, Reinigungsdienste, private Post- und Kurierdienste, Speditionen, Großhandelsunternehmen, Einzelhandelsunternehmen, die einen Fahrverkauf von Tiefkühlprodukten betreiben, Brauereien, die Gastronomiebetriebe oder Privatkunden direkt beliefern, oder soziale Dienste, die „Essen auf Rädern" ausliefern. Darüber hinaus arbeiten Servicefahrer/innen z. B. auch im Pizzaservice.
Servicefahrer/in ist ein anerkannter Ausbildungsberuf nach dem Berufsbildungsgesetz (BBiG). Diese bundesweit geregelte 2-jährige Ausbildung wird in Industrie und Handel angeboten.
(Quelle der Berufsbeschreibung: Arbeitsagentur/Berufenet)

Fachkraft für Lagerlogistik
Fachkräfte für Lagerlogistik schlagen Güter um, lagern sie fachgerecht und wirken bei logistischen Planungs- und Organisationsprozessen mit.
Fachkräfte für Lagerlogistik sind in allen Branchen beschäftigt. Infrage kommen dabei alle Betriebe, die über eine Lagerhaltung verfügen.
Fachkraft für Lagerlogistik ist ein anerkannter Ausbildungsberuf nach dem Berufsbildungsgesetz (BBiG). Diese bundesweit geregelte 3-jährige Ausbildung wird in Industrie und Handel angeboten. Auch eine schulische Ausbildung ist möglich.
(Quelle der Berufsbeschreibung: Arbeitsagentur/Berufenet)

Fachlagerist/in
Fachlageristen und -lageristinnen nehmen Waren an und lagern diese sachgerecht. Sie stellen Lieferungen für den Versand zusammen bzw. leiten Güter an die entsprechenden Stellen im Betrieb weiter.
Fachlageristen und Fachlageristinnen arbeiten hauptsächlich bei Speditionsbetrieben und anderen Logistikdienstleistern. Darüber hinaus können sie in Industrie- und Handelsunternehmen unterschiedlichster Wirtschaftsbereiche tätig sein: z. B. in der Lebensmittel- und Elektroindustrie, in der chemischen und pharmazeutischen Industrie, im Metall- und Fahrzeugbau, in Druckereien oder bei Herstellern von Baustoffen.
Fachlagerist/in ist ein anerkannter Ausbildungsberuf nach dem Berufs-

Beschleunigte Grundqualifikation
Spezialwissen Lkw

Abbildung 235: bildungsgesetz (BBiG). Diese bundesweit geregelte 2-jährige Ausbildung wird in Industrie und Handel sowie im Handwerk angeboten. Auch eine schulische Ausbildung ist möglich.
Fachkraft im Lager
(Quelle der Berufsbeschreibung: Arbeitsagentur/Berufenet)

AUFGABE/LÖSUNG

Nennen Sie drei praxisbezogene Berufe aus der Logistik-/ Transportbranche!

- Berufskraftfahrer/in
- Servicefahrer/in
- Fachkraft für Kurier-, Express- und Postdienstleistungen
- Fachkraft für Lagerlogistik
- Fachlagerist

4.5 Organisation der wichtigsten Arten von Verkehrsunternehmen oder Transporthilfstätigkeiten

▶ In diesem Kapitel sollen die Teilnehmer einen Überblick über die Organisation des Transportgewerbes und dessen Hilfs- und Nebengewerbe erhalten. Sie sollen die grundsätzlichen Strukturen im Unternehmensaufbau begreifen, Hilfs- und Nebentätigkeiten kennen sowie Vor- und Nachteile von Kooperationen und Zusammenschlüssen erklären können.

↻ Methode: Kurzvortrag, (evtl. Brainstorming) und Gruppenarbeit

Vorbereitung: Bereiten Sie auf einem Flipchartblatt (Tafel, Moderationswand…) eine leere Tabelle nach angehängtem Muster (5 Spalten, ca. 20 Zeilen) mit Überschriften vor.
Bereiten Sie entsprechend 4 gleich gestaltete Arbeitsblätter (pro Gruppe je ein Arbeitsblatt) vor. Die genannten Tätigkeiten in der linken Spalte sind beispielhaft und können durch Sie ergänzt, oder – je nach verfügbarer Zeit – auch durch Abfrage unter den Teilnehmern gesammelt werden. Sollten die Begriffe erst gesammelt werden, so bitten Sie die Teilnehmer, diese in ihr Arbeitsblatt zu übertragen.

Beginnen Sie mit einer kurzen Präsentation zur Statistik der Betriebsgrößen nach Anzahl der Beschäftigten.
Lassen Sie die Teilnehmer nun 4 Gruppen bilden:
- Gruppe 1: Großunternehmen
- Gruppe 2: Klein- und mittelständisches Unternehmen
- Gruppe 3: Kooperation oder Zusammenschluss
- Gruppe 4: externe Dienstleister

Stellen Sie den Gruppen nun die Aufgabe, für jede Tätigkeit zu entscheiden, ob es für die jeweilige Betriebsgröße
- eher sinnvoll
- möglich
- weniger sinnvoll

ist, diese Tätigkeit selbst (in Eigenregie) durchzuführen. Die Ergebnisse sollen in die jeweiligen Gruppenarbeitsblätter übertragen werden. Bitten Sie die Teilnehmer, die Ergebnisse anhand von

Beschleunigte Grundqualifikation
Spezialwissen Lkw

Beispielen näher zu erläutern. Einzelne Punkte werden sicherlich kontrovers diskutiert werden. Behalten Sie daher immer die Uhr im Auge!
Übertragen Sie bei der Präsentation die Gruppenergebnisse in die Tabelle auf dem Flipchart.

Präsentieren Sie anschließend zusammenfassend das Thema und nehmen Sie Bezug auf die erarbeiteten Gruppenergebnisse.

🕒 Insgesamt 90 Minuten, davon:
- Ca. 10 Minuten für den einführenden Kurzvortrag
- Ca. 5 Minuten für die Beschreibung der Gruppenarbeit
- Ca. 15 Minuten Bearbeitungszeit in den einzelnen Gruppen
- Ca. 40 Minuten für die Präsentation der Gruppenergebnisse mit Diskussion (je 10 Minuten)
- Ca. 20 Minuten für die Zusammenfassung, eventuell weniger, falls die Präsentation der Gruppenergebnisse länger dauert.

☕ Dieses Thema wird in der Führerschein-Ausbildung nicht oder nur ansatzweise behandelt.
Weiterbildung: Modul 4, Schaltstelle Fahrer

Meist handelt es sich bei Güterkraftverkehrsunternehmen um kleine bis mittelständische Firmen. So waren im Jahr 2005 insgesamt 74,5 % aller deutschen Unternehmen des Güterkraftverkehrs mit weniger als 10 Beschäftigten verzeichnet und nur 3,3 % hatten 50 oder mehr Beschäftigte (Quelle: Destatis, Unternehmen im Transportbereich 2005).

Abbildung 236: Übersicht über die Anzahl der durchschnittlich Beschäftigten in deutschen Unternehmen des Güterkraftverkehrs

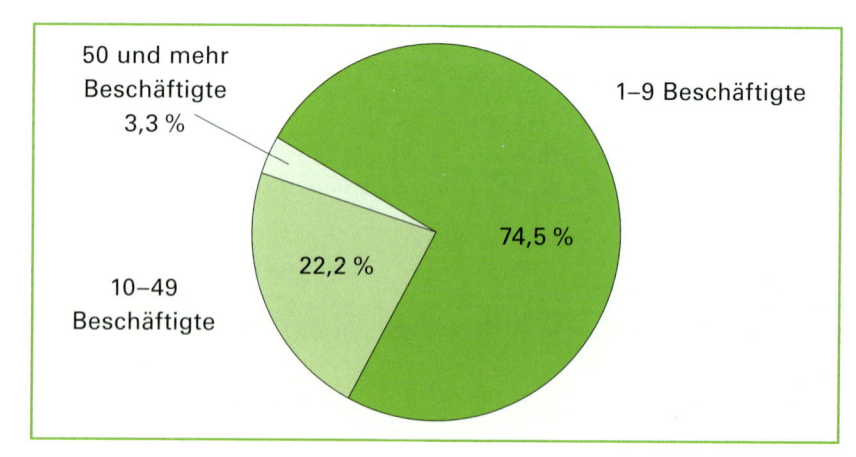

- 50 und mehr Beschäftigte: 3,3 %
- 10–49 Beschäftigte: 22,2 %
- 1–9 Beschäftigte: 74,5 %

Kenntnis des wirtschaftlichen Umfelds des Güterkraftverkehrs und der Marktordnung

4.5

Beispiele für Arbeitsblätter:

Welche Tätigkeiten können sinnvoll selbst ausgeführt werden?				
Großunternehmen				
	sinnvoll	*möglich*	*unsinnig*	*Begründung, Beispiel*
Transport der Güter				
Marktbeobachtung				
Eigene Dispositionsabteilung				
Eigene Personalabteilung				
Marketing und Werbung				
Reparatur, Wartung und Pflege von Fahrzeugen				
Vorhalten von verschiedenen Transportmitteln (Schiff, Zug, Flugzeug, Lkw)				
Fort- und Weiterbildung des Personals				
Eigene EDV-Abteilung				
Sicherheitsleistungen (Bewachung)				
Lagerung				
Verpackung und Verladung von Containern				
Umschlag				
Eigene Systeme zur Mautabrechnung				
Eigene Systeme zur Tankabrechnung				
…				

Beschleunigte Grundqualifikation
Spezialwissen Lkw

Welche Tätigkeiten können sinnvoll selbst ausgeführt werden?				
Klein- oder mittelständisches Unternehmen				
	sinnvoll	*möglich*	*unsinnig*	*Begründung, Beispiel*
Transport der Güter				
Marktbeobachtung				
Eigene Dispositionsabteilung				
Eigene Personalabteilung				
Marketing und Werbung				
Reparatur, Wartung und Pflege von Fahrzeugen				
Vorhalten von verschiedenen Transportmitteln (Schiff, Zug, Flugzeug, Lkw)				
Fort- und Weiterbildung des Personals				
Eigene EDV-Abteilung				
Sicherheitsleistungen (Bewachung)				
Lagerung				
Verpackung und Verladung von Containern				
Umschlag				
Eigene Systeme zur Mautabrechnung				
Eigene Systeme zur Tankabrechnung				
...				
...				

4.5 Kenntnis des wirtschaftlichen Umfelds des Güterkraftverkehrs und der Marktordnung

Welche Tätigkeiten können sinnvoll selbst ausgeführt werden?				
Im Rahmen von Kooperationen/Zusammenschlüssen				
	sinnvoll	möglich	unsinnig	Begründung, Beispiel
Transport der Güter				
Marktbeobachtung				
Eigene Dispositionsabteilung				
Eigene Personalabteilung				
Marketing und Werbung				
Reparatur, Wartung und Pflege von Fahrzeugen				
Vorhalten von verschiedenen Transportmitteln (Schiff, Zug, Flugzeug, Lkw)				
Fort- und Weiterbildung des Personals				
Eigene EDV-Abteilung				
Sicherheitsleistungen (Bewachung)				
Lagerung				
Verpackung und Verladung von Containern				
Umschlag				
Eigene Systeme zur Mautabrechnung				
Eigene Systeme zur Tankabrechnung				
…				
…				

Beschleunigte Grundqualifikation
Spezialwissen Lkw

Welche Tätigkeiten können sinnvoll selbst ausgeführt werden?				
Durch Drittanbieter für Neben- und Hilfstätigkeiten				
	sinnvoll	möglich	unsinnig	Begründung, Beispiel
Transport der Güter				
Marktbeobachtung				
Eigene Dispositionsabteilung				
Eigene Personalabteilung				
Marketing und Werbung				
Reparatur, Wartung und Pflege von Fahrzeugen				
Vorhalten von verschiedenen Transportmitteln (Schiff, Zug, Flugzeug, Lkw)				
Fort- und Weiterbildung des Personals				
Eigene EDV-Abteilung				
Sicherheitsleistungen (Bewachung)				
Lagerung				
Verpackung und Verladung von Containern				
Umschlag				
Eigene Systeme zur Mautabrechnung				
Eigene Systeme zur Tankabrechnung				
…				
…				

Kenntnis des wirtschaftlichen Umfelds des Güterkraftverkehrs und der Marktordnung

4.5

Beispieltabelle für Flipchart nach Abschluss der Gruppenarbeit *(Eintragungen hier beispielhaft)*

Welches Unternehmen → kann das ↓ ausführen?	Großunternehmen	Klein- und mittelständisches Unternehmen	Kooperation oder Zusammenschluss	Externer Dienstleister für Neben- und Hilfstätigkeiten
Transport der Güter	möglich	sinnvoll	Möglich (Kooperation, Begegnungsverkehre)	unsinnig
Marktbeobachtung	sinnvoll	möglich	Möglich (durch Verband, Genossenschaft)	Möglich (Unternehmensberatung)
Eigene Dispositionsabteilung	sinnvoll	Möglich, je nach Größe	Sinnvoll für Kooperationen	unsinnig
Eigene Personalabteilung	sinnvoll	Möglich, je nach Größe	Weniger sinnvoll	Möglich (Personalvermittlung)
Marketing und Werbung	sinnvoll	möglich	Möglich (Gemeinsame Anzeigen)	Eher sinnvoll (Werbeagentur)
...				

Aufbau von Güterkraftverkehrsunternehmen

Wie in allen anderen Wirtschaftsbereichen auch, sind im Güterkraftverkehr bestimmte Anforderungen an eine ordnungsgemäße und wirtschaftliche Betriebsführung zu erfüllen. Unter anderem gehören hierzu:
- Umfangreiche Marktbeobachtung
- Anpassung der Leistungen an die Bedürfnisse des Marktes
- Kalkulation von Frachtpreisen unter Beachtung von Investitionen, Ausgaben und Marktanpassung durch Angebot und Nachfrage

**Beschleunigte Grundqualifikation
Spezialwissen Lkw**

- Beschaffung von materiellen und personellen Ressourcen
- Marketing und Werbung
- Personalbetreuung und Sachbearbeitung
- ... und vieles mehr

Dies erfordert ein großes Maß an Flexibilität, Kundennähe und Anpassungsfähigkeit auf Marktveränderungen.

Klein- und mittelständisches Verkehrsgewerbe

Als kleiner Fuhrunternehmer wird es zunehmend schwieriger, wirtschaftlich zu arbeiten. Konnten gestern noch die betriebseigenen Planenzüge mit genügend Frachten ausgelastet werden, so sind morgen vielleicht Spezialfahrzeuge für temperaturgeführte Transporte gefragt.

Die Anforderungen der verladenden Wirtschaft werden immer höher:
- Schnelligkeit
- Flexibilität
- Möglichst geringe Frachtpreise
- Spezialisierungen entsprechend den Anforderungen der Verlader

Diese zu erfüllen gestaltet sich zunehmend komplizierter. Mangels finanzieller Rücklagen ist es oftmals nicht möglich, auf diese Nachfrage schnell zu reagieren. Als Folge kommt es zu
- Mehr und mehr Ausfallzeiten
- Leerkilometern

Dies schmälert den Gewinn des Unternehmens zusätzlich. Erschwerend kommt für die reinen Transportunternehmen hinzu, dass die Kosten für Mautgebühren und Kraftstoffe ständig steigen. Diese Ausgaben können oftmals nicht oder nur in geringem Umfang an die Auftraggeber weitergegeben werden. Ebenso führten die Änderungen des Arbeitszeitgesetzes und der Sozialvorschriften zu einer finanziellen Mehrbelastung durch zusätzliches Personal und Anpassung der Betriebsabläufe. Es ist derzeit ein Trend zu beobachten, dass sich die Güterkraftverkehrsbranche in Richtung Spezialisierung oder Komplettangebot auseinander entwickelt. Eine moderne Ausstattung durch Einsatz von neuen Technologien (GPS, Telematiksysteme...) macht die Transportabläufe transparenter und eine wirtschaftliche Betriebsführung somit einfacher.

4.5 Kenntnis des wirtschaftlichen Umfelds des Güterkraftverkehrs und der Marktordnung

> **Hintergrundwissen** → Klein- und mittelständische Unternehmen versuchen, Nischen zu finden, in denen sie ihre Kunden durch Spezialisierung stärker an sich binden können, z. B. durch Einsatz von Spezialfahrzeugen oder durch logistische Zusatzleistungen. Dies geschieht durch die Verbesserung des Kundenservices, insbesondere das Eingehen auf spezielle Kundenanforderungen oder die Garantie bestimmter Qualitätsmerkmale. Man verstärkt den Auf- bzw. Ausbau der Lagerlogistik sowie das Angebot komplexerer logistischer Gesamtlösungen. Dies geht mittlerweile bis hin zur Übernahme von Vor- und Nachproduktionen und Qualitätskontrolle oder zur kompletten Übernahme der innerbetrieblichen Logistik beim Kunden. Die kleineren und mittelständischen Unternehmen versuchen dadurch ihre Auftraggeber durch die Übernahme einzelner auf Logistik ausgerichteter Geschäftsbereiche an sich zu binden. Sie verweisen auf die Vorteile ihrer überschaubaren Größe, wie etwa die hohe Flexibilität, Zuverlässigkeit und Erreichbarkeit – wenn nötig sogar rund um die Uhr. Der regelmäßig gepflegte persönliche Kundenkontakt führt zu kurzen Entscheidungswegen. Eine weitere Möglichkeit zur Kundenbindung und Gewinnung zusätzlicher Einnahmen ist das Bereitstellen von Werbeflächen auf dem Lkw. (Vergleiche: BAG, Marktbeobachtung Güterverkehr, Herbst 2008)

> Bitten Sie die Teilnehmer, eigene Ideen zu formulieren, wie Klein- und mittelständische Betriebe zusätzliche Einnahmen generieren könnten.

Großunternehmen

Großunternehmen hingegen entwickeln sich mehr und mehr zu „Full-Service-Dienstleistern", die Komplettangebote möglich machen, indem sie auf eine Vielzahl spezialisierter Partner zurückgreifen können. Die einzelnen Tätigkeitsfelder wurden bereits im Kapitel 4.3 „Logistik",

**Beschleunigte Grundqualifikation
Spezialwissen Lkw**

detailliert beschrieben. So beschäftigt beispielsweise die DB Schenker AG deutschlandweit 12.900 Menschen an über 100 Standorten. Die Tätigkeitsbereiche umfassen sowohl alle Verkehrsarten (Luftfracht, Schienentransport, Straßentransport, Binnen- und Seefracht) als auch eine Menge logistischer Zusatzleistungen wie Beschaffungs-, Produktions- und Distributionslogistik (Quelle: www.schenker.de).

Kooperationen/Zusammenschlüsse von Unternehmen

Ein Weg, um wirtschaftlich erfolgreich zu agieren, sind – nicht nur für Klein- und mittelständische Unternehmen – Kooperationen und Zusammenschlüsse. So werden beispielsweise in Begegnungsverkehren (Dabei fahren zwei Lkw aufeinander zu und tauschen am Treffpunkt zu einem vereinbarten Termin die Transporteinheiten untereinander aus) und Transportverbünden neue Möglichkeiten geschaffen, Güter zu bündeln und einen effizienteren Fahrzeug- und Personaleinsatz zu gewährleisten. Schlecht ausgelastete Fahrzeuge und somit unwirtschaftlicher Betrieb können verringert werden. Ein wichtiger Bereich für solche Kooperationen ist unter anderem das Sammelgutgeschäft, in dem die Waren von verschiedenen Absendern zunächst gesammelt und anschließend gemeinsam weitertransportiert werden, um den verfügbaren Laderaum optimal auszunutzen.

Abbildung 237:
Spedition
Quelle: GRIESHABER Logistik AG

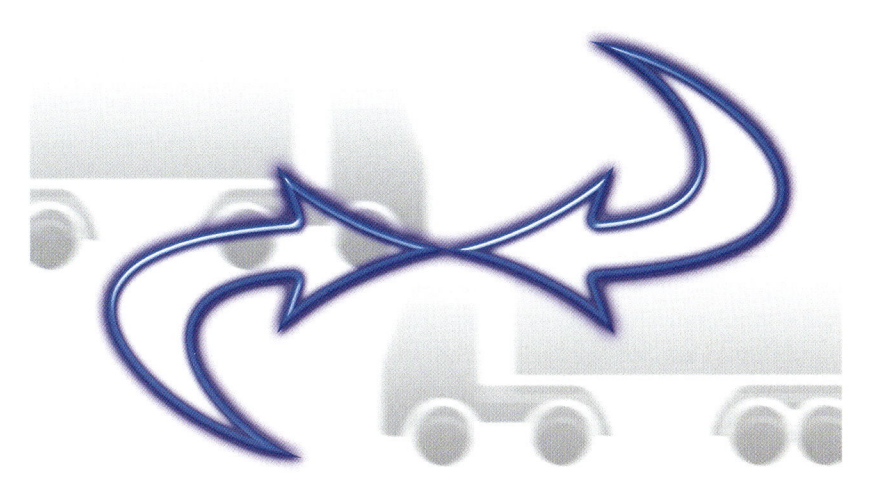

Kenntnis des wirtschaftlichen Umfelds des Güterkraftverkehrs und der Marktordnung 4.5

Abbildung 238:
Begegnungsverkehr
Quelle: Gerd Altmann (geralt)/ pixelio.de

Aber auch der Zusammenschluss zu Genossenschaften bringt den Unternehmen Vorteile: Gemeinsam mit ihren Partnern bieten beispielsweise die SVGen (Straßenverkehrsgenossenschaften) eine große Dienstleistungsbreite:

- Einkaufsgemeinschaften
- Versicherungen für das Verkehrsgewerbe
- Personenversicherungen
- Finanzdienstleistungen
- Mautabrechnung europaweit
- Tank- und Servicekarten
- Autohöfe mit einem Angebot für Lkw-Fahrer und Zubehör rund um den Lkw
- Angebote in den Bereichen Arbeitssicherheit mit technischen Prüfungsdiensten
- Qualitätsmanagement und betriebswirtschaftliche Beratungen
- Seminare und Schulungen, beispielsweise im Bereich Gefahrgut

(Mehr Informationen zu Hintergründen und sonstigen Fakten: www.svg.de).

Subunternehmen

Als Subunternehmen bezeichnet man üblicherweise ein Unternehmen, das von einem oder mehreren anderen Unternehmen beauftragt worden ist. Im Güterverkehrsgewerbe findet man solche Konstellationen sehr häufig.

**Beschleunigte Grundqualifikation
Spezialwissen Lkw**

Am Beispiel der Sammelgutverkehre lässt sich das deutlich erklären: Eine große Spedition organisiert Sammelgutverkehre in alle Welt. Um nun die einzelnen Sendungen vor Ort abzuholen beziehungsweise zuzustellen, bedient sich die Spedition kleinerer Transportunternehmen, die diese Tätigkeit im Auftrag durchführen. Oftmals geschieht dies im Rahmen fester Verträge. Die Disposition der einzelnen Fahrzeuge wird hier nicht vom ausführenden Transportunternehmen durchgeführt, sondern von der Sammelgutspedition. Das Transportunternehmen kann somit auf eine eigene Dispositionsabteilung verzichten und Personalkosten sparen, weil es sich auf die reinen Transportaufgaben beschränkt. In vielen Fällen verzichten große Speditionen heute komplett auf einen eigenen Fuhrpark und lassen alle Transportaufgaben von Subunternehmen durchführen. Jeder Beteiligte kann sich somit voll auf sein Kerngeschäft konzentrieren.

Rolle der Verlader

Die größte Bedeutung im „Netzwerk Warenfluss" kommt sicherlich den Verladern zu. Sie bestimmen die zu transportierende Gütermenge und die Anforderungen an die einzelnen Transporte.
Mit „Verlader" ist in diesem Zusammenhang nicht die Person gemeint, die eine Verladetätigkeit durchführt, sondern der komplette Wirtschaftszweig der verladenden Industrie. Hierzu zählen zum Beispiel
- Die Automobilindustrie mit ihren Zulieferbetrieben
- Die Nahrungsmittelindustrie
- Chemische Betriebe
- Mineralölfirmen
- ... und alle anderen Auftraggeber von Transporten

Ziel der Verlader ist es, die benötigten Transporte schnell und günstig durchzuführen oder durchführen zu lassen. Oftmals führt dies zu zähen Preisverhandlungen mit Speditionen und Transportunternehmen, da die Verlader die Transporte natürlich als einen Teil ihrer Gesamtkalkulation betrachten müssen und hier möglichst feste und geringe Preise wünschen. Aufgrund der ständig schwankenden Kosten im Transportbereich (Kraftstoffpreise ändern sich, Mautkosten werden angepasst ...), versuchen die Güterkraftverkehrsunternehmen natürlich diese Kostenschwankungen an die Verlader weiter zu geben. Im immer härter werdenden Wettbewerb führt dies häufig zum Verlust von Aufträgen, da seitens der Verlader wenig Bereitschaft besteht, Kostensteigerungen zu akzeptieren und man sich eher nach anderen Transporteuren um-

Kenntnis des wirtschaftlichen Umfelds des Güterkraftverkehrs und der Marktordnung — 4.5

sieht. Eine Möglichkeit, eine Einigung in den Preisverhandlungen herbei zu führen, besteht darin, durch zusätzliche Dienstleistungen die Qualität der Kundenbetreuung zu erhöhen und somit die Kundenbindung zu sichern. Hebt sich ein Transporteur von der Masse ab, in dem er qualitativ höherwertig arbeitet oder ein optimales Angebot hinsichtlich der benötigten Dienstleistungen macht, so ist die Bereitschaft, höhere Preise zu zahlen, natürlich ebenfalls höher.

Transportneben- und Hilfstätigkeiten

> **Hintergrundwissen** → Eine genaue Unterscheidung zwischen Haupt-, Neben- und Hilfstätigkeiten kennt man in der Betriebswirtschaftslehre. Diese Unterscheidung ist nötig, um im kalkulatorischen Bereich verschiedene Kosten korrekt zuordnen zu können.
>
> Im Bereich des Gütertransportes müssen (wie in den meisten anderen Bereichen auch) Fixkosten von variablen Kosten unterschieden werden. Fixkosten sind alle Kosten, die auch anfallen, wenn der Lkw steht: Personal, Kfz-Steuer, Versicherungsbeiträge, Gebäudekosten, Fahrzeugleasingkosten oder Abschreibungskosten. Variable Kosten hingegen entstehen erst durch den direkten Fahrzeugeinsatz: Kraftstoff, Maut, Verschleißkosten...

Betrachten Sie einmal einen typischen Transportablauf:
Die Ware wird verpackt, gelagert, der Transportauftrag vermittelt, verladen, transportiert, entladen und die Verpackung entsorgt. Das Verpacken, Verladen und die eventuelle Vermittlung durch einen Frachtvermittler bezeichnet man als Transportnebentätigkeiten. Alle hier entstehenden Kosten können direkt dem einzelnen Transport zugeordnet werden und entstehen auch erst durch diesen.
Typische Transportnebentätigkeiten sind unter anderem:
- Einsatz eines Frachtvermittlers
- Einsatz von Verpackungsfirmen
- Gestellung von Kranfahrzeugen zur Verladung
- Begleitung von Schwertransporten
- Kommissionieren von Waren

Beschleunigte Grundqualifikation
Spezialwissen Lkw

- Bereitstellen von Abrechnungssystemen für Maut oder Kraftstoff (Toll Collect, DKV, UTA ...)

Aber damit der Transportunternehmer die Fahrt auch wirklich durchführen kann, sind zudem verschiedene Hilfstätigkeiten erforderlich, die allgemein anfallen und nicht im direkten Zusammenhang mit einzelnen Transportaufträgen stehen, wie beispielsweise:

- Fahrzeugwartung und -pflege
- Überprüfung des EG-Kontrollgerätes
- Austausch von abgefahrenen Reifen

Abbildung 239:
Lkw in der Waschstraße

Zu den Hilfstätigkeiten gehören aber auch:
- Ankauf
- Verkauf
- Marketing
- Buchführung
- Datenverarbeitung
- Instandhaltung (auch Gebäude)
- Reinigung (auch Gebäude)
- Sicherheitsleistungen (Bewachung, Schließgesellschaften ...)
- Gestellung eines Gefahrgutbeauftragten
- Aus-, Fort- und Weiterbildung des Personals
- EDV-Betreuung im Unternehmen

Unternehmen haben bei vielen Neben- und Hilfstätigkeiten die Wahl, diese entweder selbst auszuüben oder sie von spezialisierten Dienstleistern auf dem Markt durchführen zu lassen.

Kenntnis des wirtschaftlichen Umfelds des Güterkraftverkehrs und der Marktordnung

4.6

4.6 Unterschiedliche Spezialisierungen

▶ In diesem Kapitel sollen die Teilnehmer einen Überblick über die möglichen Spezialisierungen im Güterkraftverkehr erhalten und deren Gründe kennenlernen.

↻ Methode: „Mind-Map"-Methode in Gruppenarbeit, Diskussion

Vorbereitung: Moderationswand mit Kärtchen „Spezialisierungen" und den 4 Bereichen vorbereiten (farblich unterschiedlich)
Je ca. 10 Moderationskärtchen in den entsprechenden Farben für die einzelnen Gruppen
Bilden Sie wieder 4 Gruppen und bitten Sie diese, jeweils mögliche Vorschläge für Spezialisierungen zu folgenden Bereichen auf Moderationskärtchen zu schreiben (Eventuell ist es hilfreich, je eine Spezialisierungsmöglichkeit als Beispiel vorzugeben):
- Nach Logistikbereichen
- Nach Gütern
- Nach Fahrzeugarten
- Nach Aufgabenbereichen

Präsentieren Sie die Ergebnisse der Gruppenarbeit, in dem Sie die Gruppen ihre Kärtchen an die Moderationswand bei den einzelnen Bereichen aufhängen lassen.
Besprechen Sie anschließend in einer Diskussionsrunde die Ergebnisse unter dem Schwerpunkt der möglichen Gründe für solche Spezialisierungen.

🔧 Moderationswand mit Kärtchen in verschiedenen Farben

🕒 Ca. 45 Minuten insgesamt, davon:
- ca. 5 Minuten für die Erklärung der Aufgabe
- ca. 10 Minuten für die Gruppenarbeit
- ca. 30 Minuten für die Diskussionsrunde

💻 Dieses Thema wird in der Führerschein-Ausbildung und in den Weiterbildungsmedien nicht oder nur ansatzweise behandelt.

Beschleunigte Grundqualifikation
Spezialwissen Lkw

Abbildung 240:
Beispiel für eine fertige „Mind-Map" zum Thema „Spezialisierungen"

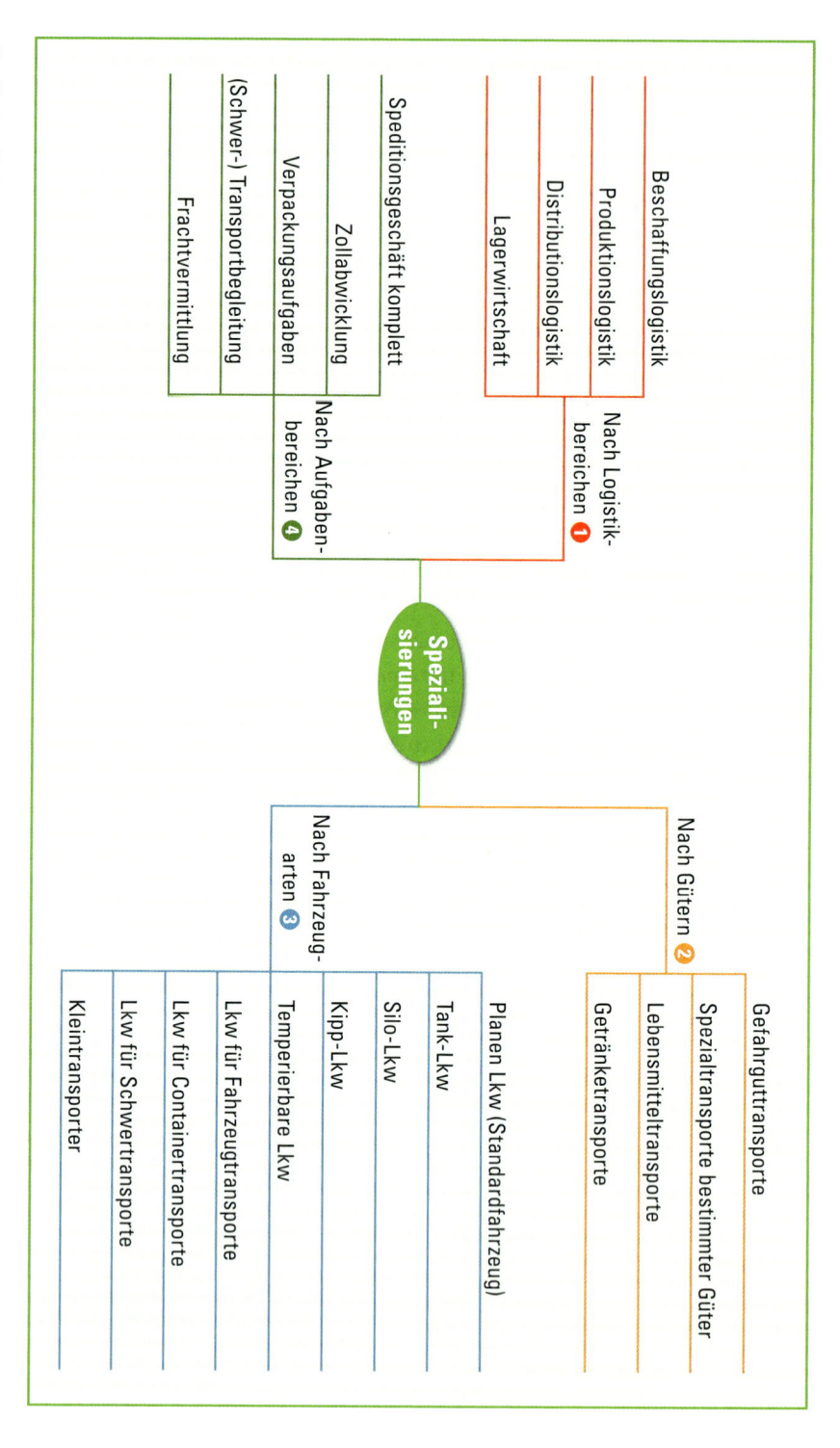

Spezialisierungen

Nach Logistikbereichen ❶
- Beschaffungslogistik
- Produktionslogistik
- Distributionslogistik
- Lagerwirtschaft

Nach Aufgabenbereichen ❹
- Speditionsgeschäft komplett
- Zollabwicklung
- Verpackungsaufgaben
- (Schwer-) Transportbegleitung
- Frachtvermittlung

Nach Gütern ❷
- Gefahrguttransporte
- Spezialtransporte bestimmter Güter
- Lebensmitteltransporte
- Getränketransporte

Nach Fahrzeugarten ❸
- Planen Lkw (Standardfahrzeug)
- Tank-Lkw
- Silo-Lkw
- Kipp-Lkw
- Temperierbare Lkw
- Lkw für Fahrzeugtransporte
- Lkw für Containertransporte
- Lkw für Schwertransporte
- Kleintransporter

Kenntnis des wirtschaftlichen Umfelds des Güterkraftverkehrs und der Marktordnung

4.6

Arten der Spezialisierungen

Spezialisierungen im Güterkraftverkehrsgewerbe sind auf verschiedenen Ebenen möglich. Auf der Ebene der Logistik sind dies unter anderem die

- Beschaffungslogistik
- Produktionslogistik
- Distributionslogistik
- Lagerwirtschaft
- Entsorgungslogistik

Aber auch im reinen Transportbereich gibt es viele Möglichkeiten, sich zu spezialisieren und Nischen zu finden, in denen man tätig werden kann. Unterscheiden kann man hier beispielsweise nach Fahrzeugarten folgende Formen:

- Stückgutverkehre (Standard-Lkw)
- Flüssigtransporte
- Silotransporte
- Schüttguttransporte
- Temperaturgeführte Transporte
- Fahrzeugtransporte
- Containertransporte
- Schwertransporte
- Kleintransporte

Beschleunigte Grundqualifikation
Spezialwissen Lkw

Spezialisierungen sind aber auch nach Besonderheiten der beförderten Güter möglich:
- Gefahrguttransporte
- Spezialtransporte bestimmter Güter
- Lebensmitteltransporte
- Getränketransporte
- Transporte mit Lade- und Entladehilfen (Mitnahmestapler, Hebebühne ...)

Natürlich sind es meistens Kombinationen der drei vorgestellten Arten, die am Markt angeboten werden. So kommt der Fisch beispielsweise mittels temperaturgeführter Lebensmitteltransporte im Bereich der Distributionslogistik in die Kühltheke des Supermarktes.

> Fragen Sie die Teilnehmer abschließend nach weiteren Spezialisierungsmöglichkeiten und ergänzen Sie die Antworten gegebenenfalls auf dem Flipchart.

AUFGABE/LÖSUNG

Nennen Sie 5 Formen der Spezialisierung im Transportgeschäft nach Art der transportierten Güter:

- Stückgutverkehre (Standard-Lkw)
- Flüssigtransporte
- Silotransporte
- Schüttguttransporte
- Temperaturgeführte Transporte
- Fahrzeugtransporte
- Containertransporte
- Schwertransporte
- Kleintransporte

Gründe für die Spezialisierungen

Nicht spezialisierte Klein- und Mittelständler werden es zunehmend schwerer haben, zu überleben (vgl. hierzu auch Kap. 4.7). Nur durch eine Anpassung an die jeweiligen Bedürfnisse der Verlader lassen sich langfristige Kundenbeziehungen aufbauen und aufrechterhalten.

Ständig steigende Qualitätsanforderungen und Überarbeitung von gesetzlichen Vorschriften erfordern immer höher qualifiziertes Personal.

Wenn sich ein Unternehmen als „Spezialist" präsentieren kann, gestaltet sich die Fort- und Weiterbildung der Mitarbeiter/innen einfacher und diese identifizieren sich stärker mit ihrem Unternehmen und den zu bewältigenden Aufgaben.

Sicherheitstechnische Bestimmungen – vor allem im Bereich der Ladungssicherung – können oftmals nur noch mit speziell ausgerüsteten Fahrzeugen eingehalten werden, was mit erheblichen Mehrkosten verbunden ist. Und nur solche Transporte, die eine Mehrausstattung gegenüber dem Standard unbedingt benötigen, rechtfertigen höhere Frachtkosten, die zur Finanzierung dieser Mehrkosten nötig sind.

Dies alles sind Gründe, warum sich Unternehmen auf bestimmte Bereiche spezialisieren. Sie entwickeln sich zu „Vollprofis" in ihren Bereichen und haben dadurch einen Wettbewerbsvorteil gegenüber den „Allroundern", die oftmals mangels Kenntnis der speziellen Besonderheiten Probleme beim Transport bekommen.

**Beschleunigte Grundqualifikation
Spezialwissen Lkw**

4.7 Weiterentwicklung der Branche

▶ Die Teilnehmer sollen einen Ausblick auf Weiterentwicklung und Zukunftsaussichten der Güterverkehrsbranche erhalten. Als Abschlusspräsentation dieses Kapitels ist es Ihre Aufgabe als Trainer, die Teilnehmer auf die positiven Entwicklungsmöglichkeiten in Berufen des Güterkraftverkehrs hinzuweisen. Die Teilnehmer sollen erkennen, dass Lkw-Fahren keine Hilfstätigkeit mehr ist, sondern hochqualifiziertes Personal die Transportaufgaben der Zukunft lösen wird.

↻ Methode: Präsentation/Vortrag

🕓 Ca. 35 Minuten

💻 Dieses Thema wird in der Führerschein-Ausbildung und in den Weiterbildungsmedien nicht oder nur ansatzweise behandelt.

Zukunftsaussichten

Wie bereits beschrieben, ist in den nächsten Jahren mit einem immensen Anstieg der Güterverkehrsleistungen (Menge der transportierten Güter im Verhältnis zur transportierten Strecke) zu rechnen. Dass dies keine nationale Entwicklung ist, zeigt sich schon in der Prognose der deutschlandweiten Verkehrsverflechtungen, die in Deutschland eine Umkehrung der Marktanteile von Binnenverkehr und grenzüberschreitendem Verkehr voraussagt (ITP – Intraplan Consult GmbH, München/ BVU – Beratergruppe Verkehr und Umwelt GmbH, Freiburg, aus 2007).

Man kann also von einer Steigerung des Güterverkehrsaufkommens (Menge der transportierten Güter *un*abhängig von der transportierten Strecke) ausgehen, gleichzeitig aber einen Trend zu einer Verlängerung der Transportwege und einer Internationalisierung des Transportwesens beobachten. Um das drohende Verkehrschaos zu vermeiden, sind Politik und Wirtschaft gefordert, Konzepte zu entwickeln, die eine optimale Ausnutzung der vorhandenen Kapazitäten ermöglichen und gleichzeitig eine Optimierung der Verkehrswege beinhalten. Um dies zu schaffen, hat die Bundesregierung im Jahre 2008 den „Masterplan Güterverkehr und Logistik" entwickelt, in dem verschiedene Lösungswege aufgezeigt werden, um den Logistikstandort Deutschland zu

4.7 Kenntnis des wirtschaftlichen Umfelds des Güterkraftverkehrs und der Marktordnung

stärken. Folgende Schwerpunkte werden in diesem Masterplan gesetzt:
- Verkehrswege optimal nutzen – Verkehr effizient gestalten
- Verkehr vermeiden – Mobilität sichern
- Mehr Verkehr auf Schiene und Binnenwasserstraße
- Verstärkter Ausbau von Verkehrsachsen und -knoten
- Umwelt- und klimafreundlicher, leiserer und sicherer Verkehr
- Gute Arbeit und gute Ausbildung im Transportgewerbe
- Weitere Maßnahmen zur Stärkung des Logistikstandortes Deutschland

Hinzu kommt die demografische Entwicklung, die eine Weiterentwicklung des Transport- und Logistiksektors erschwert. Bis zum Jahr 2050 wird von einem Bevölkerungsrückgang von derzeit 82,5 Mio. auf 74 Mio. Einwohner in Deutschland ausgegangen. Gleichzeitig erhöht sich der Anteil der älteren Menschen und die Anzahl der Personen „im arbeitsfähigen Alter" verringert sich (Quelle: Statistisches Bundesamt, 11. koordinierte Bevölkerungsvorausberechnung).

Die momentan bereits bestehenden Probleme, qualifiziertes Personal im Transport- und Logistikbereich zu finden, werden sich somit drastisch verschärfen. Steigende Qualitätsanforderungen, moderne Technik, „Einzug der EDV ins Fahrerhaus" und zunehmende Spezialisie-

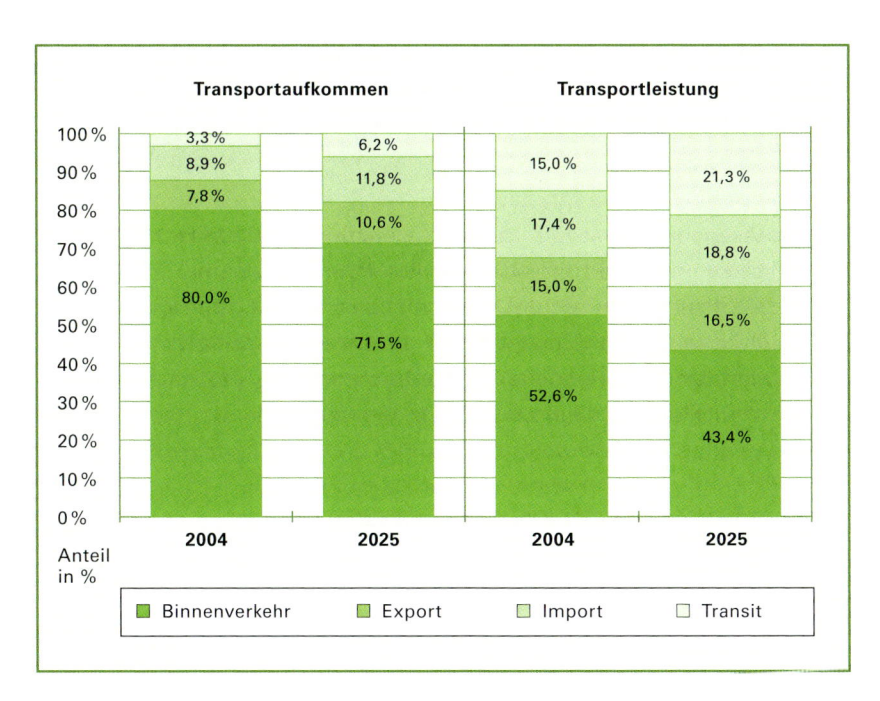

Abbildung 241: Entwicklung der Marktanteile der Hauptverkehrsbeziehungen an Transportaufkommen und -leistung Quelle: ITP BVU, Prognose der deutschlandweiten Verkehrsverflechtungen 2025, FE-Nr. 96.0857/2005, München/Freiburg, 14.11.2007

Beschleunigte Grundqualifikation
Spezialwissen Lkw

Abbildung 242:
Beispiel für Spezialisierungen: Schwertransporte
Quelle: Gerd Altmann (geralt)/ pixelio.de

rungen erfordern hervorragend ausgebildetes Personal und höchste Zuverlässigkeit. Eine stetige Aus- und Weiterbildung des vorhandenen Personals ist eine weitere Herausforderung für die Arbeitgeber. Ebenso ist es eine Chance für Arbeitnehmer und Arbeitsuchende, durch zusätzliche und stetige Weiterqualifikation etwas für den Erhalt des Arbeitsplatzes oder die Stellensuche zu tun.

Der Wandel vom „Fuhrunternehmer" zum spezialisierten Dienstleister hat bereits begonnen und ist wohl auch nicht mehr aufzuhalten.

Leistungsangebot

Der Wandel in Europa von der Produktionsgesellschaft zur Dienstleistungsgesellschaft zeigt sich auch im Transport- und Logistiksektor.

Waren vor einigen Jahren noch Transport und Lagerung die wesentlichen Tätigkeitsfelder, so nehmen zusätzliche und neu hinzugekommene Dienstleistungen einen immer höheren Stellenwert ein. Gerade im Bereich der elektronischen Datenübermittlung lässt sich eine rasante Entwicklung in vielen Bereichen beobachten:

- Verkehrsleitsysteme
- Sendungserkennung
- Sendungsverfolgung
- Routenplanung
- Standortbestimmung von Fahrzeugen
- Datenübermittlung von Fahrzeugeinsatzdaten (Geschwindigkeit, Drehzahl, Fahrstil ...)

Kenntnis des wirtschaftlichen Umfelds des Güterkraftverkehrs und der Marktordnung

4.7

Logistik, Dienstleistungen

Dies alles verknüpft mit dem Dienstleistungsgedanken führt dazu, dass der verladenden Wirtschaft immer mehr Teil- und Zusatzleistungen angeboten werden und dafür entsprechende spezialisierte Betriebe zur Verfügung stehen. Möchte ein Unternehmen heute eine neue Produktionsstätte errichten, so kann es auf verlässliche Partner zählen, die alles selbständig in die Hand nehmen, was nicht den unmittelbaren Produktionsprozess betrifft:

- Beschaffung aller Materialien, die zur Produktion nötig sind
- Termingerechte Lieferung bis „auf's Fließband"
- Übernahme des Fertigproduktes „am Ende des Fließbandes"
- Weltweite Zustellung mit allen Verkehrsträgern und Abwicklung aller Formalitäten unter ständiger Sendungsüberwachung und Nachverfolgung

Die Entwicklung der Branche zeigt zwei deutliche Trends:

- „Full-Service-Dienstleister", die ihr Spektrum ständig erweitern und den Auftraggebern immer mehr Dienstleistungen bieten, um damit eine möglichst lange und beide Seiten zufriedenstellende Zusammenarbeit zu erreichen.
- Spezialisten, die ihre Nische zu 100 % kennen und hochqualitative Arbeit abliefern.

Der Spediteur entwickelt sich immer mehr vom „Handwerker" zum „Berater und Planer". Die Hauptaufgabe der Logistikunternehmen besteht in Zukunft im „Supply Chain Management" – der Optimierung der Lieferkette. Um dies zu erreichen, wird der „Modal Split" – also die Verteilung der Güter auf mehrere Verkehrsträger – immer größere Bedeutung bekommen.

Ausgliederung von Transportunternehmen

Aufgrund dieser Veränderungen im Speditionsgeschäft ist eine zunehmende Auslagerung des reinen Transportsektors zu beobachten. Aus „Spedition Müller" werden die Bereiche „Müller Logistik" und „Müller Transporte" als jeweils eigene Gesellschaften. Dies ermöglicht dem Logistikbereich, finanziell unabhängig vom realen Transportvolumen zu agieren und beispielsweise durch den Gang an die Börse zusätzliche finanzielle Ressourcen zu schaffen, um größere Projekte in Angriff zu nehmen.

**Beschleunigte Grundqualifikation
Spezialwissen Lkw**

Vergabe von Transportleistungen
Oftmals werden die eigenen Transportbereiche auch völlig abgeschafft und die Transportleistungen zu hundert Prozent an Subunternehmer vergeben, von denen dann für das jeweilige Einsatzgebiet entsprechende Spezialisierungen erwartet werden.

Sendungserkennung und Sendungsverfolgung

Um all diese logistischen Herausforderungen meistern zu können, ist es unerlässlich, jederzeit den Transportweg einer Ware nachverfolgen zu können. Computergestützte Systeme können teilweise bis auf wenige Meter genau den Standort eines Fahrzeugs bestimmen und jeden Warenumschlag detailliert dokumentieren. Somit ist immer nachzuvollziehen, wo sich die zu transportierenden Güter befinden und man kann verlässliche Angaben über Lieferzeitpunkte machen.

Kombinationen aus Telematiksystemen, die eine elektronische Datenübermittlung zwischen Disposition und Fahrzeug ermöglichen, und Systeme zur Sendungserkennung machen dies möglich. Man spricht hier von „Tracking" und „Tracing" oder von „Track & Trace". Bereits beim Versender werden die einzelnen Packstücke mit einer Kennung versehen, die bei der Abholung, bei jedem Umladen und bei der Auslieferung eingelesen wird. Dies kann mittels Barcode oder RFID-Technologie (Radio Frequency Identification) geschehen.

Abbildung 243:
Mehrseitenscanner
Quelle: Deutsche Post AG

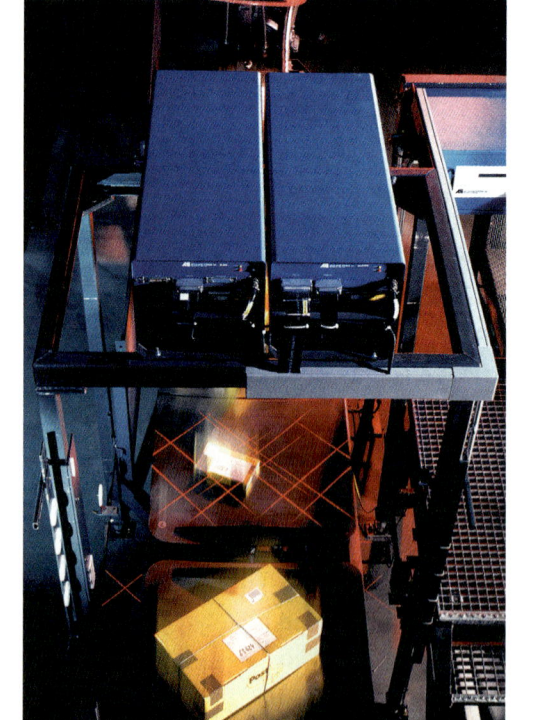

Barcode
An der Ware werden Strichcodes angebracht, die genaue Informationen über die einzelnen Packstücke enthalten. Diese sind verwechslungssicher und einmalig. Somit kann ein Strichcode eindeutig einem einzelnen Packstück zugeordnet werden. Diese Barcodes werden von Scannern eingelesen und die Informationen können elektronisch weiterverwertet werden. Jedoch muss jedes Packstück einzeln optisch erfasst werden. Dies geschieht mit Handscannern oder automatischen Mehrseitenscannern innerhalb automatisierter Sortieranlagen.

Kenntnis des wirtschaftlichen Umfelds des Güterkraftverkehrs und der Marktordnung

4.7

RFID

Die gleiche Aufgabe erfüllen auch RFID-Chips. RFID bedeutet „Radiofrequenztechnik zu Identifikationszwecken" (Radio Frequency Identification). Die Informationen werden nun nicht mehr auf ein Etikett gedruckt, sondern elektronisch auf einen Transponderchip („Smart Tag") gespeichert, welcher direkt an der Ware angebracht wird. Im Unterschied zum Barcode geschieht hier das Einlesen der gespeicherten Informationen nicht optisch, sondern mittels Funktechnologie und funktioniert über größere Entfernungen. Dies ermöglicht das gleichzeitige Auslesen mehrerer Einheiten, ohne dass diese optisch erfasst werden müssen.

Ein weiterer Vorteil liegt darin, dass mit diesen Transponderchips auch die Diebstahlgefahr eingedämmt wird, da entsprechende Überwachungsanlagen überall montiert werden können. Im täglichen Alltag finden diese Systeme bereits in Warenhäusern Anwendung: Sie kennen sicherlich alle die „Schranken" am Ausgang von größeren Geschäften, die auf solche RFID-Chips reagieren und lautstark verkünden, wenn jemand das Geschäft verlassen möchte, der „vergessen" hat, die Ware zu bezahlen.

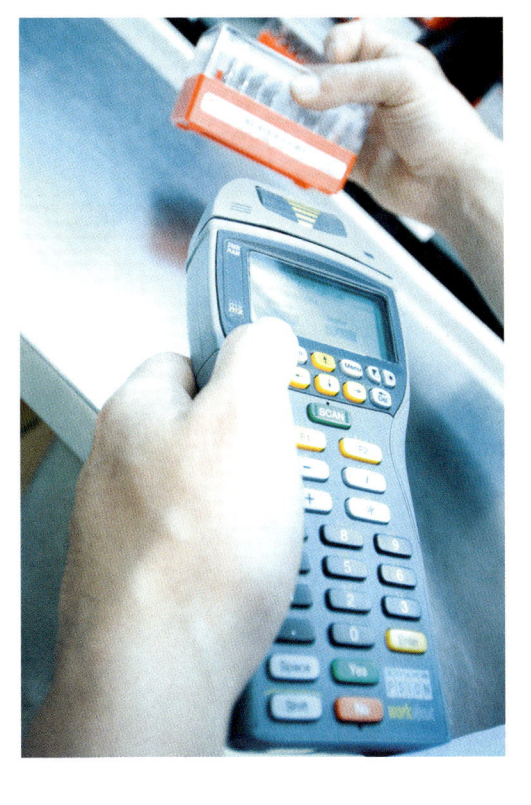

Abbildung 244:
RFID-Handscanner
Quelle: GRIESHABER Logistik AG

> ⊕ **Hintergrundwissen** → Einzelne Großmärkte setzen die RFID-Technologie auch beim Kassiervorgang ein. Die Waren müssen nicht mehr einzeln auf das Band gelegt werden, sondern es genügt, den Einkaufswagen durch eine Schleuse zu schieben, da auch innen liegende Artikel mittels der Funktechnologie erkannt werden. Weiterhin werden solche „Smart Tags" auch bei Haustieren eingesetzt, denen ein Chip implantiert wird, der eine einmalige Identifikationsnummer besitzt. Somit können entlaufene Haustiere ihren Besitzern zugeordnet werden.

Beschleunigte Grundqualifikation
Spezialwissen Lkw

Im Güterverkehrsbereich findet diese Technologie mehr und mehr Anwendung, um den Warenfluss zu beschleunigen und Umschlagszeiten zu verringern sowie zur Sendungsverfolgung und Eindämmung von Diebstählen.

AUFGABE/LÖSUNG

Was unterscheidet eine Warenkennzeichnung mittels Barcode von einer Kennzeichnung mittels RFID?

Beim Barcode werden die Informationen auf ein Etikett gedruckt und optisch eingelesen.
Bei der RFID-Technologie werden die Informationen auf einen Transponderchip gespeichert und mittels Funktechnologie elektronisch eingelesen.

5 Fahrpraktische Stunden

▶ Die Teilnehmer sollen das Fahrzeug in verschiedenen Alltagssituationen beherrschen können.

↪ Wie Sie die praktischen Stunden in den Ablauf der beschleunigten Grundqualifikation integrieren, bleibt Ihrer individuellen Planung überlassen. Laut § 2 Absatz 3 der BKrFQV können von den zehn vorgeschriebenen fahrpraktischen Stunden „bis zu vier auch auf Übungen auf einem besonderen Gelände im Rahmen eines Fahrertrainings oder in einem leistungsfähigen Simulator entfallen." Mindestens sechs Stunden müssen also Fahrten im Realverkehr umfassen. Nachfolgend finden Sie einen Fundus an möglichen Übungen für das Fahrertraining sowie Anregungen für die Fahrten im Realverkehr.

🕒 Ca. 60 Minuten je Teilnehmer und Übung
(Jeder Teilnehmer muss im Rahmen der beschleunigten Grundqualifikation 10 praktische Stunden absolvieren.)

👥 Ein Teilnehmer pro Trainer und Fahrzeug, ggf. können die Teilnehmer zu Lernzwecken bei den Übungen der anderen Teilnehmer zusehen bzw. mitfahren.

🔧 – Lkw (Der Lkw muss den Kriterien für Prüfungsfahrzeuge der Nummern 2.2.6 bis 2.2.9 der Anlage 7 der Fahrerlaubnisverordnung entsprechen. Er muss außerdem den Anforderungen der Nummer 2.2.16 der Anlage 7 der Fahrerlaubnisverordnung entsprechen, wenn der Teilnehmer die Fahrerlaubnis der Klasse C/CE bzw. C1/C1E noch nicht besitzt).
– Ggf. Betriebshof oder abgesperrtes Gelände.
– Ggf. Pylone, Latten/Ketten, gepolsterte Fässer, Maßband, Notfallausrüstung des Lkw, Werkzeug für Reifenwechsel, Schneeketten, Verbrauchsmessgerät, Kreide.

Beschleunigte Grundqualifikation
Spezialwissen Lkw

Erwerb von Führerschein und beschleunigter Grundqualifikation

Beim Erwerb einer gültigen Fahrerlaubnis inklusive der Genehmigung für den gewerblichen Einsatz der Klassen C/CE und C1/C1E stehen dem angehenden Lkw-Fahrer mehrere Wege offen:

1. Er absolviert seine regulären Fahrstunden und nach bestandener Führerscheinprüfung beginnt er mit der beschleunigten Grundqualifikation. Der Nachteil bei dieser Vorgehensweise ist, dass zweimal ein Führerschein beantragt werden muss und somit doppelte Kosten auf ihn zukommen.
2. Der angehende Lkw-Fahrer beginnt mit der beschleunigten Grundqualifikation. Nach Absolvierung aller Unterrichtseinheiten wird ein Prüfungstermin bei der IHK beantragt. In der Zeit bis zur IHK-Prüfung kann mit der Führerscheinausbildung begonnen oder sie kann gegebenenfalls abgeschlossen werden. Der Führerschein wird erst nach bestandener IHK-Prüfung beantragt und enthält die Schlüsselnummer 95.
3. Die letzte Variante besteht aus beschleunigter Grundqualifikation als erstem Teil und dann folgt nach bestandener IHK-Prüfung als Abschluss die Führerscheinausbildung.

Nach welcher Variante ausgebildet wird, entscheiden Kunde und Ausbildungsstätte. Hierbei ist zu beachten, dass diese Entscheidung auch Einfluss auf die Inhalte der fahrpraktischen Stunden während der beschleunigten Grundqualifikation hat, welche keinesfalls mit der Fahrausbildung nach FEV verwechselt bzw. verknüpft werden dürfen.
Beim zweiten und dritten Weg besitzen die angehenden Kraftfahrer noch keinerlei Erfahrung im praktischen Umgang mit dem Lkw. Dadurch können zwangsläufig auch keine anspruchsvollen Übungen durchgeführt werden. Die zehn praktischen Stunden können sich somit nur auf Grundübungen und Aufgaben aus dem Fahrschulbereich im verkehrsberuhigten Raum beschränken.

Besitzt der angehende Lkw-Fahrer schon eine gültige Fahrerlaubnis, können deutlich anspruchsvollere Fahraufgaben geübt werden. Dabei können die zu absolvierenden Stunden in Blöcke geteilt werden. Einen Block kann man als Fahrsicherheitstraining anbieten, wobei der Trai-

Fahrpraktische Stunden

ner, der die Übungen durchführt, eine Ausbildung als Fahrsicherheitstrainer haben sollte. Der Fahrtrainer sollte perfekt beherrschen, wie ein Training methodisch-didaktisch aufzubauen ist, welche Dynamik zu erwarten ist und welche Übungen überhaupt durchführbar sind. Fahrdynamische Manöver brauchen den nötigen Platz, um die Fahrzeuge auf entsprechende Geschwindigkeiten zu beschleunigen, Fahrbahnen mit verschiedenen Reibwerten, Sicherheitszonen, um bei möglichen Fehlreaktionen niemanden zu gefährden, sowie moderne Fahrzeuge mit Vollkaskoversicherung. Dabei muss sich jeder Fahrzeughalter im Klaren sein, dass Fahrzeuge, die beim Sicherheitstraining eingesetzt werden, einem gewissen Verschleiß unterliegen.

Auf den folgenden Seiten finden Sie Übungsvorschläge mit Angabe der Zielgruppe (Anfänger – Fortgeschrittene).

**Beschleunigte Grundqualifikation
Spezialwissen Lkw**

Übungen auf abgesperrtem Gelände

Gesamtdauer ca. 4 Stunden

1. Slalom in mehreren Varianten

Zielgruppe
Mit Solo-Lkw für Anfänger geeignet.
Mit Lastzügen für Fortgeschrittene geeignet.

Aufbau
Auf einer möglichst langen Strecke sind in gleichmäßigem Abstand mehrere Leitkegel in gerader Linie aufzustellen. Der Abstand der Kegel ist hierbei abhängig von der Länge des eingesetzten Lkw/Lastzuges. Als Anhaltspunkt können Sie die eineinhalbfache Fahrzeuglänge zu Grunde legen.

Abbildung 245:
Aufbau der Slalomstrecke

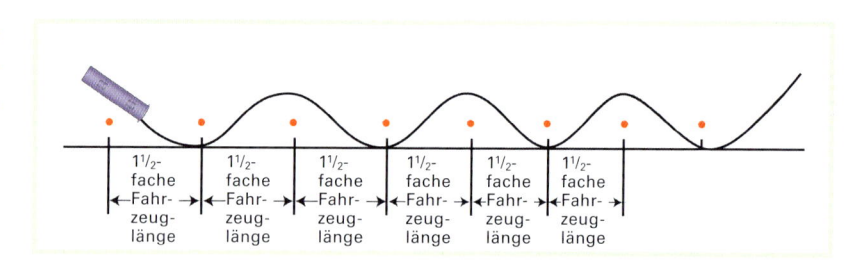

Slalom vorwärts

Grundsätzliches Lernziel
Der Fahrer soll seine Blicktechnik, Lenkradführung und somit seine Fahrtechnik verbessern. Er soll seine Sitzposition und Spiegeleinstellung überprüfen und gegebenenfalls korrigieren.

Bewusstmachung
Der Fahrer bekommt bei jeder Durchfahrt durch die Slalomstrecke verschiedenen Beobachtungsaufgaben:
- Wie orientiert er sich im Slalom?
- Wie lenkt er durch den Slalom?
- Wie sitzt er dabei auf dem Fahrersitz?

Fahrpraktische Stunden

Hinweise
Nachfolgende Punkte sollten Sie mit den Fahrern erarbeiten:
- Den Blick möglichst weit nach vorne richten, um mehrere Leitkegel gleichzeitig übersehen zu können (peripheres Sehen). Gleichzeitig die Hinterachse (den Anhänger, den Auflieger) durch die Spiegel beobachten und den toten Winkel erkennen bzw. den Kurveneinlauf von Anhänger oder Auflieger beobachten.
- Die Lenkradführung erfolgt grundsätzlich mit beiden Händen am Lenkrad. So wenig wie möglich und nur so viel wie nötig lenken, um den Kurvenradius innerhalb der Leitkegel gering zu halten.
- Eine Sitzposition finden, die beim Lenken mit Querbeschleunigung optimalen Halt bietet.

Steigerungsmöglichkeit für Fortgeschrittene mit „Aha-Effekt"

Zwischen den Richtungswechseln wird der Fahrer nun zum Schalten aufgefordert (im Wechsel hoch-/runterschalten). Hierbei ist darauf zu achten, dass die eigentlichen Lenkvorgänge wieder mit beiden Händen am Lenkrad und im komplett eingekuppelten Zustand stattfinden.

Erweitertes Lernziel

Diese Übung eignet sich hervorragend dazu, den Teilnehmern die Notwendigkeit einer korrekten Sitzeinstellung zu vermitteln, da sie nur sehr schwer zu bewältigen ist. Erfahrungsgemäß wird bereits beim zweiten oder dritten Leitkegel versucht werden, gleichzeitig zu lenken, zu kuppeln und zu schalten. Spätestens dann wird das Lenkrad zum „Halterad" und bei einer falschen Sitzeinstellung wird der Fahrer das Lenken einstellen, da er das Lenkrad brauchen wird, um sich selbst festzuhalten.

Slalom rückwärts

Zum Schluss kann dieser Slalom auch rückwärts gefahren werden. Hierbei sollten Sie sich auf Übungen mit Solo-Fahrzeugen beschränken.

Lernziel

Die Teilnehmer sollen die richtige Blicktechnik einüben. Die passende Kombination von Rundumblick und Konzentration auf Fixpunkte soll geübt werden.

Beschleunigte Grundqualifikation
Spezialwissen Lkw

Hinweise
Folgende Schwerpunkte sollten Sie bei der Anleitung setzen:
- Hauptkonzentration bei der Spiegelbeobachtung sollte auf dem kurveninneren Leitkegel liegen. Sobald die Hinterachse diesen erreicht hat, sollte mit dem Gegenlenken begonnen werden. Achten Sie hierbei auf eine optimale Raumausnutzung: möglichst knapp am Leitkegel vorbei und möglichst flacher Winkel (= Kurvenradius).
- Bei aller Konzentration auf diesen Leitkegel immer wieder auf den Rundumblick hinweisen und verdeutlichen, wie viel Platz für das „Ausschwenken" des Führerhauses gebraucht wird.

Mögliche Steigerung
Verringern Sie stufenweise den Abstand der Leitkegel zunächst auf die einfache Fahrzeuglänge bis hin zu „Leitkegelabstand = Achsabstand/Radstand".

Hinweise
Hier liegt der Schwerpunkt beim zusätzlichen Einbau von Anfahr- und Rampenspiegeln in die Spiegelbeobachtung, da neben den hinteren Leitkegeln nun auch die jeweils vorderen dem Führerhaus bedenklich nahe kommen werden.

2. Engstelle

Zielgruppe
Für Anfänger geeignet.

Aufbau
15 Meter vor dem Lkw mit zwei gepolsterten Fässern eine Engstelle schaffen.

Lernziel
Der Fahrer soll erkennen, welche Dimensionen ein Lkw besitzt und welche Gefahren von falsch eingeschätzten Engstellen ausgehen. Das räumliche Vorstellungsvermögen soll geschult werden.

Aufgabe
Der Lkw soll ohne Berührung durch die Engstelle gefahren werden. Es sind zwei Spielarten möglich:

- Der Trainer gibt die Durchfahrtsbreite vor und der Teilnehmer muss entscheiden, ob es reicht oder nicht.
- Der Teilnehmer lässt aus dem Führerhaus die Fässer durch Handzeichen auseinander rücken. Das Ziel sollte es sein, die Engstelle so eng wie möglich zu halten.
Tipp: Diese Variante bietet sich an, wenn mehrere Teilnehmer zusammen sind. Machen Sie einen Wettkampf daraus und erhöhen Sie damit den „Spaßfaktor" der Ausbildung.

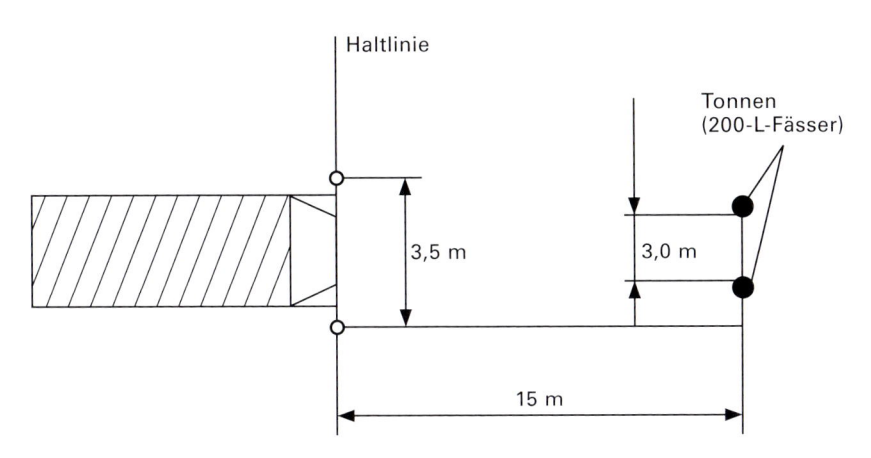

Abbildung 246: Aufbau der Engstellenstrecke

3. Kurvenfahrt rückwärts mit Lastzug

Zielgruppe
Für Fortgeschrittene geeignet.

Lernziel
Der Fahrer soll das gleichmäßige Durchfahren einer Kurve im Rückwärtsgang mit Fahrzeugkombinationen (Glieder- oder Sattelzug) erlernen. Er soll ein Gefühl dafür bekommen, wie ein gleichmäßiger Knickwinkel der Kombination beibehalten wird.

Aufgabe
Rückwärtsfahrt durch eine lang gezogene Kurve.

Hinweise
- Die Ausgangs- und Endposition sollen parallel zur Gesamtübung sein – nicht bereits in Kurvenrichtung (siehe Pfeil bei Beginn und Ende).

Beschleunigte Grundqualifikation
Spezialwissen Lkw

– Die Seitenmarkierungen können durch Seile oder Latten als Bordsteinkantenersatz markiert werden und dürfen nicht überfahren werden.

Abbildung 247:
Aufbau der Strecke für Kurvenfahrt rückwärts

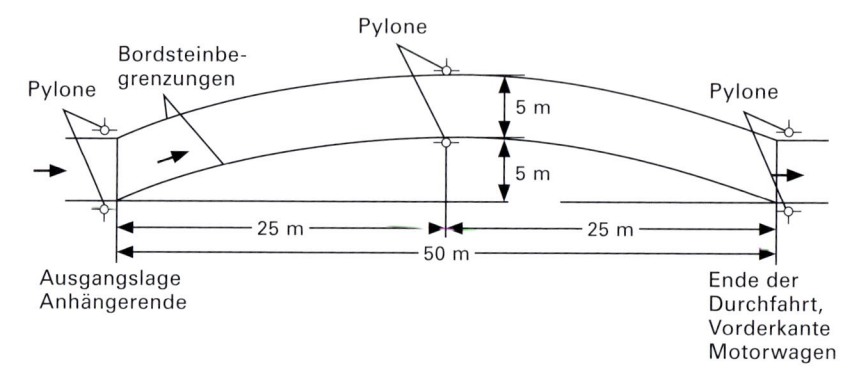

Vereinfachte Variante
Aufbau von 3 zu durchfahrenden Toren mit den Abständen analog der Übung (Einfahrt, Mittelposition und Ausfahrt)

4. Notbremsung aus 30 km/h mit und ohne Bremsbereitschaft

Zielgruppe
Für Anfänger bedingt geeignet.
Für Fortgeschrittene geeignet.

Lernziel
Durchführung einer Vollbremsung bei einer unvermeidlichen Gefahrensituation. Der angehende Fahrer soll lernen, durch rechtzeitige Bremsbereitschaft den Anhalteweg zu verkürzen.

Aufgabe
Vollbremsung aus 30 km/h mit Bremsschlag.
Vollbremsung aus 30 km/h mit Bremsbereitschaft.
Alle Bremsungen beginnen am gleichen Punkt oder auf ein Zeichen des Trainers und werden anschließend mit Pylonen gekennzeichnet.

Fahrpraktische Stunden

Hinweise
Folgende Punkte sollten Sie mit den Fahrern erarbeiten:
- Die Bremse muss kräftig betätigt werden, um den kürzest möglichen Bremsweg zu erzielen. Weisen Sie auf den mechanischen Unterschied zwischen einer Druckluftbremse (Ventil) und einer hydraulischen Bremse (Druckpunkt) hin: Bei der Druckluftbremse erreicht man eine Vollbremsung nur durch komplettes Durchtreten des Bremspedals bis zum Boden!
- Die Fahrer sollen erkennen, wie viel Zeit bei einer Gefahrenbremsung mit Bremsschlag durch Umsetzen des Fußes vom Fahrpedal auf das Bremspedal vergeht.
- Die Teilnehmer sollen die Vorteile der Bremsbereitschaft auf dem Anhalteweg erkennen.

5. Ausfall der Betriebsbremse

Zielgruppe
Für Anfänger bedingt geeignet.
Für Fortgeschrittene geeignet.

Lernziel
Der Fahrer soll das Fahrzeug bei jeder Geschwindigkeit sicher und gezielt zum Stillstand bringen können. Durch gefühlvolles Betätigen der Feststellbremse kann der Lkw auch bei Ausfall der Betriebsbremse gestoppt werden.

Aufgabe
Kontrolliertes Abbremsen des Lkw aus 30 km/h mit Hilfe des Federspeichers.

Hinweise
- Der Federspeicherhebel darf nicht schlagartig durchgezogen werden, um ein Blockieren der Hinterräder zu vermeiden.
- Erkennen der Grenze dieses Manövers bei Glätte.
- Ein Fahrzeug mit Bremsdefekten darf nicht weiter im Straßenverkehr betrieben werden.

6. Diverse Rangierübungen

Zielgruppe
Mit Solofahrzeugen für Anfänger geeignet.
Mit Lastzügen auch für Fortgeschrittene geeignet.

Lernziel
Der Fahrer soll bei Rangiertätigkeiten den Lkw sicher und gefahrlos bewegen können. Einschätzen des Platzbedarfs beim Rangieren.

Aufgaben
- Befahren einer Arbeitsgrube: vorwärts, rückwärts, solo und mit Lastzügen.
- Rückwärts einparken längs.
- Rückwärts einparken quer.
- Rückwärts Links- und Rechtsbogen fahren.
- Anfahren an eine Rampe – rückwärts und längs parallel.

Hinweis
Nachfolgende Punkte sollten Sie mit den Fahrern erarbeiten:
- Richtige Spiegeleinstellung.
- Die Problematik der schwierigen Einschätzung der Entfernungen im Außenspiegel.
- Bei Lastzügen: Die Problematik der schwierig einzuschätzenden Knickwinkel der Fahrzeugkombination.
- Unterschiede der Sichtweise durch Spiegelbeobachtung und direkten Blick durch das Fenster nach hinten.
- Richtiger Umgang mit Einweiser/Sicherungsposten und sinnvolle Absprachen.

7. Pannensimulation

Zielgruppe
Für Anfänger geeignet.

Lernziel
Der Fahrer soll die nötigen Schritte einer Absicherung des Fahrzeugs im öffentlichen Verkehrsraum kennenlernen. Er soll dafür sensibilisiert werden, alles für seine eigene Sicherheit und die Sicherheit der anderen Verkehrsteilnehmer zu tun. Die Notwendigkeit einer korrekten Ab-

Fahrpraktische Stunden

fahrtskontrolle, um alle Sicherungsmittel schnell zu finden, soll erkannt werden.

Aufgabe
Korrekte Absicherung des Lkw mit allen Bordmitteln praktisch durchführen. Mögliche (simulierte) Orte können Autobahn, Landstraße oder Tunnel sein.

Hinweise
- Einhaltung der korrekten Abstände der eingesetzten Sicherungsmittel.
- Besondere Verhaltensweisen bei Pannen mit Gefahrgut.

8. Radwechsel und Schneeketten

Zielgruppe
Für Anfänger geeignet.

Lernziel
Erlernen der nötigen Schritte beim Radwechsel oder der Schneekettenmontage.

Aufgabe
Hier ist Praxis gefragt: nicht reden, sondern tun! Jede Situation, wie hier eine Reifenpanne oder die Montage von Schneeketten, verliert deutlich ihren Schrecken, wenn man sie schon einmal bewältigt hat.

Hinweis
Folgende Punkte sollten Sie mit den angehenden Fahrern bearbeiten:
- Was ist zu tun, bevor mit dem Radwechsel/der Schneekettenmontage begonnen werden kann? (Absicherung des Fahrzeugs).
- Was sagt die Betriebsanleitung des Fahrzeugs zu besonderen Voraussetzungen?
- Wo wird der Wagenheber angesetzt?
- Wo findet man die passenden Werkzeuge, wo ist das Reserverad?
- Wie ist der Radwechsel/die Schneekettenmontage durchzuführen?

**Beschleunigte Grundqualifikation
Spezialwissen Lkw**

9. Abstellen eines Anhängers/Aufliegers im öffentlichen Verkehrsraum – Verbinden und Trennen

Zielgruppe
Für Fortgeschrittene mit Anhänger-/Sattelzugerfahrung geeignet.

Lernziel
Die Teilnehmer sollen dafür sensibilisiert werden, dass auch vermeintlich einfache oder anspruchslose Aufgaben durchaus durchdacht sein müssen. Dabei sollte man, um mittel- oder langfristige Probleme zu vermeiden, nicht nur kurzfristig denken. Die korrekte Stellplatzwahl, die Absicherung und die Art der Aufstellung des Fahrzeugs sollen verinnerlicht werden.

Aufgabe
Selbständige Wahl einer geeigneten Abstellmöglichkeit für einen Anhänger oder Auflieger am Fahrbahnrand oder auf Parkstreifen im öffentlichen Verkehrsraum und anschließendes korrektes Abstellen.
Wiederankuppeln des Anhängers/Aufliegers. Zusätzliche Simulation: Gleiche Aufgabe, mit der Schwierigkeit, dass der Anhänger/Auflieger eingeparkt wurde und nicht längs gerade zum Anhängen/Aufsatteln mit dem Zugfahrzeug herangefahren werden kann.

Hinweise
Folgende Punkte sollten mit den angehenden Fahrern besprochen und trainiert werden:
- Sinnvolle Stellplatzwahl im Hinblick auf die Verkehrssicherheit (Verkehrsbehinderung, verbleibende Fahrbahnbreite, Sichtbehinderung für andere Verkehrsteilnehmer, Steigung, Gefälle...)
- Sinnvolle Stellplatzwahl im Hinblick auf späteres Abholen des Anhängers/Aufliegers (Wie groß ist die Gefahr, dass der Anhänger/Auflieger eingeparkt wird und ein späteres Abholen somit erschwert/unmöglich gemacht wird?)
- Was kann der Fahrer tun, um zu vermeiden, dass sein Anhänger/Auflieger eingeparkt wird? Wie kann er Schwierigkeiten bei der Wiederaufnahme des Anhängers/Aufliegers vermeiden (bei Anhängern mit Drehschemellenkung min. 20 cm Abstand zum Bordstein, damit ein manuelles Verdrehen der Vorderachse möglich ist, ohne dass ein ausscherendes Rad dies durch Bordsteinkontakt verhindert und so ein Ankuppeln unmöglich macht).

Fahrpraktische Stunden

- Worauf ist zu achten, wenn ein Sattelauflieger nicht „längs" aufgesattelt werden kann? (mehrfaches Aussteigen und Kontrollieren, ob der Königszapfen „getroffen wird").
- Besonderes Augenmerk auf die Stellplatzwahl bei Starrdeichselanhängern: Diese können (falls vor der Starrdeichsel zugeparkt) fast nicht mehr angekuppelt werden – hier ist genügend Platz vor dem Anhänger unbedingt erforderlich.
- Korrektes Verbinden und Trennen mit kompletter Absicherung von Fahrzeug und Fahrer (Unterlegkeile, Feststellbremse, Parkwarntafel, Warnweste …).

10. Auf- und Abbrücken

Zielgruppe
Für Anfänger bedingt geeignet (solo).
Für Fortgeschrittene geeignet.

Falls Ihnen ein Fahrzeug mit Wechselbrücken zur Verfügung steht, so kann auch der Umgang mit diesen Systemen während der fahrpraktischen Stunden geübt werden.

Lernziel
Die Fahrer sollen erkennen, wie wichtig ein ordnungsgemäßes Abstellen der Wechselbehälter für Sicherheit und spätere Aufnahme des Behälters ist. Sie sollen mit der Bedienung der Stützen, Sicherungen und Verschlüsse der Systeme vertraut sein.

Aufgabe
Selbständiges Auf- und Abbrücken von Wechselbehältern. Je nach Vorerfahrung nur mit Solofahrzeug oder auch auf Anhängern.

Hinweise
Erklären Sie den angehenden Fahrern die Besonderheiten im Umgang mit Hebe- und Senkeinrichtungen und weisen Sie auf die Gefahren hin (Einklemmgefahr beim Absenken, schlagartige Bewegungen des Fahrgestells beim Lösen der Bremse…).

**Beschleunigte Grundqualifikation
Spezialwissen Lkw**

Fahren im Realverkehr

Gesamtdauer ca. 6 Stunden

Die Fahrten im Realverkehr sollten mit Übungen gefüllt sein, die im Alltag eines Lkw-Fahrers vorkommen (können). Die Schwerpunkte sollten in den Bereichen Sicherheit und Wirtschaftlichkeit liegen. Im Gegensatz zur Führerschein-Ausbildung, in der grundlegende Fahrfähigkeiten eingeübt werden, liegt hier der Schwerpunkt auf dem Trainieren von Fahrfertigkeiten. Eine Durchführung dieser Fahrten im Realverkehr darf zwar bereits vor der Fahrausbildung zum Führerscheinerwerb stattfinden, im Sinne einer professionellen Ausbildung sind diese Stunden aber nach der Fahrausbildung sinnvoller mit Inhalten zu füllen. Hier sind Sie als Ausbilder gefragt, Ihren Kunden durch eine optimale Beratung diese praktischen Stunden als Optimierung der Fahrausbildung zu empfehlen. Die folgenden Tipps und Übungen lassen sich sinnvoller umsetzen, wenn die Ausbildung zum Erwerb der Fahrerlaubnis bereits abgeschlossen ist.

Wichtige Grundregeln, die während der Schulung des wirtschaftlichen Fahrens beachtet werden sollten:

Keine unnötigen Stopps
Besonders bei schweren Fahrzeugen bedeutet jeder Anfahrvorgang zusätzlichen Kraftstoffverbrauch. Jeder absehbare Halt – wenn man ihn rechtzeitig erkennt – sollte, wann immer es geht, vermieden werden. Vor roten Ampeln z. B. sollte frühzeitig Gas weggenommen werden. Der Motor geht in die Schubabschaltung, d. h. wir haben Nullförderung in der Rollphase, müssen die Geschwindigkeit nicht durch Bremsen verringern und wenn man durch diese weitsichtige, abschätzende Fahrweise die Ampel bei der nächsten Grünphase erreicht, kann man ohne Stopp weiterfahren. Fazit: Kraftstoff und Bremsbeläge gespart, Antriebsstrang geschont und Zeit gewonnen.

Ausgeglichene, gleichmäßige Fahrweise
Häufige Geschwindigkeitsschwankungen erhöhen den Kraftstoffverbrauch. Ein gutes Mittel, um Geschwindigkeitsspitzen zu vermeiden, ist der sinnvolle Einsatz des Tempomaten. Dadurch erhöht sich die Durchschnittsgeschwindigkeit und der Kraftstoffverbrauch wird gesenkt.

Unnötige Bremsungen vermeiden
Jedes Bremsmanöver „verbraucht" Energie und wandelt diese in Wärme um. Anschließend muss der LKW wieder beschleunigt werden, wozu wieder Kraftstoff benötigt wird.

Ökonomisches Bremsen
Jede Bremsung mit der Betriebsbremse führt zum Verschleiß der Bremsbeläge. Muss Geschwindigkeit reduziert werden, sollten verschleißfreie Bremsen wie Retarder, Motorbremse oder Konstantdrossel eingesetzt werden. Bei Gefahr oder Notsituationen sowie bei Glätte sollte aus Sicherheitsgründen die Betriebsbremse genutzt werden.

Topographie nutzen
Vor Bergkuppen sollte rechtzeitig das Gas weggenommen werden. Durch die Trägheit der Masse schiebt der Lkw ohne nennenswerten Geschwindigkeitsverlust über die Kuppe. Bei der folgenden Talfahrt muss dafür weniger gebremst werden. Vor Erreichen der Talsohle rechtzeitig die Bremse lösen, um Schwung zu holen.

Rollphase ausnutzen
Durch Ausnutzung der kinetischen Energie, besonders bei schweren Fahrzeugen, lassen sich lange Rollphasen realisieren. Bei Autobahnausfahrten kann zwischen 800 und 1000 Meter vor der eigentlichen Ausfahrt das Gas weggenommen werden. So lässt sich die Schubabschaltung optimal nutzen.

Pufferabstand
Neben dem gesetzlich vorgeschrieben Sicherheitsabstand erhöht ein zusätzlicher Pufferabstand die Sicherheit und schont die Nerven, spart unnötige Bremsungen und Kraftstoff. Bei zu dichtem Abstand zwingen uns die anderen Verkehrsteilnehmer ihre Fahrweise auf. Auf ein leichtes Bremsmanöver reagieren wir mit einem deutlich stärkeren. Der Abstand eines Fahrzeugs zu seinem Vordermann sollte 3 Sekunden betragen; bei einer Geschwindigkeit von 80 km/h sind das ca. 75 Meter.

Routenplanung
Eine realistisch geplante Route mit sorgfältigen Zeitvorgaben erspart Stress und Ärger. Durch Beachtung von Verkehrsfunk können Staus umfahren werden. Moderne Navigationsgeräte mit TMC stellen eine

nützliche Ergänzung dar. Wenn der Fahrer seine Strecke kennt und über den durchschnittlichen Verbrauch seines Fahrzeugs Bescheid weiß, kann er eine Tankplanung durchführen. Nur so viel Kraftstoff mitführen (inklusive einer Sicherheitsreserve), wie nötig. Mit dieser Routenplanung spart man unnötigen Ballast und somit auch Kraftstoff.

Einsatz von Verbrauchsmessgeräten
Jeder engagierte Fahrer, der wirtschaftlich fahren möchte, benötigt eine exakte objektive Rückmeldung über seine Bemühungen. Schulungen wirtschaftlicher Fahrweise beweisen meist, dass ein großes Potential an Einsparungen möglich ist. Die Problematik stellt die Nachhaltigkeit dar. Wie viel kann in den Alltag hinübergerettet werden?
Sehen zu können, wie Handlungsmuster sich auf den Kraftstoffverbrauch auswirken, hilft, um sich als Fahrer immer weiter zu verbessern. Einige Fahrzeuge besitzen einen Bordcomputer, der den Durchschnittsverbrauch und die Geschwindigkeiten angibt.
Verbrauchsmessgeräte bieten meist mehr Informationsinhalte, die genutzt werden können. Der aktuelle Verbrauch ist dabei die wichtigste, „pädagogisch wertvollste" Informationsquelle. Zu sehen ist das beim Beschleunigen, wenn plötzlich Kraftstoffmengen im dreistelligen Bereich durch die Einspritzanlage fließen. Das erzeugt anfangs ungläubiges Erstaunen, danach aber meist intensives Nachdenken.
FleetBoard ist ein System, das dem Fahrer ein sehr gutes Feeedback über ökonomisches Fahren unter zu Hilfenahme etlicher fahrzeugspezifischen Daten gibt.
Nur wer weiß, was er macht und wie es wirkt, kann Nachhaltigkeit erzeugen und sieht seine Bemühungen bestätigt.

11. Dreiecksfahrt Überland

Eine Dreiecksfahrt bietet sich an, um mit zwei Fahrern eine bestimmte Strecke nach Zwischenzielvorgabe abzufahren. Sie können hier gerne den Fahrern die Aufgabe der Routenplanung als „Hausaufgabe" geben.
- Fahrer 1 plant und fährt vom Ausgangspunkt zu Zwischenziel 1.
- Fahrer 2 plant und fährt von Zwischenziel 1 zu Zwischenziel 2.
- Beide Fahrer teilen sich den Rückweg von Zwischenziel 2 zurück zum Ausgangspunkt und fahren ohne Vorplanung mit Hilfe eines Navigationssystems.

Pro Teilstrecke sollten mindestens 90 Minuten Fahrzeit eingeplant werden. Die Fahrt sollte durchgeführt werden, ohne dass der Trainer Hinweise zur Streckenwahl gibt. Im optimalen Fall geben Sie als Trainer Zwischenziele vor, bei denen mit hoher Wahrscheinlichkeit gesperrte oder für Lkw nicht befahrbare Strecken auf dem kürzesten Weg liegen.
Je nach vorhandenem Fahrzeug (Anzahl der Sitzplätze) kann natürlich auch mit drei Personen gefahren werden.

Lernziel
Die Fahrer sollen lernen, eine ausgeklügelte Routenplanung unter wirtschaftlichen und sicherheitstechnischen Aspekten durchzuführen. Während der Fahrt sollten die Grundlagen des wirtschaftlichen Fahrens eingeübt und verfestigt werden. Die Schwierigkeiten des Einsatzes von Navigationssystemen, die meist nur auf den Datenbestand für Pkw zurückgreifen und keinerlei Angaben über Brücken, Gewichtsbeschränkungen und Durchfahrtshöhen enthalten, sollen erkannt werden.

> Zum Thema Streckenplanung finden Sie eine theoretische Aufgabe in Kapitel 3.3 dieses Bandes, „Die Qualität der Leistung des Fahrers".

Hinweise
Je nach Topographie Ihrer Schulungsregion bieten sich Strecken an, die viele Steigungen und Gefällstrecken enthalten, um gerade hier im Sinne des wirtschaftlichen und sicherheitsbewussten Fahrens die dafür notwendigen Fertigkeiten in Sachen Gangwahl, Einsatz von Dauerbremsen und Ausnutzen von Masse und Schwung zu trainieren.

12. Stadtfahrt
Bei der „Stadtfahrt" sollten Sie die angehenden Fahrer darauf vorbereiten, was in Sachen „Lade- und Entladestellen im öffentlichen Verkehrsraum" auf sie zukommt. Auch hier können Grundlagen wie Routenplanung und Zielsuche selbständig von den Teilnehmern durchgeführt werden. Die Grundzüge des wirtschaftlichen Fahrens sind natürlich auch hier anzuwenden.

Beschleunigte Grundqualifikation
Spezialwissen Lkw

Lernziel

Die Fahrer sollen lernen, geeignete Stellplätze für Lade- und Entladetätigkeiten zu finden, die manchmal auch im öffentlichen Verkehrsraum stattfinden müssen. Park- und Haltverbote sollen beachtet, eine Verkehrsbehinderung vermieden und eine Gefährdung ausgeschlossen werden. Gegebenenfalls ist eine zusätzliche Absicherung des Fahrzeugs nötig, dies muss von den Fahrern erkannt und umgesetzt werden.

Aufgabe

Nennen Sie dem Fahrer eine Adresse im Stadtgebiet, an der be- oder entladen werden soll. Der Fahrer soll die Anfahrt selbst planen und eine geeignete Möglichkeit zur Bereitstellung des Lkw finden.

Hinweise

Folgende Punkte sind bei einer Stadtfahrt besonders zu beachten:
- Verkehrsbeobachtung – speziell beim Anfahren und Abbiegen (Radfahrer, Fußgänger, andere Verkehrsteilnehmer). Trainieren Sie intensiv die Benutzung aller vorhandenen Spiegel und vertiefen Sie das in der Führerschein-Ausbildung Gelernte.
- Wird die Abladestelle von der richtigen Seite angefahren? (Abladeseite rechts, falls an der Straße gehalten werden muss, bzw. bei Hofeinfahrten: Kann rückwärts im Linksbogen eingefahren werden, um eine bessere Übersicht zu erhalten als beim Rechtsbogen, bei dem ausschließlich über Spiegel gefahren werden muss?
- Achten Sie bei Arbeiten im öffentlichen Verkehrsraum auf das Anlegen der Warnweste (BG-Vorschrift).

6 Lösungen zum Wissens-Check

1. Wo ist bestimmt, dass bei der Ladungssicherung auch die anerkannten Regeln der Technik zu beachten sind?

- Im § 22 der Straßenverkehrsordnung (StVO)

2. Welche Werte müssen beim Beladen des Fahrzeugs eingehalten werden?

- Gesamtgewicht/Gesamtmasse
- Mindest- und Maximalachslasten
- Gegebenenfalls statische Stützlast (bei Starrdeichselanhängern) bzw. Sattellast

3. Welche zwei grundlegenden Sicherungsarten werden bei der Ladungssicherung unterschieden?

- Form- und Kraftschluss

4. Mit welcher maximalen Kraft wird die Stirnwand des Aufbaus auf einem Sattelanhänger nach DIN EN 12642 (Code L) mit einer Nutzlast von 25 t (25000 daN) geprüft?

- 5.000 daN

5. Welche Zurrmittel kennen Sie?

- Zurrgurt
- Zurkette
- Zurrdrahtseil

Fragen zu Kapitel 1

Beschleunigte Grundqualifikation
Spezialwissen Lkw

6. Welche beiden grundsätzlichen Zurrverfahren sind Ihnen bekannt?

- Direktzurren
- Niederzurren

7. Was bedeutet auf dem Etikett eines Zurrgurtes die Angabe „S_{TF}"?

- ☒ a) „S_{TF}" ist die verbleibende Kraft im Zurrgurt nach Loslassen des Ratschengriffes im Anschluss an das Vorspannen mit 50 daN Handkraft
- ☐ b) „S_{TF}" ist die maximale Kraft, mit der die Ratsche vorgespannt werden darf
- ☐ c) „S_{TF}" ist die Vorspannkraft, die auch unter ungünstigen Umständen sicher erreicht wird
- ☐ d) „S_{TF}" ist Festigkeit des Ratschenhebels

8. Was bedeutet die Angabe „LC" auf den Etiketten oder Anhängern von Zurrmitteln?

- „LC" ist maximale Kraft in direktem Zug, der ein Zurrmittel im Gebrauch standhalten muss.

9. Worauf hat der Benutzer die Zurrmittel während ihrer Verwendung zu kontrollieren?

- Auf augenfällige Mängel

10. Wer darf ein Flurförderzeug (z. B. Gabelstapler) steuern?

Nur, wer ausgebildet ist und seine Befähigung nachgewiesen hat, in örtliche Gegebenheiten sowie am speziellen Gerät eingewiesen und ausdrücklich befugt ist (schriftliche Beauftragung z. B. im Fahrausweis).

Lösungen zum Wissens-Check

Fragen zu Kapitel 2

11. Für welche Fahrzeuge muss in Deutschland auf Autobahnen und sonst vorgeschriebenen Strecken Maut bezahlt werden?

- ❏ a) Reisebusse mit Anhänger
- ❏ b) Lkw und Lkw mit Anhänger mit einem zulässigen Gesamtgewicht von mehr als 7,5 t
- ☒ c) Lkw zur Güterbeförderung, deren zulässiges Gesamtgewicht, gegebenenfalls einschließlich Anhänger, 12 t und mehr beträgt
- ❏ d) Lkw der Bundeswehr zur Güterbeförderung, deren zulässiges Gesamtgewicht 12 t und mehr beträgt

12. Auf welche Weise kann man sich in das deutsche Mautsystem einbuchen?

- Automatisch, mit einer On Board Unit (OBU), die in das Fahrzeug eingebaut ist
- Manuelle Einbuchung an einem der Toll-Collect-Terminals
- Manuelle Einbuchung im Internet

13. Für welche Güterbeförderungen kann eine EU-Lizenz eingesetzt werden?

- ☒ a) Für innerstaatliche Beförderungen in Deutschland
- ☒ b) Für innerstaatliche Beförderungen in einem Mitgliedsstaat der EU, sogenannte Kabotage-Beförderung
- ☒ c) Grenzüberschreitende Beförderungen in einen Mitgliedsstaat der EU
- ❏ d) Grenzüberschreitende Beförderungen in einen CEMT-Mitgliedsstaat
- ❏ e) Grenzüberschreitende Beförderungen in einen Drittstaat (weder EU- noch CEMT-Mitglied)

Beschleunigte Grundqualifikation
Spezialwissen Lkw

14. Welche Begleitpapiere sind nach GüKG für eine Güterbeförderung in einen EU-Mitgliedsstaat erforderlich?

- Frachtbrief
- EU-Lizenz

15. Welche Begleitpapiere sind nach GüKG für eine Güterbeförderung in einen CEMT-Mitgliedsstaat erforderlich?

- Frachtbrief
- CEMT-Genehmigung
- Fahrtenberichtsheft

16. Erklären Sie den Begriff „Huckepackverkehr"!

Huckepackverkehr ist kombinierter Verkehr, bei dem ein Lkw einen Teil der Beförderungsstrecke auf der Straße und einen Teil auf der Eisenbahn („rollende Landstraße") und/oder auf einem Schiff zurücklegt.

17. Welche Daten muss ein Frachtbrief enthalten? Nennen Sie vier Eintragungen!

- Name und Anschrift des Absenders
- Name und Anschrift des Empfängers
- Name und Anschrift des Frachtführers
- Stelle und Tag der Übernahme des Gutes (Übernahmedatum und Beladestelle)
- Stelle der Ablieferung des Gutes (Entladestelle)
- Übliche Bezeichnung des Gutes
- Anzahl, Zeichen und Nummern der Frachtstücke
- Rohgewicht oder anders angegebene Menge

Lösungen zum Wissens-Check

18. Wie viele Originale des Frachtbriefes werden üblicherweise ausgefertigt?

- ❏ a) Zwei, eines für den Fahrer und eines für den Empfänger
- ☒ b) Drei, je eines für Absender, Frachtführer und Fahrer (begleitet das Gut)
- ❏ c) Eines für den Fahrer zur Übergabe an den Empfänger

19. Was unterscheidet den Spediteur von einem Frachtführer?

Der Spediteur erhält vom Versender einen Speditionsvertrag, durch den er die Beförderung organisieren muss. Er kann einen Frachtvertrag mit einem Frachtführer schließen oder die Ware im Selbsteintritt befördern.
Der Frachtführer erhält entweder von einem Spediteur oder von einem sonstigen Auftraggeber (Absender) einen Frachtvertrag und muss auf dieser Grundlage die Ware selbst befördern.

20. Nach der Ankunft am Bestimmungsort weigert sich der Empfänger, die Ware anzunehmen. Was veranlassen Sie?

Ich verständige mein Unternehmen und hole mir weitere Weisungen ein.

21. Sie fahren einen Lkw unter Zollverschluss, der dem TIR-Verfahren unterliegt, und sind in einen Verkehrsunfall verwickelt. Die Zollsicherung wird dabei beschädigt. Wie verhalten Sie sich richtig?

- ❏ a) Ich muss nichts unternehmen, wenn die Ware unbeschädigt ist.
- ☒ b) Ich informiere die Polizei, damit der Verkehrsunfall aufgenommen wird und das Fahrzeug durch den Zoll neu verplombt wird.
- ❏ c) Ich repariere die Verplombung selbst.

Beschleunigte Grundqualifikation
Spezialwissen Lkw

☐ d) Es genügt, wenn ich einen Zeugen unterschreiben lasse, dass der Zollverschluss bei einem Verkehrsunfall beschädigt wurde.

22. Wie ist ein Fahrzeug/eine Fahrzeugkombination zu kennzeichnen, das/die unter das Carnet-TIR-Verfahren fällt?

☐ a) Eine besondere Kennzeichnung ist nicht erforderlich, da das Carnet TIR mitgeführt wird

☒ b) Vorne und hinten am Fahrzeug/an den Fahrzeugen, gut sichtbar, mit einer blauen Tafel, auf der die Buchstaben „TIR" in weiß geschrieben sind

☐ c) Nur hinten an dem Anhänger mit der blauen TIR-Tafel, an dem sich die Zollplombe befindet

23. Für welche Fahrzeuge besteht ein Sonntagsfahrverbot nach StVO oder Verkehrsverbot nach Ferienreiseverordnung?

Für Lkw mit einem zulässigen Gesamtgewicht von mehr als 7,5 t oder Lkw mit Anhänger (unabhängig vom zulässigen Gesamtgewicht)

Fragen zu Kapitel 3

24. Was ist Image?

Image ist ein inneres Bild, das Menschen von Personen, Institutionen oder Gegenständen haben.

25. Wodurch treten Transportunternehmen im Straßenverkehr in Erscheinung?

Durch firmeneigene Fahrzeuge

Lösungen zum Wissens-Check

26. Wen sollten Sie vor Veränderungen an firmeneigenen Fahrzeugen fragen?

Die Firmenleitung

27. Wie lange brauchen andere Menschen, um sich bei einer ersten Begegnung einen Eindruck von Ihnen zu verschaffen?

3 bis 4 Sekunden

28. Auf welche Komponenten Ihrer Persönlichkeitswirkung reagiert Ihr Gegenüber bei einer ersten Begegnung?

- Das Aussehen und die Körpersprache
- Sprache, Art zu sprechen und Stimme
- Sachwissen

29. Nennen Sie die vier Servicestufen!

- Grundlegender Service
- Erwarteter Service
- Erwünschter Service
- Unerwarteter Service

30. Nennen Sie die vier Eckpfeiler der „Qualität", die ein Fahrer erfüllen sollte!

- Er muss die an ihn gestellten Anforderungen erfüllen
- Er plant und beugt vor
- Er strebt „Null Fehler" an
- Er minimiert Kosten

**Beschleunigte Grundqualifikation
Spezialwissen Lkw**

31. Welche Interessen muss ein guter Fahrer miteinander in Einklang bringen?

- Interessen des Arbeitgebers
- Interessen des Gesetzgebers
- Gesundheit
- Privatleben

32. Beschreiben Sie mit Hilfe einer Skizze das Modell der Kommunikation

Kommunikation = Sender $\xrightarrow{\text{Nachricht}}$ Empfänger

33. Was ist nonverbale Kommunikation?

Körpersprache/Nachrichtenübermittelung ohne Worte

34. Nennen Sie drei Konfliktarten!

- Verteilungskonflikt
- Zielkonflikt
- Beziehungskonflikt

35. Was heizt einen Konflikt an?

- ☒ a) Ins Wort fallen
- ☐ b) Blickkontakt
- ☐ c) Ausreden lassen
- ☒ d) Persönliche Angriffe
- ☒ e) Rechtfertigungen

Lösungen zum Wissens-Check

36. Wofür steht die Abkürzung APO?

A = Akzeptanz äußern
P = Problembewusstsein zeigen
O = Offenheit praktizieren

37. Was versteht man unter „Citylogistik"?

Bündelung von Waren verschiedener Absender für einen Empfänger in Warenverteilzentren, um diese dann gemeinsam mit einem Zustellfahrzeug zu innerstädtischen Kunden zu bringen und damit die Verkehrsbelastung in Städten zu verringern.

Fragen zu Kapitel 4

38. Erklären Sie den Begriff „Just-in-time" (JIT)!

Lieferung zum Zeitpunkt des Bedarfs. Die Ware wird genau dann angeliefert, wenn sie im Produktionsablauf gerade benötigt wird.

39. Erklären Sie den Begriff „Just-in-sequence" (JIS)!

„Just-in-sequence" ist eine Weiterentwicklung von „Just-in-time". Es wird nicht nur die benötigte Menge an Teilen zum richtigen Zeitpunkt geliefert, sondern die verschiedenen Teile auch in der richtigen Reihenfolge.

40. Was versteht man unter einem Subunternehmer?

Als Subunternehmen bezeichnet man üblicherweise ein Unternehmen, das von anderen beauftragt worden ist.

Beschleunigte Grundqualifikation
Spezialwissen Lkw

41. Nennen Sie fünf Formen der Spezialisierung im Transportgeschäft nach Art der transportierten Güter!

- Stückgutverkehre (Standard-Lkw)
- Flüssigtransporte
- Silotransporte
- Schüttguttransporte
- Temperaturgeführte Transporte
- Fahrzeugtransporte
- Containertransporte
- Schwertransporte
- Kleintransporte

42. Nennen Sie zwei Gründe für mögliche Spezialisierungen!

- Verbesserung der Kundenbeziehungen durch Anpassung an die Bedürfnisse der Verlader
- Steigende Qualitätsansprüche erfordern qualifiziertes Personal. Die Aus- und Weiterbildung gestaltet sich in Spezialbereichen einfacher als in der kompletten Breite der Logistik.
- Sicherheitstechnische Bestimmungen – vor allem im Bereich der Ladungssicherung – können oftmals nur noch mit speziell ausgerüsteten Fahrzeugen eingehalten werden

43. Nennen Sie die drei grundlegenden Unterscheidungsformen des Kraftverkehrs!

- Individualverkehr
- Personenverkehr
- Güterverkehr

44. Wie nennt man die drei Teilabschnitte eines Transportes im kombinierten Verkehr?

- Vorlauf
- Hauptlauf
- Nachlauf

45. Nennen Sie zwei weitere Bezeichnungen für „kombinierten Verkehr"!

- Rollende Landstraße
- Rollende Autobahn
- Huckepack-Verkehr

46. Was unterscheidet eine Warenkennzeichnung mittels Barcode von einer Kennzeichnung mittels RFID?

Beim Barcode werden die Informationen auf ein Etikett gedruckt und optisch eingelesen.
Bei der RFID-Technologie werden die Informationen auf einen Transponderchip gespeichert und mittels Funktechnologie elektronisch eingelesen.

Beschleunigte Grundqualifikation
Spezialwissen Lkw

7 Checklisten

Checklisten sind perfekte Werkzeuge, um sicherzustellen, dass alle technischen und materiellen Voraussetzungen für den optimalen Einsatz eines Fahrzeuges gegeben sind. Checklisten sollten immer nach eigenen Bedürfnissen ergänzt werden, um ihren Nutzen zu optimieren.

1. Checkliste Abfahrtskontrolle am Lkw

Kontrollen am Fahrzeug:

	i. O.	Maßnahmen
Front und Motorraum	☐	
Blinker, Warnblinklicht	☐	
Fahrlicht, Fernlicht	☐	
Nebelscheinwerfer	☐	
Zusatzscheinwerfer	☐	
Begrenzungsleuchten	☐	
Spiegel	☐	
Scheibenwischer und Waschdüsen	☐	
Windschutzscheibe	☐	
Kennzeichen	☐	
Unterbau des Fahrzeuges	☐	
Motorhaube	☐	
Hydraulikflüssigkeit	☐	
Motoröl	☐	
Kühlmittel	☐	
Scheibenwaschflüssigkeit	☐	
Kühler	☐	
	☐	

Fahrzeug seitlich:

	i.O.	Maßnahmen
Einstieg	☐	
Seitenscheibe	☐	
Räder	☐	
Anschlüsse	☐	
Batterie	☐	
Beleuchtung Zugfahrzeug	☐	
Seitliche Markierungsleuchten	☐	
Bordverschlüsse/Plane	☐	
Anhängerkupplung/Sattelkupplung	☐	
Tank	☐	
Luftfilter	☐	
	☐	

Fahrzeug hinten:

	i.O.	Maßnahmen
Blinker	☐	
Bremsleuchte	☐	
Schlussleuchte	☐	
Nebelschlussleuchte	☐	
Rückfahrscheinwerfer	☐	
Rückstrahler	☐	
Spurhalteleuchte	☐	
Kennzeichen	☐	
SP-Plakette	☐	
	☐	

Beschleunigte Grundqualifikation
Spezialwissen Lkw

Kontrollen im Fahrzeug:

	i.O.	Maßnahmen
Kontrollleuchten	☐	
Lenkspiel	☐	
Doppeldruckmanometer	☐	
Warnleuchte	☐	
Heizung	☐	
Bedienungseinrichtungen	☐	
Kraftstoffanzeige	☐	
Analoges/digitales Kontrollgerät	☐	
▪ Prüfdatum	☐	
▪ Funktion Uhr	☐	
▪ Ersatzschaublätter	☐	
▪ Ersatzrollen	☐	
	☐	

Zusätzliche Kontrollen

	i.O.	Maßnahmen
Luftdruckbremse	☐	
▪ Aufbau Vorratsdruck	☐	
▪ Funktion Druckregler	☐	
▪ Druckabfall	☐	
▪ Anschlüsse auf Dichtheit	☐	
▪ Lufttrockner	☐	
▪ Zustand Druckluftbehälter	☐	
▪ Membranzylinder und Federspeicherbremszylinder	☐	
▪ Automatische Gestängesteller	☐	
Sitz und Pedalprüfung	☐	

Zubehör	☐
▪ Warndreieck	☐
▪ Warnleuchte	☐
▪ Warnweste	☐
▪ Verbandskasten	☐
▪ Unterlegkeile	☐
▪ Parkwarntafeln	☐
Zubehör für Gefahrguttransporte	☐
▪ Feuerlöscher	☐
▪ Unfallmerkblatt	☐
▪ Persönliche Schutzausrüstung	☐
▪ Zweites selbststehendes Warnzeichen	☐
▪ Augenspülflüssigkeit	☐
▪ Tragbares Beleuchtungsgerät	☐
▪ Schutzhandschuhe	☐
▪ Augenschutz (Schutzbrille)	☐
▪ Bei Gefahrzettel 2.3 oder 6.1 eine Notfallmaske	☐
▪ Schaufel	☐
▪ Kanalabdeckung	☐
▪ Auffangbehälter aus Kunststoff	☐
	☐

Bremsentest

Bei geringer Geschwindigkeit einen Bremsentest durchführen

Detaillierte Informationen bietet die Fahreranweisung „Abfahrtskontrolle Lkw" Bestell-Nr. 13988

Beschleunigte Grundqualifikation
Spezialwissen Lkw

2. Checkliste Fahrzeugausrüstung

Allgemeines (siehe auch die 4. Checkliste für „Geschäftliche Papiere und Materialien"):

	i.O.	Maßnahmen
Kartenmaterial	☐	
Taschenlampe	☐	
Stifte	☐	
Notizblätter oder Notizbuch	☐	
Spesenzettel	☐	
Taschenrechner	☐	
	☐	

Für's Elektrische:

	i.O.	Maßnahmen
Sicherungen	☐	
Glühlampen	☐	
Isolierband	☐	
Stromprüfer	☐	
Ersatzkabel	☐	
Kabelschuhe	☐	
Quetschverbinder	☐	
Lüsterklemmen	☐	
	☐	

Reparatur oder Wartung unterwegs:

	i.O.	Maßnahmen
Werkzeug	☐	
Metermaß	☐	
Starke Kabelbinder	☐	

Checklisten

Bindedraht	☐	
Ersatzspiegel rechts	☐	
Keilriemen	☐	
Schlauchschellen	☐	
Starterkabel	☐	
Kontaktspray	☐	
Starkes Klebeband	☐	
Scharfes Messer	☐	
Kleine Schraubenauswahl	☐	
Wagenheber	☐	
Verlängerung für Wagenheber	☐	
Radkreuz oder Radschlüssel	☐	
Ersatzventil	☐	
Ventilschlüssel	☐	
Motoröl	☐	
Putzlappen	☐	
	☐	

Für die Ladungssicherung:

	i.O.	Maßnahmen
Spanngurte mit Spannratschen	☐	
Kantenschoner/Gurtschoner	☐	
Geeignete Anti-Rutsch-Matten (diverse Größen und Dicken)	☐	
Spannlatten	☐	
Nageleisen	☐	
Hammer	☐	
Ladungssicherungstabellen	☐	
Winkeltabellen	☐	
Ggf. Taschenrechner	☐	

**Beschleunigte Grundqualifikation
Spezialwissen Lkw**

	i.O.	
Ggf. im Winter Salz zum Auftauen der vereisten Ladefläche	☐	
Besen	☐	
Leiter	☐	
Rungen, Ketten, Böcke o.ä. spezielles Material	☐	
Weiteres ladungsspezifisches LaSi-Material	☐	
	☐	

3. Checkliste Persönliche Dinge

Gesetzlich vorgeschrieben:

	i.O.	Maßnahmen
Pass/Personalausweis	☐	
Ggf. Sozialversicherungsausweis mit Lichtbild	☐	
Führerschein	☐	
Fahrerkarte	☐	
Tachoscheiben/Urlaubsbescheinigung (28 Tage)	☐	
Ggf. Schulungsbescheinigung gemäß ADR	☐	
Ggf. Befähigungsnachweis nach Sprengstoffgesetz	☐	
	☐	

Sonstiges:

	i.O.	Maßnahmen
Brieftasche	☐	
Geld	☐	
Scheckkarten	☐	

Checklisten 7

Waschzeug	☐	
Ersatzwäsche	☐	
Verpflegung	☐	
Schlafsack/Bettzeug	☐	
Medikamente	☐	
Sonnenbrille	☐	
Ersatzbrille	☐	
Kleines Nähzeug	☐	
Toilettenpapier	☐	
Für die Arbeit:		
▪ Arbeits-Overall oder Arbeitsmantel	☐	
▪ Regenjacke und Regenhose	☐	
▪ Sicherheitsschuhe	☐	
▪ Gummistiefel	☐	
▪ Arbeitshandschuhe	☐	
▪ Stirnlampe mit Ersatzbatterien und Ersatzbirnchen	☐	
▪ Handwaschpaste	☐	
	☐	

4. Checkliste Geschäftliche Papiere und Materialien

Gesetzlich vorgeschrieben:

Für nationale Transporte:

	i.O.	Maßnahmen
OBU oder Bescheinigung über entrichtete Autobahngebühr	☐	
Versicherungsnachweis gemäß GüKG	☐	

413

Beschleunigte Grundqualifikation
Spezialwissen Lkw

	i.O.	
Beförderungs- und Begleitpapiere gemäß GüKG	☐	
Fahrzeugscheine für Anhänger und Zugfahrzeug/Zulassungsbescheinigung Teil 1	☐	
Erlaubnis gemäß GüKG	☐	
Gemeinschaftslizenz	☐	
Besondere Papiere bei Abfalltransporten	☐	
Begleitpapiere gemäß GGVSE/ADR	☐	
Kopie Anmeldung Werkverkehr (empfohlen)	☐	
	☐	

Für grenzüberschreitende Transporte:

	i.O.	Maßnahmen
Bescheinigung Autobahngebühr (oder Abbuchungsgerät)	☐	
CMR-Frachtbrief	☐	
Grüne Versicherungskarte (empfohlen)	☐	
Verfügungsberechtigung des Fahrzeughalters (speziell Frankreich)	☐	
Gemeinschaftslizenz oder	☐	
CEMT Genehmigung und/oder	☐	
Drittstaatengenehmigung	☐	
Zolldokumente	☐	
	☐	

Sonstiges:

	i.O.	Maßnahmen
Tankkarten	☐	

Checklisten

Mautkarten	☐	
Stau- oder Ladepläne	☐	
Leergutscheine	☐	
Blanco CMR-Frachtbriefe	☐	
Blanco Frachtbriefe nach HGB	☐	
Europäischer Unfallbericht	☐	
Liste mit wichtigen Telefonnummern	☐	
Firmenhandy	☐	
	☐	

5. Checkliste Winterbetrieb

	i. O.	Maßnahmen
Winterreifen montieren	☐	
Frostschutz kontrollieren (Kühler und Scheibenwasser)	☐	
Standheizung prüfen	☐	
Batterien prüfen	☐	
Treibstoff wintertauglich	☐	
Schaufel	☐	
Streusalz oder Split	☐	
Schneeketten	☐	
Ersatz-Schneekettenglieder	☐	
Ggf. Bremssystem entwässern, um das Einfrieren zu vermeiden	☐	
Schnee und Eis auf den Aufbauten?	☐	
	☐	

**Beschleunigte Grundqualifikation
Spezialwissen Lkw**

8 Übersicht zur Zeiteinteilung der theoretischen Stunden

Kapitel	Zeitansatz (Vorschlag)
Band Spezialwissen Lkw	**Gesamt: 52 Stunden**
1. Ladungssicherung	**Kapitel 1 gesamt: 16 Stunden**
1.1 Einführung – Mangelnde Sicherung der Ladung und ihre Folgen	Ca. 60 Minuten
1.2 Verantwortlichkeiten	Ca. 60 Minuten
1.3 Physik	Ca. 120 Minuten
1.4 Lastverteilung und Nutzvolumen	Ca. 90 Minuten
1.5 Arten von Ladegütern	Ca. 90 Minuten
1.6 Sicherungsarten	Ca. 120 Minuten
1.7 Verwendung von Haltevorrichtungen	Ca. 90 Minuten
1.8 Überprüfung der Haltevorrichtungen	Ca. 60 Minuten
1.9 Be- und Entladen sowie Einsatz von Umschlaggeräten	Ca. 120 Minuten
1.10 Weitere Einrichtungen und Hilfsmittel zur Ladungssicherung	Ca. 60 Minuten
1.11 Fazit	Ca. 45 Minuten
1.12 Basis-Checkliste	Ca. 45 Minuten
1.13 Anwendung der Basis-Checkliste	In den laufenden Kurs einbauen
2. Kenntnis der Vorschriften für den Güterverkehr	**Kapitel 2 gesamt: 11 Stunden**
2.1 Kenntnisse der allgemeinen Vorschriften im Güterkraftverkehrsrecht	Ca. 60 Minuten
2.2 Beteiligte im Güterverkehr	Ca. 150 Minuten
2.3 Grundlagen der Güterbeförderung	Ca. 150 Minuten
2.4 Vorschriften über das Mitführen und Erstellen von Beförderungsdokumenten	Ca. 150 Minuten
2.5 Besonderheiten im grenzüberschreitenden Verkehr – Zoll und Carnet-TIR	Ca. 60 Minuten
2.6 Lkw-Maut	Ca. 30 Minuten
2.7 Fahrverbote	Ca. 30 Minuten
2.8 Folgen bei Zuwiderhandlungen und Nichtbeachtung	Ca. 30 Minuten
3. Verhalten, das zu einem positiven Bild des Unternehmens in der Öffentlichkeit beiträgt	**Kapitel 3 gesamt: 18 Stunden**
3.1 Das Bild eines Unternehmens in der Öffentlichkeit	Ca. 120 Minuten
3.2 Der Lkw-Fahrer als Repräsentant	Ca. 150 Minuten
3.3 Die Qualität der Leistung des Fahrers	Ca. 210 Minuten
3.4 Grundregeln und Mechanismen der Kommunikation	Ca. 150 Minuten
3.5 Ich-Botschaften	Ca. 30 Minuten
3.6 Positive Formulierungen	Ca. 30 Minuten
3.7 Ursachen, Arten und Auswirkungen von Konflikten	Ca. 150 Minuten
3.8 Umgang mit Konflikten	Ca. 180 Minuten
3.9 Kommerzielle und finanzielle Folgen eines Rechtsstreites	Ca. 60 Minuten
4. Wirtschaftliches Umfeld des Güterverkehrs und Marktordnung	**Kapitel 4 gesamt: 7 Stunden**
4.1 Einführung: „Netzwerk Warenfluss"	Ca. 40 Minuten
4.2 Grundlagen des Verkehrs	Ca. 60 Minuten
4.3 Logistik	Ca. 60 Minuten
4.4 Unterschiedliche Tätigkeiten im Kraftverkehr	Ca. 90 Minuten
4.5 Organisation der wichtigsten Arten von Verkehrsunternehmen oder Transporthilfstätigkeiten	Ca. 90 Minuten
4.6 Unterschiedliche Spezialisierungen	Ca. 45 Minuten
4.7 Weiterentwicklung der Branche	Ca. 35 Minuten